高职高专系列教材

LabVIEW8.0 入门与提高案例教程

（第二版）

陈宏希　主　编
尤晓玲　副主编
邹益民　主　审

中国石化出版社

内 容 简 介

本书是学习 LabVIEW 的入门教材，内容分为入门篇和提高篇两部分。入门篇介绍了 LabVIEW 中的数据操作、程序结构、数组、簇、子 VI、数据的图形显示、字符串和文件操作等相关内容；提高篇介绍了 LabVIEW 中信号处理的基础知识及 Express VI、脚本节点的使用及应用程序的创建等内容。

本书可作为高等职业技术院校电子类、自动控制类、机电类、计算机等相关专业的教材或教学参考书，也可供从事相关工作的工程师及研究人员参考。

图书在版编目(CIP)数据

LabVIEW8.0 入门与提高案例教程 / 陈宏希主编.
—2 版. —北京：中国石化出版社，2014.7
高职高专系列教材
ISBN 978-7-5114-2896-7

Ⅰ. ①L… Ⅱ.①陈… Ⅲ. ①软件工具—程序设计—高等职业教育—教材 Ⅳ. ①TP311.56

中国版本图书馆 CIP 数据核字（2014）第 148884 号

中国石化出版社出版发行
地址：北京市东城区安定门外大街 58 号
邮编：100011 电话：(010)84271850
读者服务部电话：(010)84289974
http://www.sinopec-press.com
E-mail:press@sinopec.com
北京柏力行彩印有限公司印刷
全国各地新华书店经销
*
787×1092 毫米 16 开本 12 印张 294 千字
2014 年 7 月第 2 版 2014 年 7 月第 1 次印刷
定价：28.00 元

前　　言

LabVIEW 是专门为工程师和科学家设计的直观图形化编程语言，相比代码编程语言有直观、易学、易用的特点，主要用于开发测试、测量与控制系统。经过多年的发展，LabVIEW 业已成为事实的工业标准编程语言。

虚拟仪器技术是基于计算机的仪器及测量技术，它将传统仪器由硬件电路实现的数据分析处理与显示功能，改由功能强大的计算机来执行。计算机与适当的 I/O 接口设备连接是虚拟仪器的硬件平台，依此平台编制具备测量功能的软件，就能构成测试仪器，这就是“软件就是仪器”说法的由来。虚拟仪器技术主要采用 LabVIEW 来实现，LabVIEW 已成为虚拟仪器的代名词。

LabVIEW 简单、易学、实用，必将成为一线技术人员的首选工具。目前，国内很多著名院校，特别是理工科院校已相继开设了 LabVIEW 课程，它也必将成为高职高专院校的必选课。可以想象，不久的将来，会有越来越多的人学习和使用 LabVIEW，基于 LabVIEW 技术的应用和开发将遍布各行各业。

1．本书特点

① 坚持“够用、好用”的原则，注重基础知识和基本技能的培养，起点较低，适合入门级的学习；

② 采用案例教学法，将理论知识贯穿和融入案例之中，按步骤逐步实现案例功能；

③ 贯彻“工学结合，教、学、做一体化”的课程体系建设思想，注重读者多方面能力的培养；

④ 便于自学，学员按书中所列案例的步骤进行操作，即可掌握本书全部内容。

2．本书内容安排

全书分为入门篇和提高篇，共 9 章。入门篇 6 章，分别是基本数据操作、程序结构、数组和簇、子 VI、数据的图形显示以及字符串和文件 I/O 操作；提高篇 3 章，包括信号处理基础及 Express VI、脚本节点的使用及应用程序的创建。

3．学习方法

与其他编程软件的学习方法相类似，积极思考，举一反三，大胆尝试和实践是学好 LabVIEW 的一大捷径。对于一位欲从事 LabVIEW 编程设计的人来说，只捧着一本教程看是不够的，更多的是要动手操作，多做实例练习，从中总结经验与技术，再融入自己的一些思想，这样会进步更快。

本书适用于高等职业技术院校电子类、自动控制类、机电类、计算机类等专业的教学，也可供从事相关工作的工程师及研究人员学习参考。

本书第 1 章和第 5 章由尤晓玲编写，第 6 章由梁璐编写，其余部分由陈宏希编写，全书由陈宏希和尤晓玲统稿。

邹益民博士在百忙之中审阅了全书，并提出了许多宝贵的修改意见，在此表示衷心感谢！

由于作者水平有限，书中错误之处在所难免，恳请读者批评指正。

目　录

入　门　篇

提 高 篇

入 门 篇

第 1 章　基本数据操作

1.1　LabVIEW 简介

LabVIEW 是 Laboratory Virtual Instrument Engineering Workbench（实验室虚拟仪器集成环境）的简称，是美国国家仪器公司（National Instruments，NI）研发的功能强大的仪器和分析软件应用开发工具。

因为 LabVIEW 程序具有实际物理系统或仪器的外观，所以，LabVIEW 程序被称为虚拟仪器，简称为 VI，并以.vi 作为文件的扩展名。LabVIEW 不同于基于文本的编程语言，它是一种图形编程语言，俗称 G（Graphics）语言，其编程过程就是通过图形符号描述程序的行为。

LabVIEW 主要应用在测试、测量和自动化领域，用于数据采集和控制、数据分析和显示等。在汽车、通信、航空、过程控制和生物医学等领域有广泛的应用。

1.2　LabVIEW8.0 的编程环境简介

1.2.1　LabVIEW8.0 的启动

双击桌面上的 LabVIEW8.0 图标，或选择“开始 | 程序 | National Instruments| LabView8.0 | LabVIEW”就可启动 LabVIEW8.0。启动后进入如图 1.1 所示 LabVIEW8.0 的启动界面，启动成功后界面如图 1.2 所示。

图 1.1　LabVIEW8.0 的启动界面

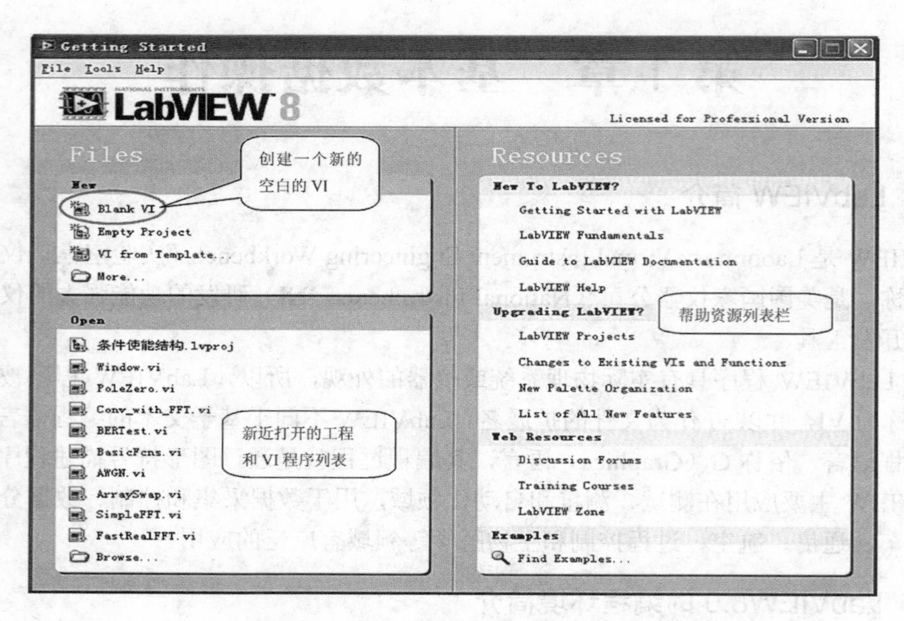

图 1.2　LabVIEW8.0 启动成功后的界面

1.2.2　新建一个空白的 VI

单击图 1.2 中 Files | New | Blank VI，就可新建一个空白的 VI。如图 1.3 所示，一个基本 VI 包含两个窗口：前面板窗口和程序框图窗口，由三部分组成：前面板、程序框图和图标/连接器。

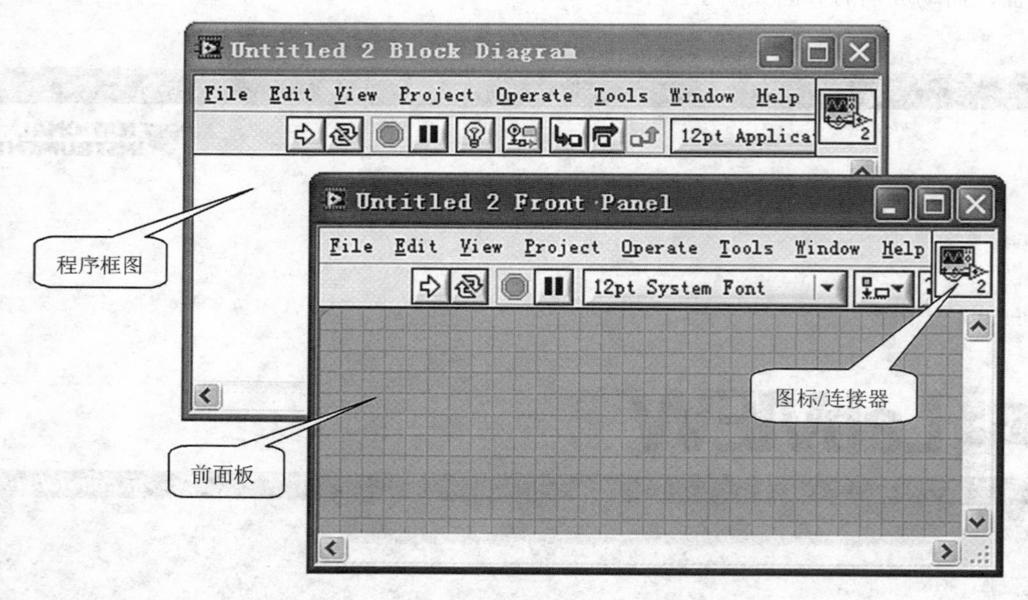

图 1.3　LabVIEW 的前面板、程序框图及图标/连接器

前面板是 VI 的交互式用户界面，用于输入数据的设置和输出结果的观察，同时它也是对实际仪器面板的模拟。图 1.4 所示是虚拟双踪示波器的前面板，其上有通道选择和时间分辨率、幅度分辨率调节等输入控制按钮或旋钮，也有图形或波形输出窗口，与实际示波器的仪器前面板基本相同。

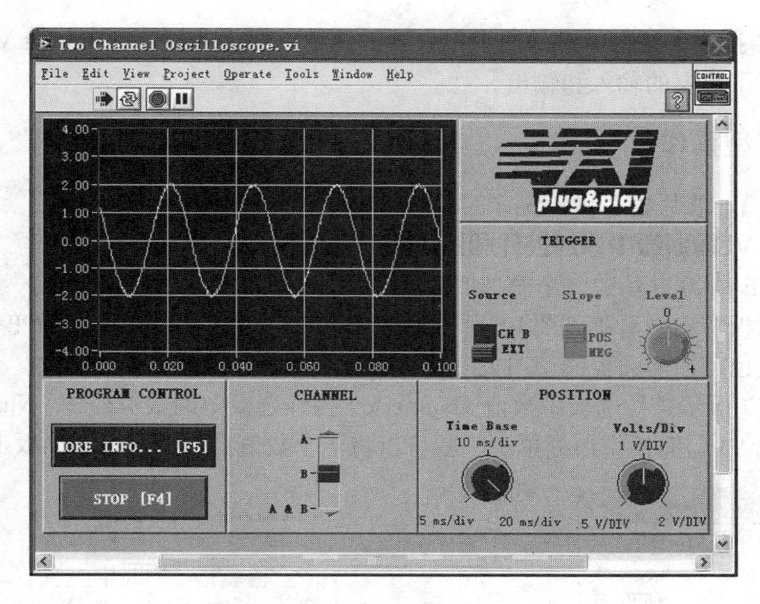

图 1.4　虚拟双踪示波器的前面板

程序框图是与前面板对应，是用图形化编程语言编写的可执行代码，其上包含前面板中控件和指示器对应的图标及其连线端子，还有函数、常量、程序结构框架和连线等。图 1.4 双踪示波器前面板对应的程序框图如图 1.5 所示。

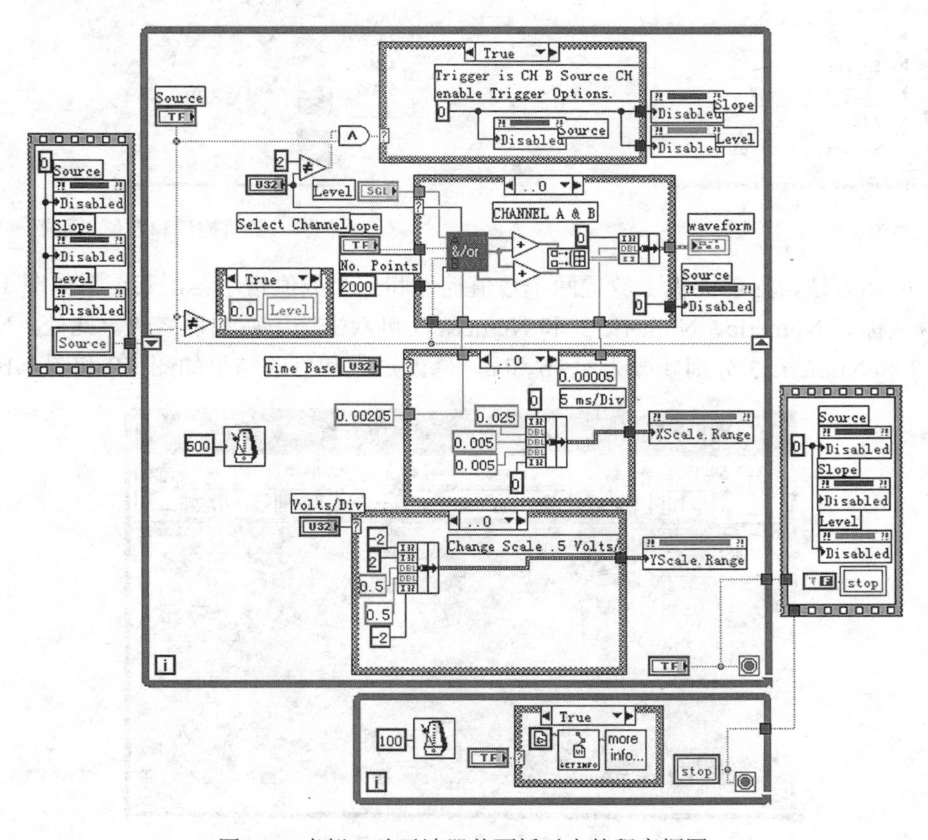

图 1.5　虚拟双踪示波器前面板对应的程序框图

图标/连接器指定了数据流进流出虚拟仪器的路径。在程序框图中图标是 VI 的图形符号，而连接器则定义了数据的输入和输出。

1.3 数值型操作

【案例 1.3.1】 求两数之和 $c=a+b$ 的 VI

步骤 1：在 VI 前面板中添加控件和指示器

启动 LabVIEW8.0 并新建一个空白的 VI。

如果在前面板窗口中看不到图 1.6 所示控件选板（Controls），可在 View 菜单中选择 Controls Palette 来打开；也可在前面板的空白处右击，动态显示图 1.6 所示控件选板。

单击如图 1.7 所示控件选板中数值（Numeric）控件选板中的数值控件（Numeric Control），然后移动鼠标到 VI 前面板空白处单击，就可以将一个数值控件放置在前面板上。

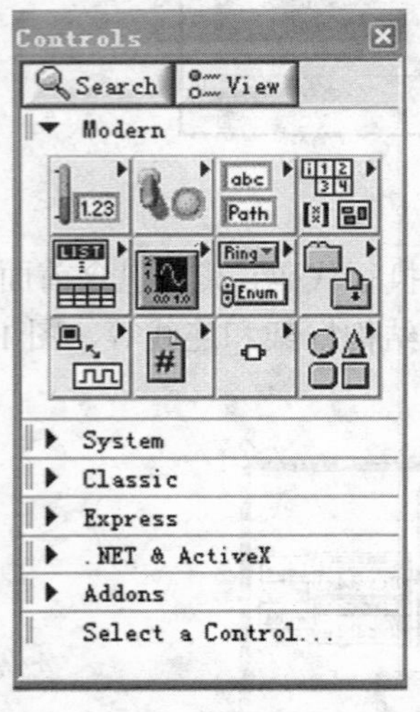

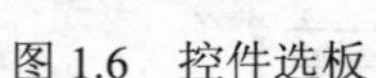

图 1.6 控件选板

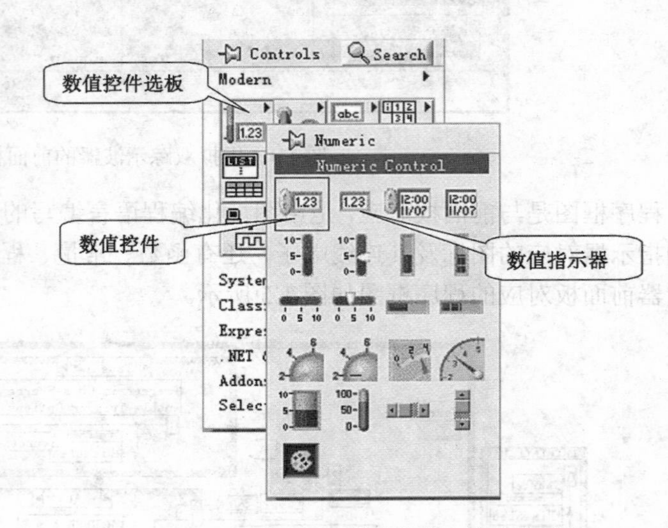

图 1.7 数值控件和数值指示器

如上所述方法，在前面板上放置两个数值控件和一个数值指示器，其结果如图 1.8 所示。其中，默认标签 Numeric、Numeric 2 和 Numeric 3 可双击选中后加以修改。此处，Numeric、Numeric 2 和 Numeric 3 分别修改为 a、b 和 c。修改过程和修改结果如图 1.9 和图 1.10 所示。

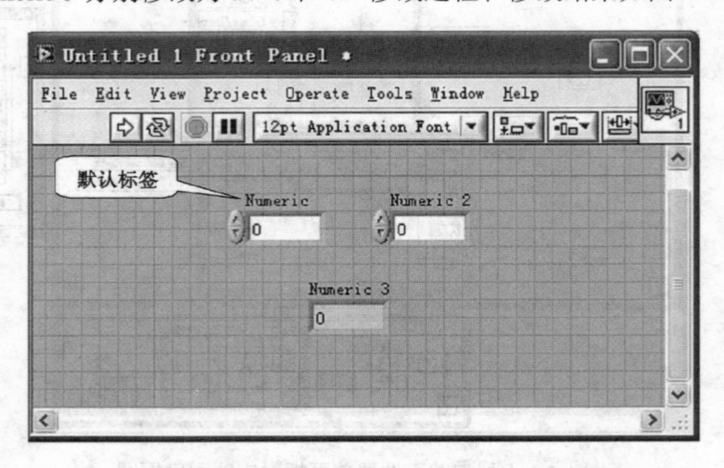

图 1.8 前面板中放置两个数值控件和一个数值指示器

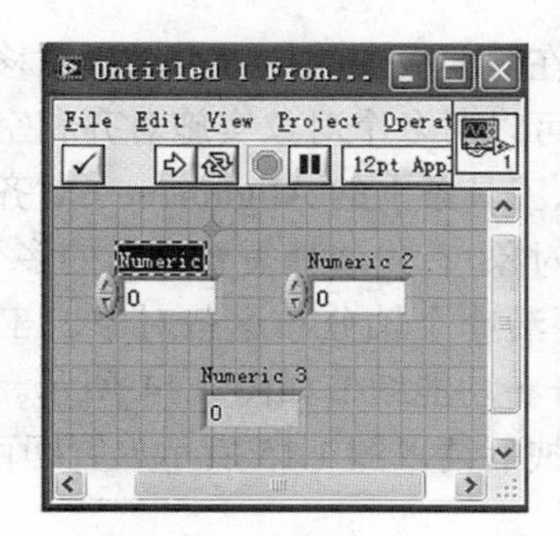

图 1.9　默认标签修改

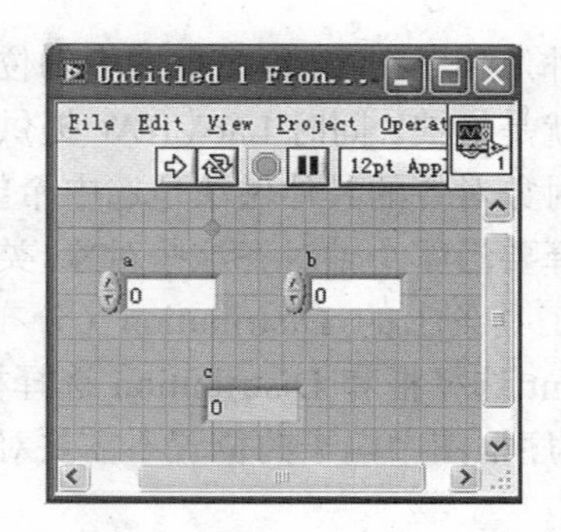

图 1.10　默认标签修改结果

说明：在 Windows 基本操作中的单击选中对象、右击打开快捷菜单、双击名字重命名、拖拽移动对象、空白区域拖拽选中多个对象、按住 Ctrl 键后再拖拽等同于复制以及 Ctrl+C 复制、Ctrl+V 粘贴、Ctrl+X 剪贴等快捷操作在 LabVIEW 中均有效。

步骤 2：编辑 VI 程序框图

打开 VI 程序框图窗口，如图 1.11 所示，可以看到前面板放置的数值控件的控件端子和数值指示器的指示器端子。

说明：从外观看，控件端子是粗边框，指示器端子是细边框；控件端子上的小箭头指向外部，表明该端子向外输出数据，而指示器端子上的小箭头指向端子的内部，表明该端子接收外部输入的数据。

提示：前面板窗口和程序框图窗口间可以相互切换，除用单击标题栏或通过 Windows 菜单切换以外，LabVIEW 提供了快捷键 Crtl+E，使用时更简单快捷。

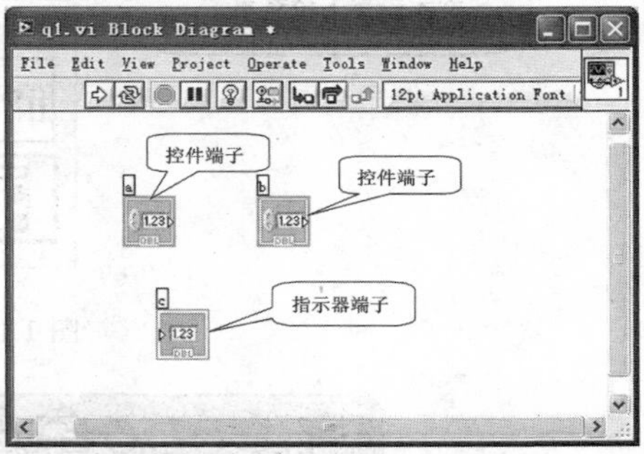

图 1.11　VI 程序框图中的控件和指示器端子

图 1.11 中，默认各类端子均以图标形式显示，其直观的特点不言而喻，但其占用空间大，在复杂问题中可能出现程序框图空间紧缺或图标放置过于密集不便于区分的情况，LabVIEW 针对端子提供了两种显示形式，一种是图标形式，另一种是非图标形式。非图标形式显示可使 VI 程序框图界面简洁、高效。具体做法：右击 VI 程序框图中的端子，在弹出的快捷菜单中将 View As Icon 选项前的对勾去掉。对控件端子 a 的操作及结果如图 1.12 和图 1.13 所示，可把其他端子也以非图标形式显示。

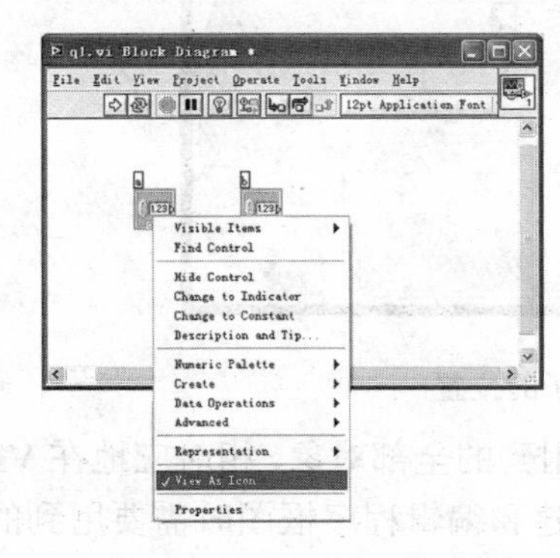

图 1.12　VI 程序框图中的控件端子 a 以非图标形式显示操作过程

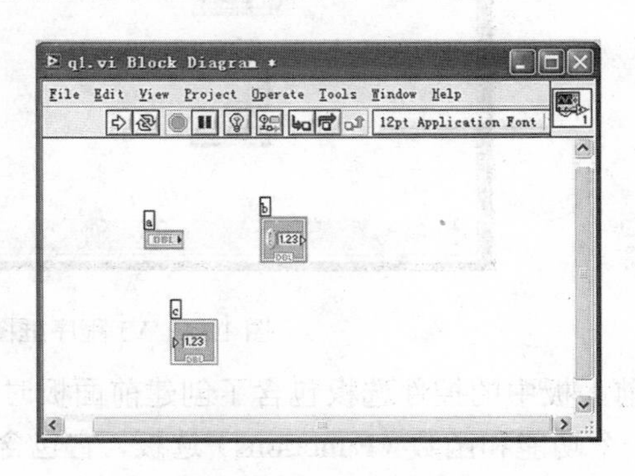

图 1.13　VI 程序框图中的控件端子 a 以非图标形式显示操作结果

另外，端子在 VI 程序框图中的位置、控件或指示器在前面板中的位置可以任意移动，具体做法就是拖拽。同时 LabVIEW 提供的对齐和分布工具可以对多个对象实施对齐和空间分布操作。对象对齐的具体做法是选中希望对齐对象，然后从工具条上的 Alignment（对齐）选择框中选择要沿哪个轴对齐这些对象。类似方法可分布一组对象，首先选择需要分布的多个对象，然后从工具条上的 Distribution（分布）选择框中选择要沿哪个轴分布这些对象。工具条上 Alignment 选择框和 Distribution 选择框的位置及对齐和分布功能细节如图 1.14 所示。本案例中 VI 程序框图中端子的位置不需要对齐和分布处理，拖拽后请以图 1.15 所示放置即可。

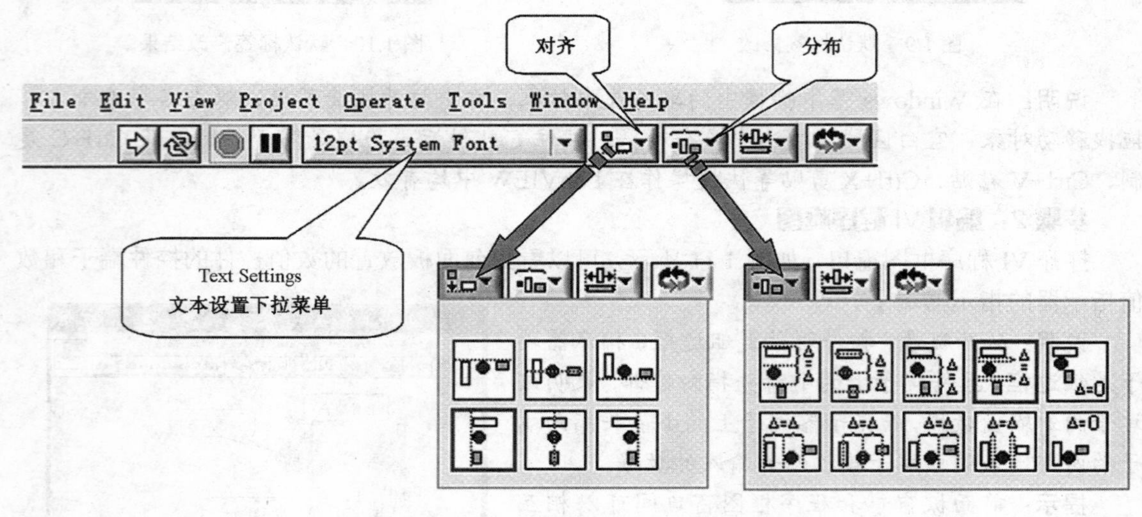

图 1.14　对齐和分布选择框

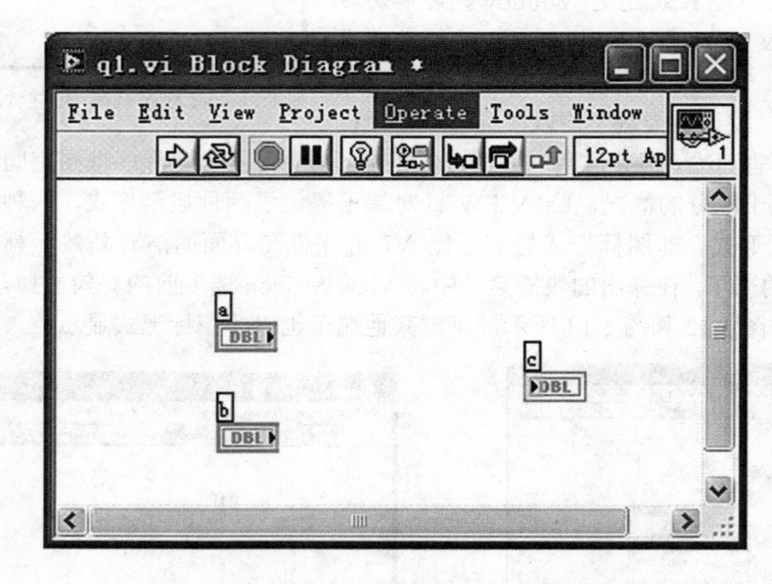

图 1.15　VI 程序框图中端子的位置

VI 前面板中的控件选板包含了创建前面板时需要用到的全部对象，相对应地在 VI 程序框图中有一个功能和函数（Functions）选板，它包含了创建和编辑程序框图时需要用到的有关结构、子 VI 和函数等对象。选择 View | Functions Palette 选项，或右击程序框图窗口空白处就可以显示如图 1.16 所示功能和函数选板。

在 VI 程序框图的功能和函数选板中，单击选中如图 1.17 所示的“数值型（Numeric）”下面的“加（Add）”函数，并放置到如图 1.18 所示位置。放置完成后，当鼠标指向该“加”函数时，其上的连线端子便显现出来，当鼠标指向连线端子时，鼠标变成线轴形状，即表示可以连线了。单击连线端子，移动鼠标，这时就有连线从线轴引出，移动鼠标直至另一个连线端子单击释放，原来的虚线变成了实线，表明两个端子已被连接。此例中，控件端子 a 与“加”函数的一个端子连接过程如图 1.19 所示。连线结果如图 1.20 所示。

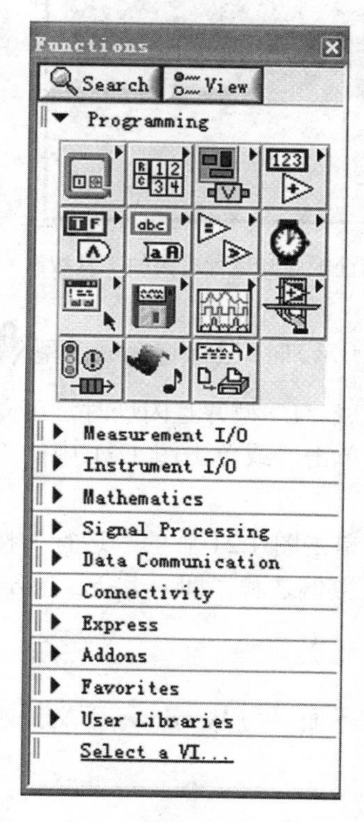

图 1.16　功能和函数选板

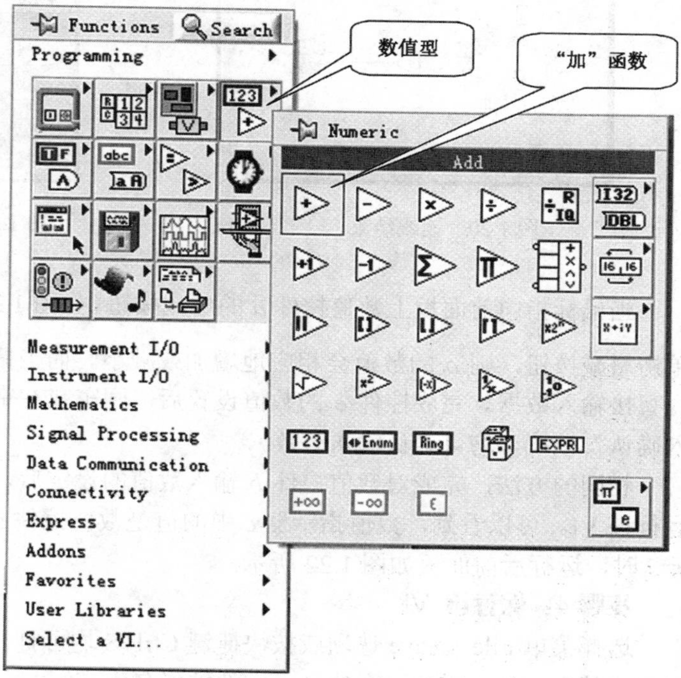

数值型

“加”函数

图 1.17　“加”函数的选择

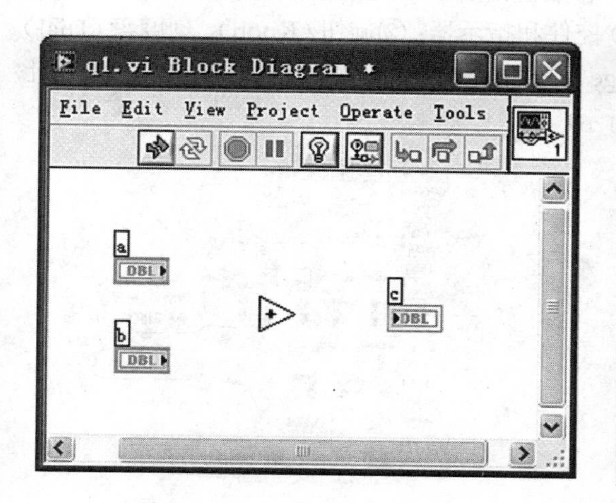

图 1.18　“加”函数的放置

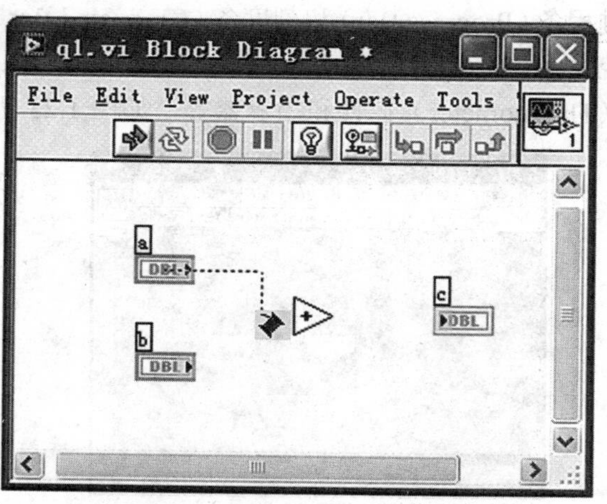

图 1.19　连线过程

提示： 如果需要删除错误连线，则单击选中要删除的连线后按 Delete 键即可。当然，LabVIEW 提供了删除程序框图中的所有无效连线的快捷键 Crtl+B，使用时更方便。

步骤 3：运行 VI

返回到 VI 前面板窗口，在前面板的工具条中，与运行有关的工具按钮如图 1.21 所示。

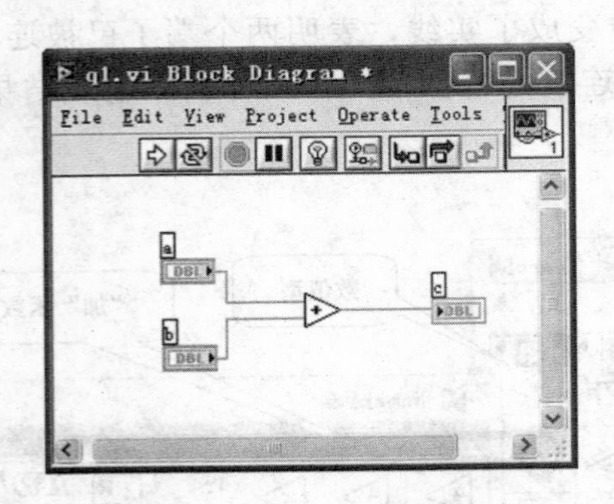

图 1.20　连线结果

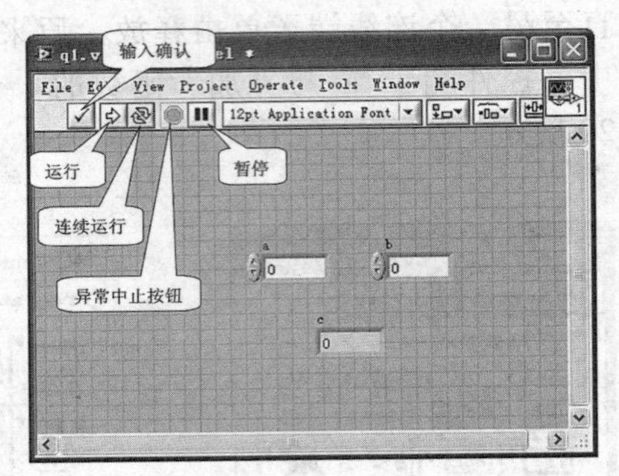

图 1.21　前面板中与运行有关的工具按钮

当鼠标指向前面板上数值控件 *a* 的增减按钮（如图 1.21 中所示）时，鼠标将变成手型，单击增减按钮，则 *a* 的数值会相应地增加或减小。而当鼠标变成“I”型并且闪烁时，可向其内直接输入数据。完成控件 *a* 的数值设置后，回车或在空白处单击，或单击图 1.21 中的“输入确认”按钮，均可确认输入有效。

相同的方法，完成对数值控件 *b* 输入数值的设定后，就可单击图 1.21 中的“运行”按钮运行该 VI。可以看到，数值指示器 *c* 中的值是数值控件 *a* 和 *b* 数值之和，即 $c=a+b$。当 $a=3$，$b=5$ 时，运行后前面板如图 1.22 所示。

步骤 4：保存该 VI

选择菜单 File | Save 选项或按快捷键 Ctrl+S 均可打开保存界面，与 Windows 下文件的保存方式基本一致，需要注意的是，文件扩展名为.vi。

至此，第一个 VI，求两数之和 $c=a+b$ 的虚拟仪器制作完成。

在前面板中的数值控件选板中，除数值控件和数值指示器以外，还有：①滑动条（Slide）、进程条（Progress Bar）和刻度条（Graduated Bar）控件和指示器；②旋钮（Knob）、刻度盘（Dial）控件和指示器；③仪表（Meter）、表头（Gauge）控件和指示器；④容器（Tank）、温度计（Thermometer）控件和指示器等，如图 1.23 所示。

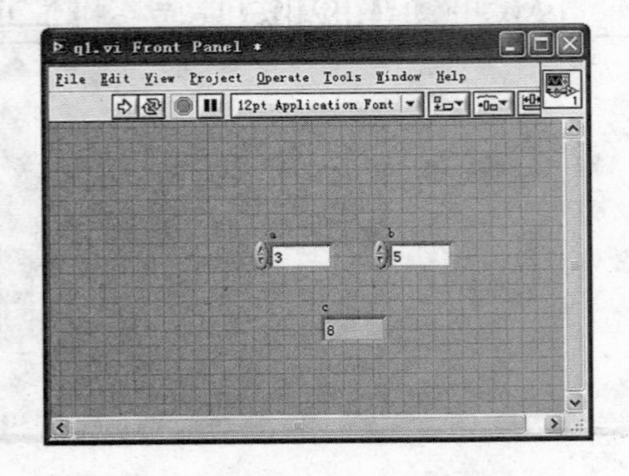

图 1.22　$c=a+b$ 前面板运行结果

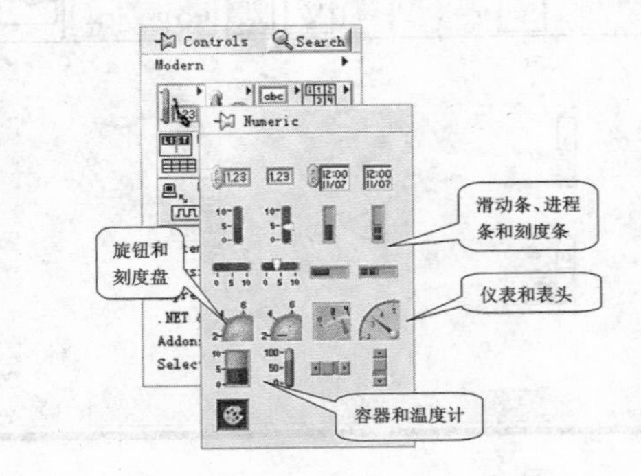

图 1.23　前面板中的其他数值控件和指示器

提示：对于已经放置在前面板上的控件以及在程序框图中与之对应的控件端子，可以在其上右击，在弹出的快捷菜单中选择 Change to Indicator，使其变成指示器；相反，对于已经放置在前面板上的指示器以及在程序框图中与之对应的指示器端子，可以在其上右击，在弹出的快捷菜单中选择 Change to Control，使其变成控件。这为控件和指示器放置错误后的修改提供了方便。另外，在前面板的对象上右击，在弹出的快捷菜单中选择 Replace 菜单，为对象放置错误后的替换提供了极大的灵活性。

【案例 1.3.2】 旋钮和刻度盘、仪表和表头、容器和温度计的简单运用

（1）旋钮和刻度盘的简单运用

旋钮和刻度盘一般被用作控件，用于对连续量的输出，例如，阀门的开度等。在前面板中放置好旋钮或刻度盘后，可以看到，旋钮或刻度盘默认的最大指示数值为 10，双击指示数值 10，则指示数值 10 变成反色显示，处于编辑状态。此时改变其值为实际应用需要输入的最大值，则其他指示数值也随即成比例地变化。这样就可以修改旋钮和刻度盘的输入值范围，旋钮数值范围调整示例如图 1.24 所示。

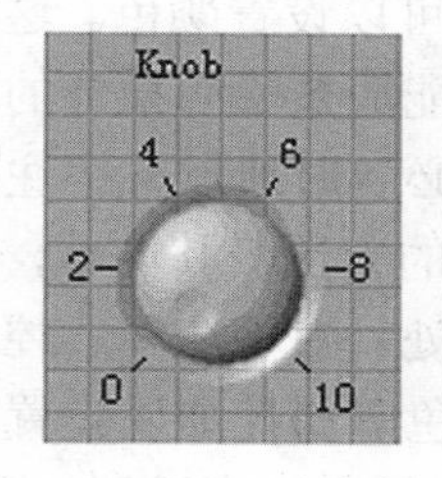

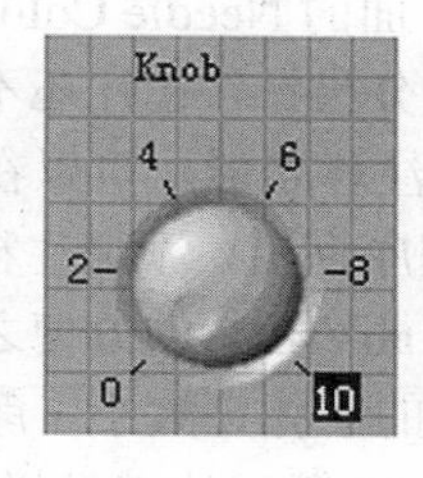

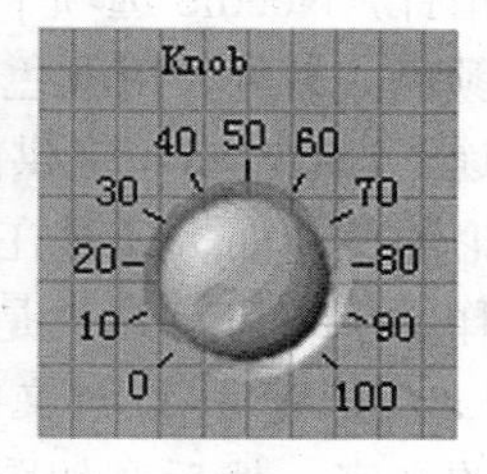

图 1.24 调整旋钮数值范围示例

旋钮或刻度盘在前面板中的大小也可以改变。当鼠标指向旋钮或刻度盘时，其上的四个大小调节句柄可见，拖拽大小调节句柄到适当大小，松开鼠标，即可调整其大小。旋钮大小调整示例如图 1.25 所示。

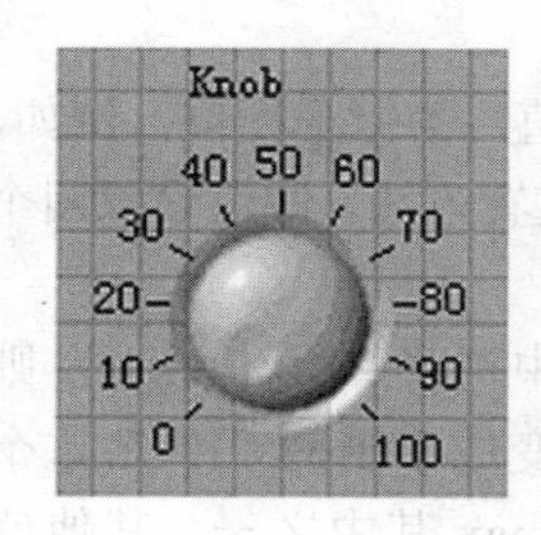

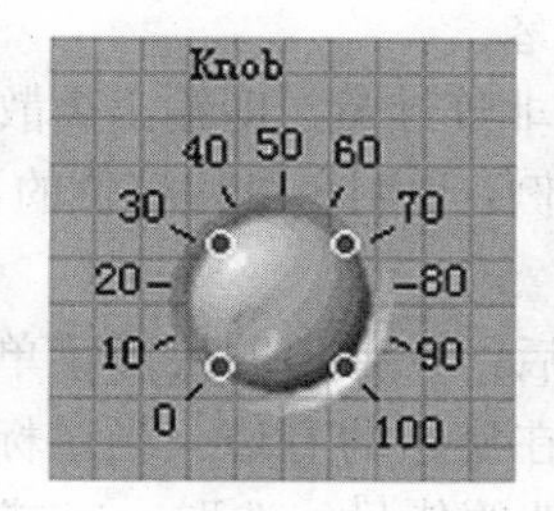

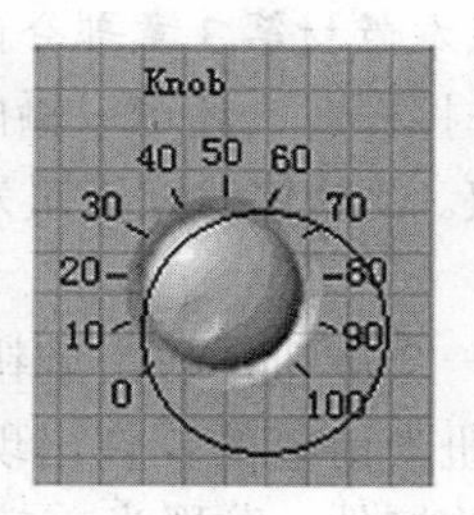

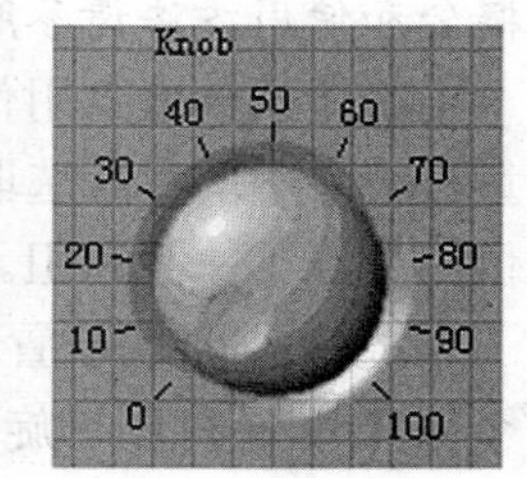

图 1.25 调整旋钮大小示例

通过拖拽旋钮或刻度盘的指针，可以改变它们作为控件时的输出值。但是在输出一个特定的具体数值时，拖拽改变数值的方法一般难于精确定位。此时，作为控件，数值编辑输入的方法就比较方便。在前面板中的旋钮或刻度盘上右击，在弹出的快捷菜单中选择 Visible Items | Digital Display，则一个数值控件出现在旋钮或刻度盘的旁边，此时直接输入具体数值，就可以精确设置旋钮或刻度盘作为控件时的输出值，同时旋钮或刻度盘的指针也指向该数值位置。对旋钮选择数值显示并设置数值为 80 的示例如图 1.26 所示。

默认的旋钮或刻度盘只有一个指针，作为控件时只能输出一个数值。若想使一个旋钮或刻度盘上有两个或更多的指针，可以一次性地输出多个数值，而且输出的每个数值由各自的指针

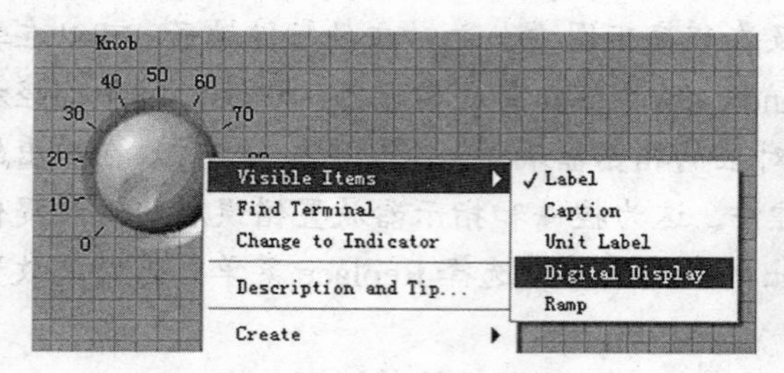

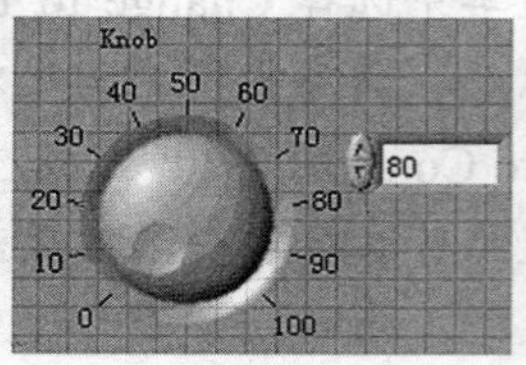

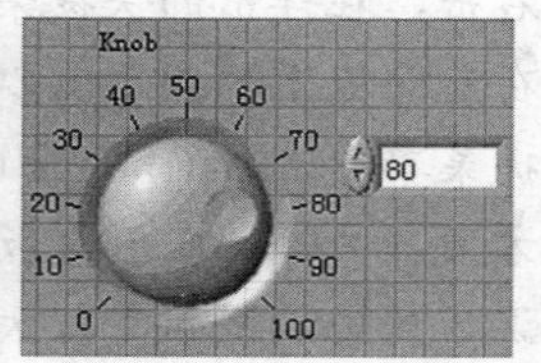

图 1.26 改变旋钮大小示例

独立控制，具体做法：右击旋钮或刻度盘，在弹出的快捷菜单中选择 Add Needle，就可添加一个指针。相反，右击该指针，在弹出的快捷菜单中选择 Remove Needle，就可删除一个已有的指针。由于新添加的指针与默认指针一模一样，不便于区分，为此 LabVIEW 提供了用不同颜色区分不同指针的方法。具体做法：右击旋钮或刻度盘，在弹出的快捷菜单中选择 Properties 选项，在打开的属性设置对话框中，选择 Appearance 标签页，其中的 Needle 选项卡列出了所有的指针，Needle 选项卡下面的 Needle Color 可以设置颜色。这样可以为不同的指针设置不同的颜色。另外，用颜色区分指针，往往还不能清楚说明指针的指示量并区分各个指针的具体用途，LabVIEW 提供的注释功能，可以在必要时通过文字注释对有关事项进行详细说明。不论是在前面板还是在程序框图，添加注释的方法极其简单，在需要注释的地方双击，输入注释文字即可，这也是 LabVIEW 的方便之处。对于注释、控件和指示器的标签等文字对象，LabVIEW 可以对文字的字体、大小、颜色等属性加以设置。具体做法是：首先选择被设置的文字，然后在如图 1.14 所示的工具栏中打开文本设置（Text Settings）下拉菜单，选择其中的 Size 用于设置字号，选择其中的 Style 用于设置字体，选择其中的 Color 用于设置字体颜色。此一系列操作以旋钮为例，相关操作及结果如图 1.27（a）~图 1.27（e）所示。

说明：有多个指针的旋钮作为控件时，在程序框图中的端子输出的数据类型是簇，有关簇的概念和使用方法请参照本教材第 3 章部分内容。

当旋钮或刻度盘用作控件时，还可以输出非连续量，即输出离散值，类似于档位，例如，多量程设备中的量程选取。此处依然以旋钮为例，说明多量程档位的设置方法。假设设置四个档位：关、Ⅰ、Ⅱ和Ⅲ。

首先在前面板放置一个旋钮，右击旋钮后，在弹出的快捷菜单中选择 Text Labels，则一个用于设置和显示旋钮当前值的控件出现在旋钮的右边。当鼠标变成手形时，单击这个设置和显示旋钮当前值的控件，发现当前控件的值只能选取 min 或 max 其中之一，其他值不能选取，类似于 C 语言中的枚举型数据类型（本章后面也要讲解 LabVIEW 的枚举型数据）。拖拽旋钮的指针依然可以选取其他值，但目前只能显示 min 或 max 其中之一。如图 1.28 所示。

接着右击旋钮，在弹出的快捷菜单中选择属性设置 Properties 选项，打开属性设置对话框。在 Text Labels 选项卡中，在 Text Labels 栏中编辑输入如图 1.29 所示的：关、I、II 和 III 四个档位。在 Data Range 选项卡中，首先设置数据格式，即单击 Representation 后选取无符号 8 位数 U8，然后去除 Use Default Range 选项前的对勾，自行设置最大、最小值以及单步增量值。如图 1.30 所示，分别为 0、3 和 1。即最小值为 0，最大值为 3，单步增量为 1。完成后单击 OK 确认返回前面板。

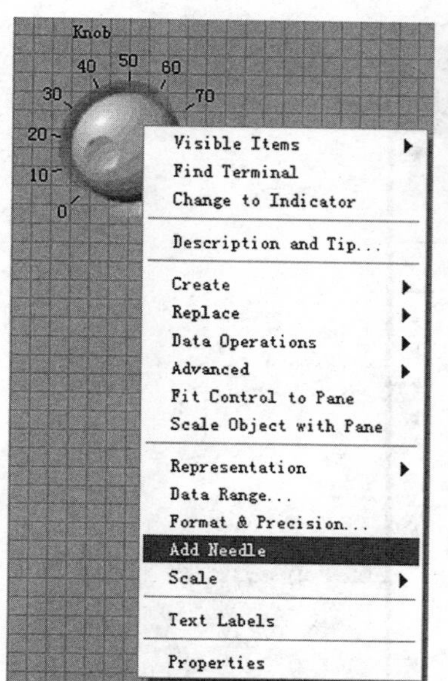

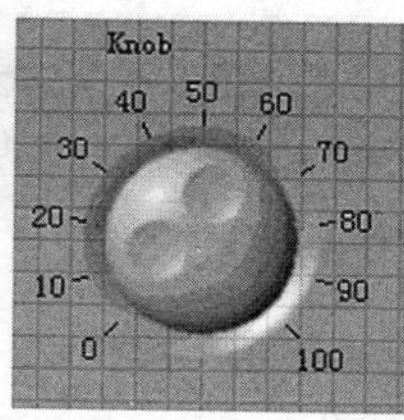

(a) 给旋钮添加一个指针及其结果

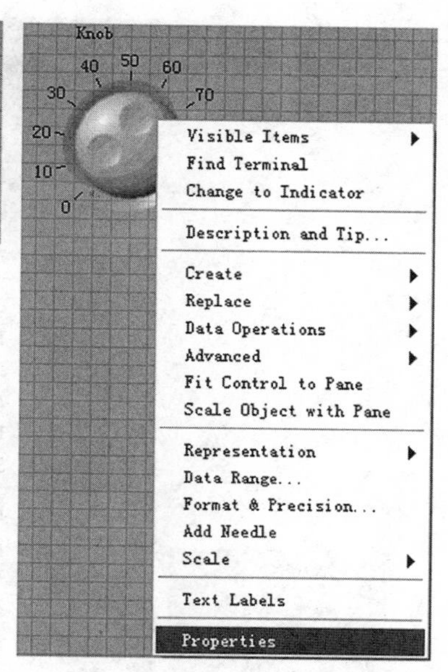

(b) 打开旋钮属性设置对话框

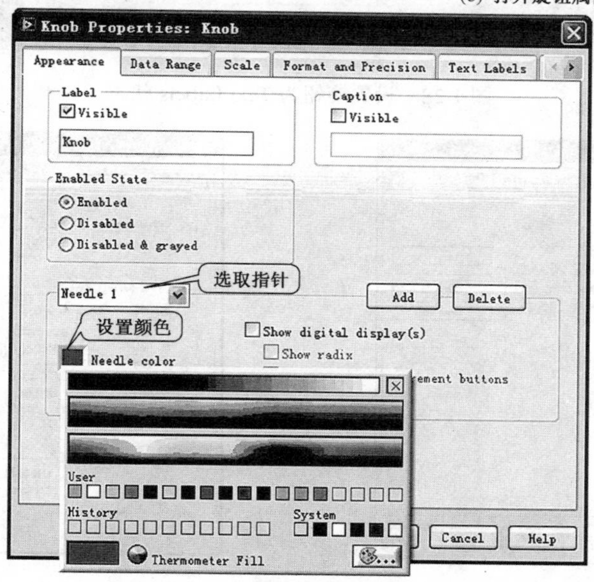

(c) 改变旋钮指针的颜色

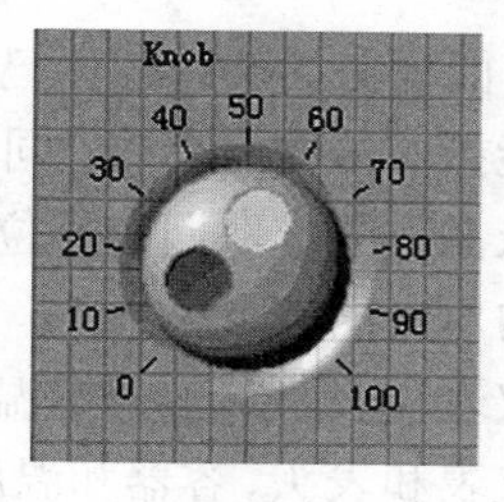

(d) 改变颜色后的旋钮

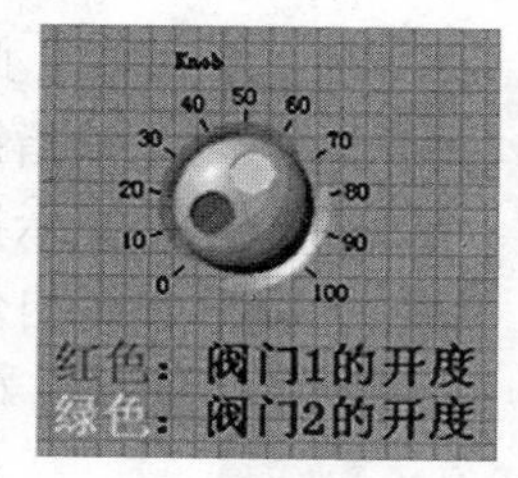

(e) 给旋钮添加注释并对注释格式进行设置

图 1.27 旋钮指针的添加及属性设置、注释文本的添加及格式设置

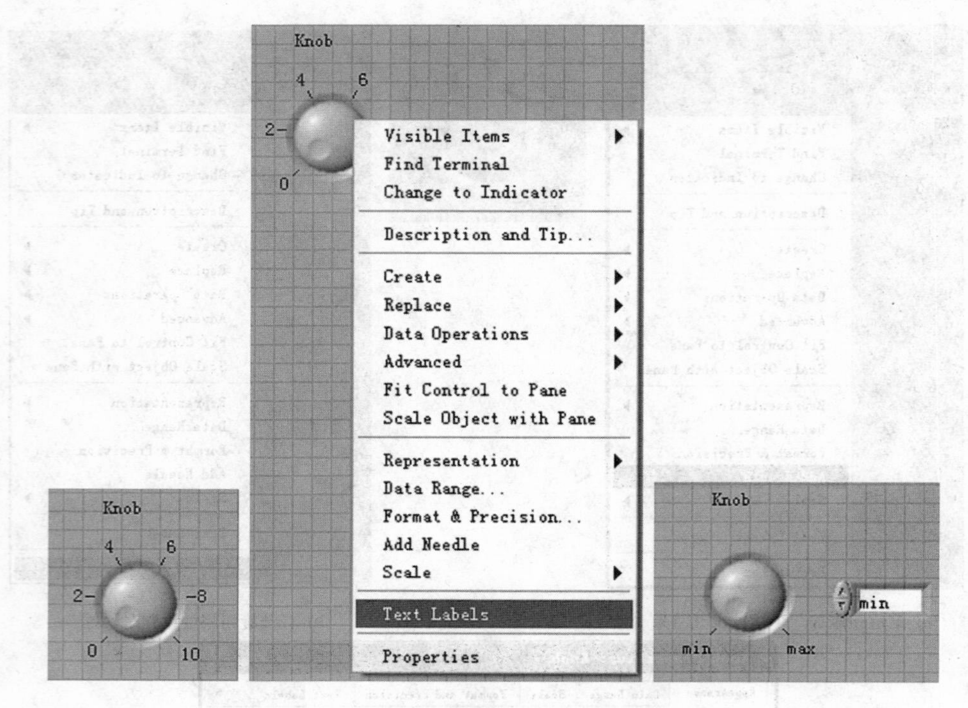

图 1.28　设置旋钮为 Text Labels 状态

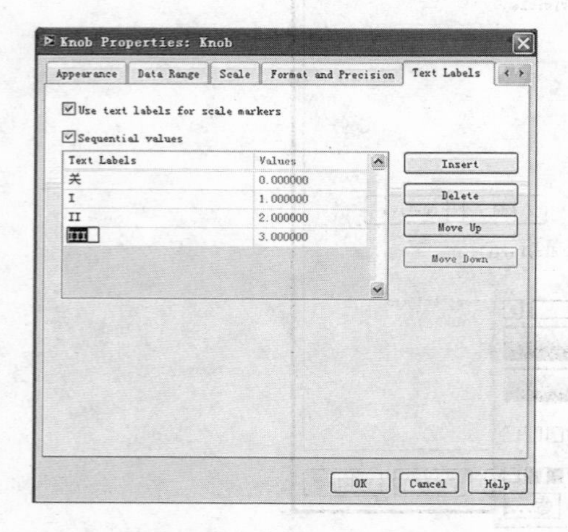

图 1.29　编辑旋钮的 Text Labels 属性

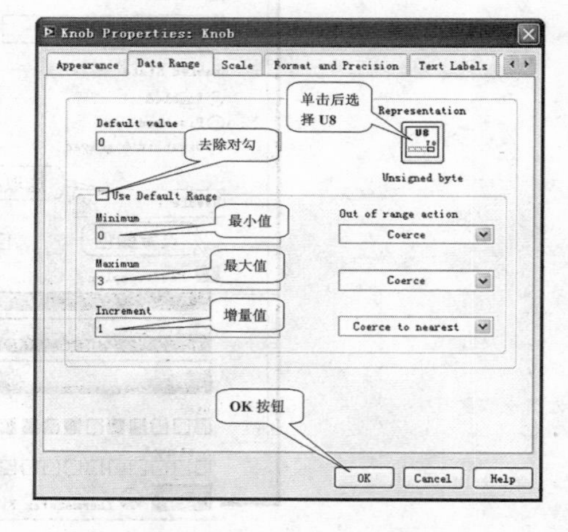

图 1.30　设置旋钮 Data Range 属性

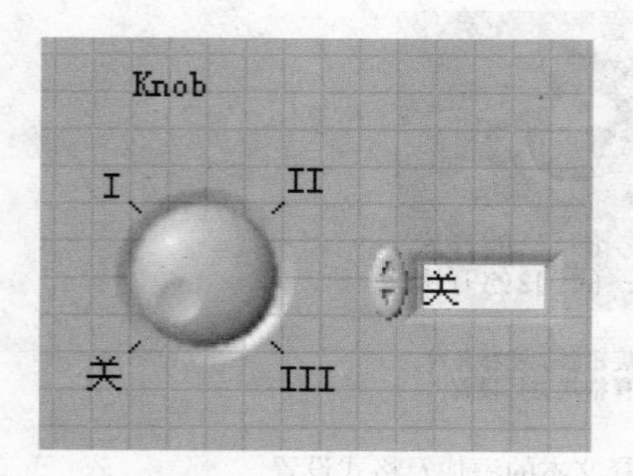

图 1.31　四个档位的旋钮

此时前面板上的旋钮控件已变为图 1.31 所示，拖拽指针只能指向这四个档位。同样，旋钮右边的设置和显示控件依然只能选取四个挡位中的其中之一，旋钮指针自然指向对应的挡位。

（2）仪表和表头、容器和温度计的简单运用

对于仪表和表头、容器和温度计的使用方法与旋钮和刻度盘一样，唯一不同的是：仪表和表头、容器和温度计一般用作指示器，而旋钮和刻度盘一般用作控件。至于滑动条、进程条和刻度条的使用也都类似，此处不

再一一列举赘述。

1.4 布尔型操作

【案例 1.4.1】 比较两个数 a、b 是否相等的 VI

步骤 1：在 VI 前面板中添加控件和指示器

在新建的 VI 前面板上放置两个数值控件，将其默认标签 Numeric、Numeric2 修改为 a 和 b；单击如图 1.32 所示控件选板中布尔型控件选板（Boolean）中的圆型 LED 指示器（Round LED），然后移动鼠标到 VI 前面板空白处单击，将圆型 LED 指示器放置在前面板上，标签改为“a==b?”。编辑完成后的前面板如图 1.33 所示。

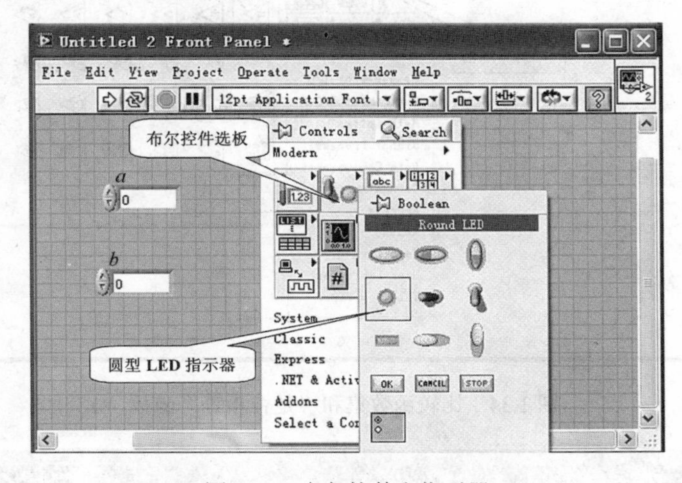

图 1.32 布尔控件和指示器

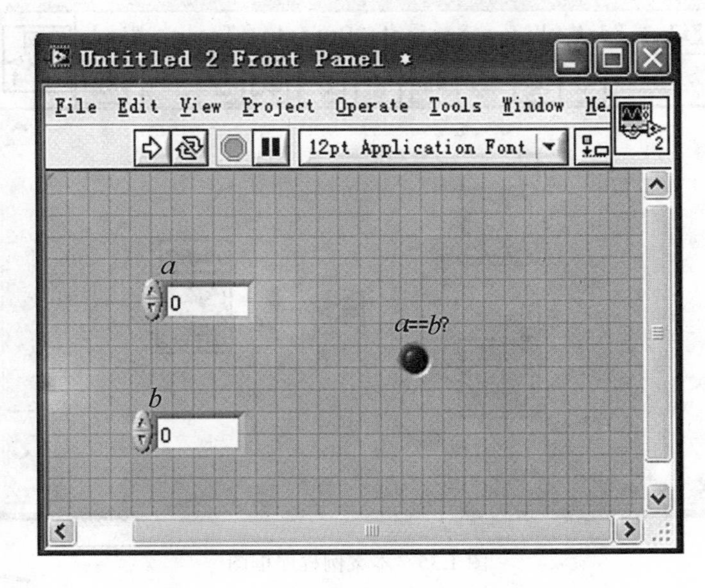

图 1.33 本案例前面板

步骤 2：编辑程序框图

右击 VI 程序框图的空白区，打开函数选板，单击选择比较（Comparison）函数集中的“是否相等函数”（Equal?），如图 1.34 所示。拖拽到如图 1.35 所示位置，并如图所示连线，则此案例的程序框图编辑完成。

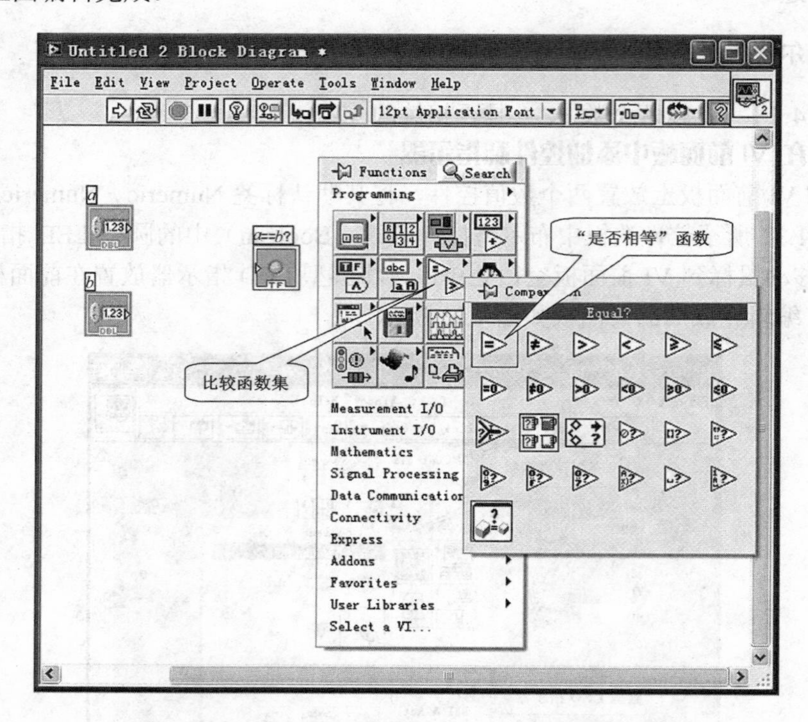

图 1.34　比较函数集和“是否相等”函数

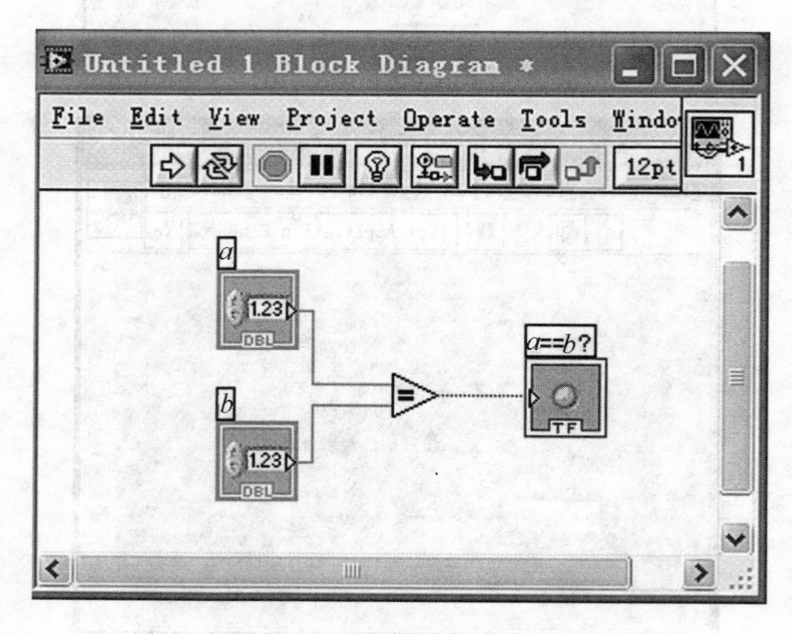

图 1.35　本案例程序框图

步骤 3：运行该 VI

返回到该 VI 前面板窗口，给变量 a 和 b 赋相同的值和不同的值时，分别观察圆型 LED 指示器的灯是否点亮。运行结果如图 1.36 所示。当 a 和 b 值相等时，LED 点亮；当 a 和 b 值不相等时，LED 未点亮。

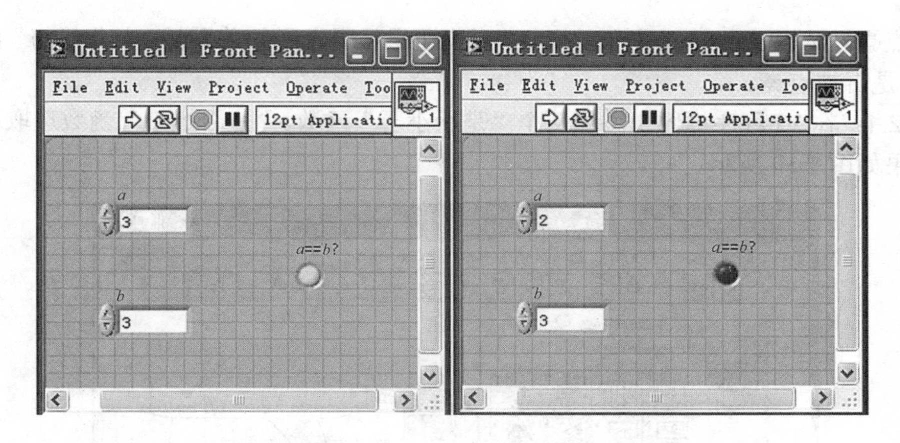

图 1.36　判断两个数是否相等 VI 的运行结果

步骤 4：保存该 VI

说明：从此案例不难发现，布尔值在程序框图中的连线是绿色线，不同于数值型的橙色线。

【案例 1.4.2】　判断两个数 *a*、*b* 是否都小于 10。

步骤 1：在 VI 前面板中添加控件和指示器

此 VI 的前面板与案例 1.4.1 几乎完全相同，不同之处是将圆型 LED（Round LED）指示器的标签改为“*a* 和 *b* 都小于 10 吗？”。前面板结果如图 1.37 所示。

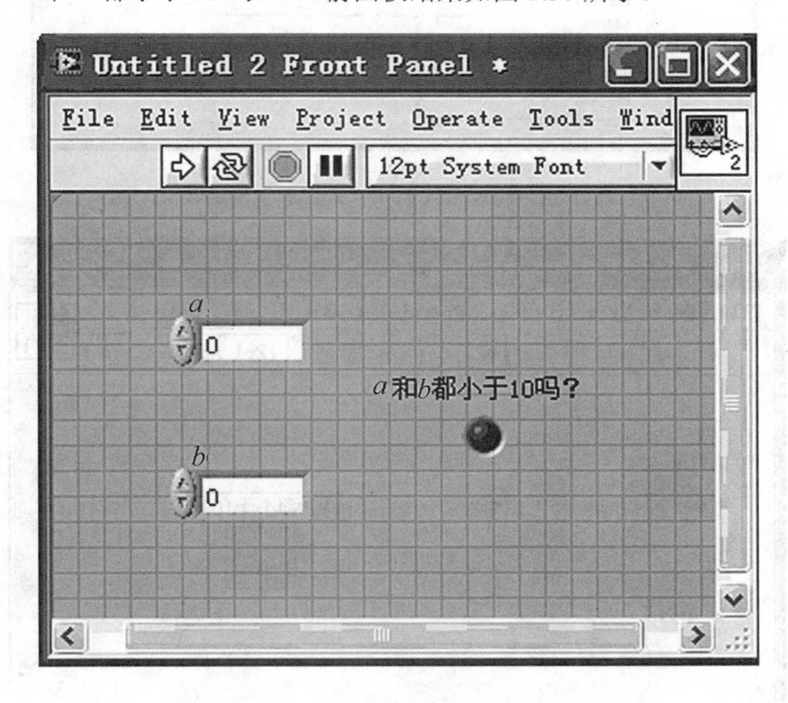

图 1.37　本案例前面板

说明：LabVIEW 也支持变量名及标签等为中文。对于变量建议还是使用英文为好；说明性质的注释及标签等可考虑个人习惯使用英文或中文。

步骤 2：编辑 VI 程序框图

由此案例分析可知，只有 *a* 小于 10，*b* 也小于 10，这两个比较结果逻辑都为真时，LED

灯才能被点亮。显然 *a* 小于 10 与 *b* 小于 10 两个逻辑结果之间的关系是“与”,“与”的结果决定 LED 灯是否被点亮。

步骤 2.1：在 VI 程序框图中添加两个“是否小于”函数。“是否小于”函数选取如图 1.38 所示，结果如图 1.39 所示。

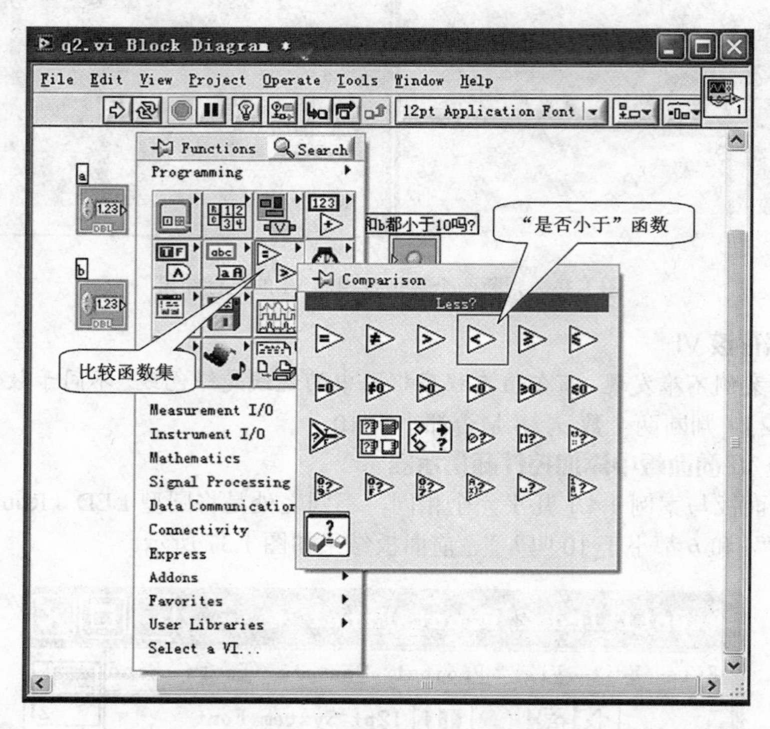

图 1.38　比较函数集和“是否小于”函数

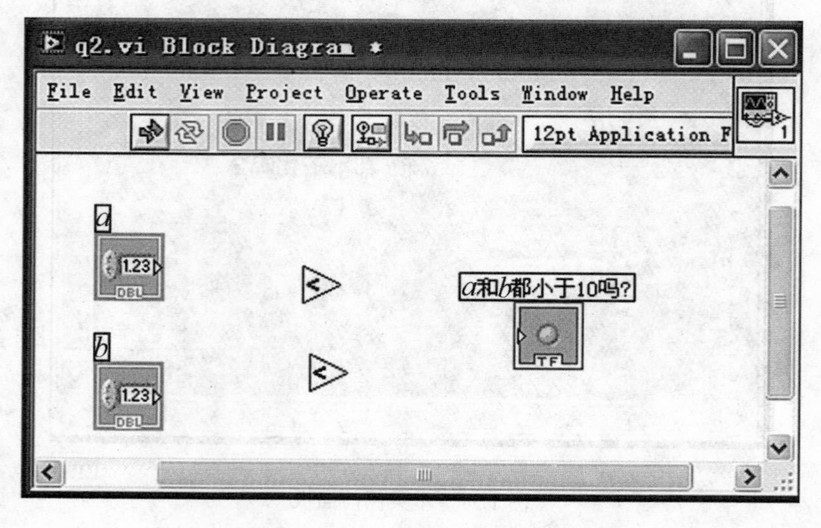

图 1.39　放置两个“是否小于”函数后的程序框图

步骤 2.2：在 VI 程序框图中添加常数“10”。本案例中 *a* 和 *b* 比较的对象是数字 10，属于数值常数。此处介绍两种在程序框图中添加常数的方法。第一种是在函数选板中的数值型函数集中选取数值型常量，具体选取路径如图 1.40 所示。

放置好常数以后的程序框图如图 1.41 所示，其中的常数是蓝色边框，反色显示，可直接输入数值 10，再在空白处单击确认即可。需要说明的是数值型控件、指示器以及常数等边框颜色表示数值类型，蓝色表示整型，橙色表示浮点型。数据类型的改变可以通过在对象上右击，选择 Representation 的子菜单进行选择。具体方法以图 1.42 中变量 a 为对象，相关标注可清楚说明，此处不再赘述。

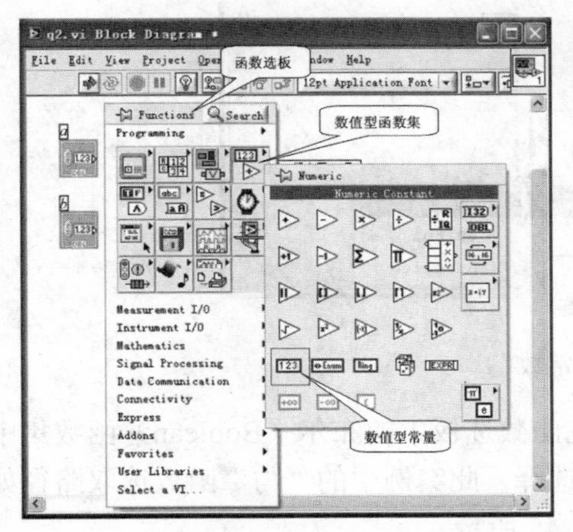

图 1.40　“数值型常量”的选取

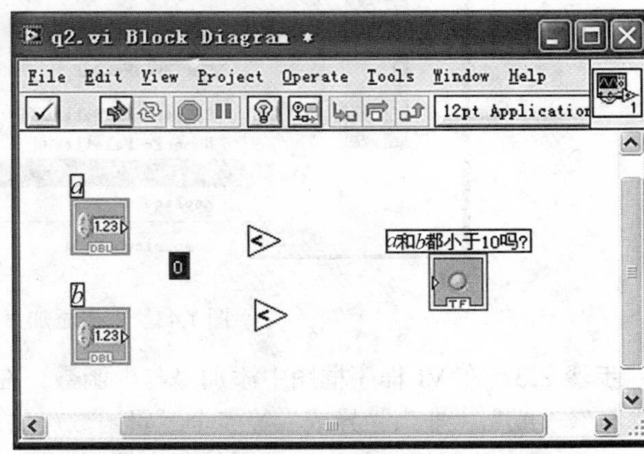

图 1.41　放置“数值型常量”后的框图

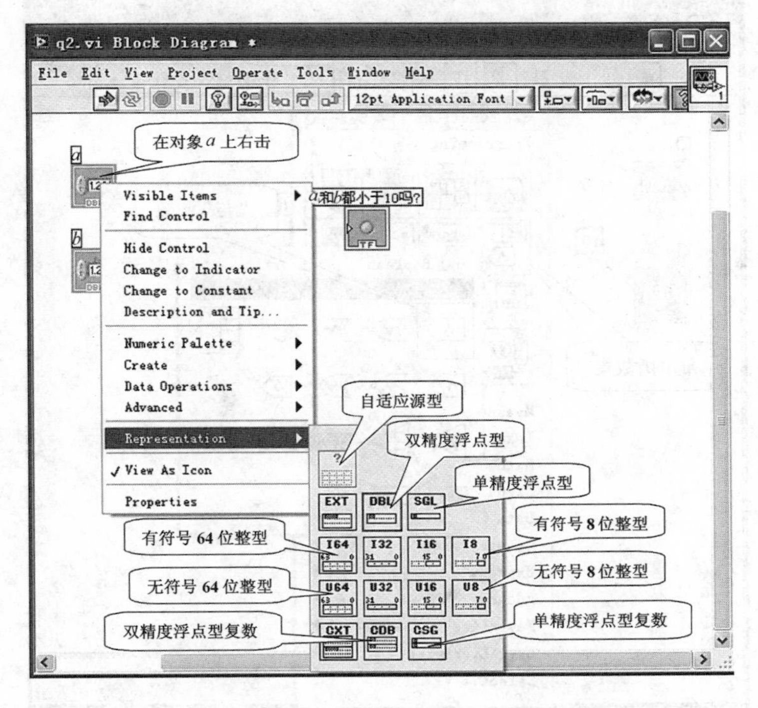

图 1.42　对象数值类型改变

在程序框图中添加常数的第二种方法是在需要连线常数的端子上右击，在弹出菜单中的 Creat 子菜单中选择 Constant 项即可。本案例中“是否小于”函数的下端子 y 需连线常数 10，所以当鼠标指向“是否小于”函数时，“是否小于”函数的两个连线端子显现，在其下端子上右击，在弹出菜单中 Creat 子菜单中的 Constant 项单击。具体操作如图 1.43 所示。

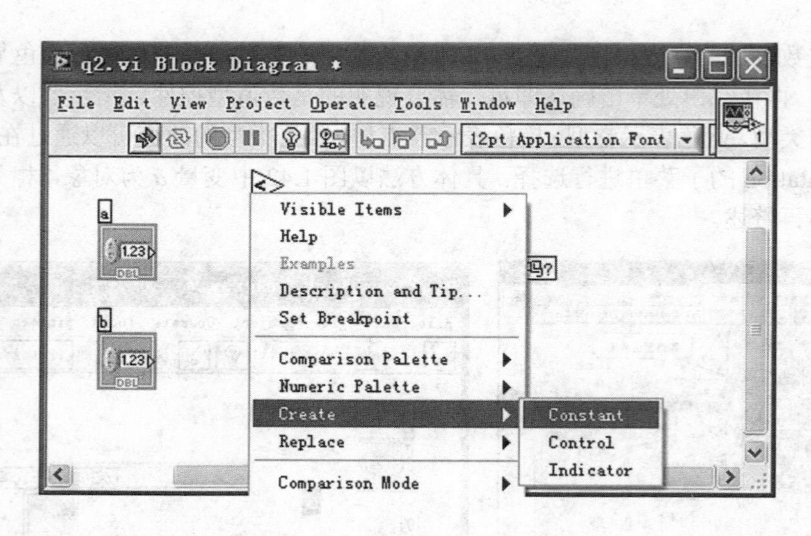

图 1.43　右击添加“常数”

步骤 2.3：在 VI 程序框图中添加“与”函数。在函数选板中的布尔（Boolean）函数集中有“与”、“或”、“非”、“异或”等多个逻辑函数可供选择。此案例中的“与”函数选取路径如图 1.44 所示。放置好“与”函数后的程序框图如图 1.45 所示。

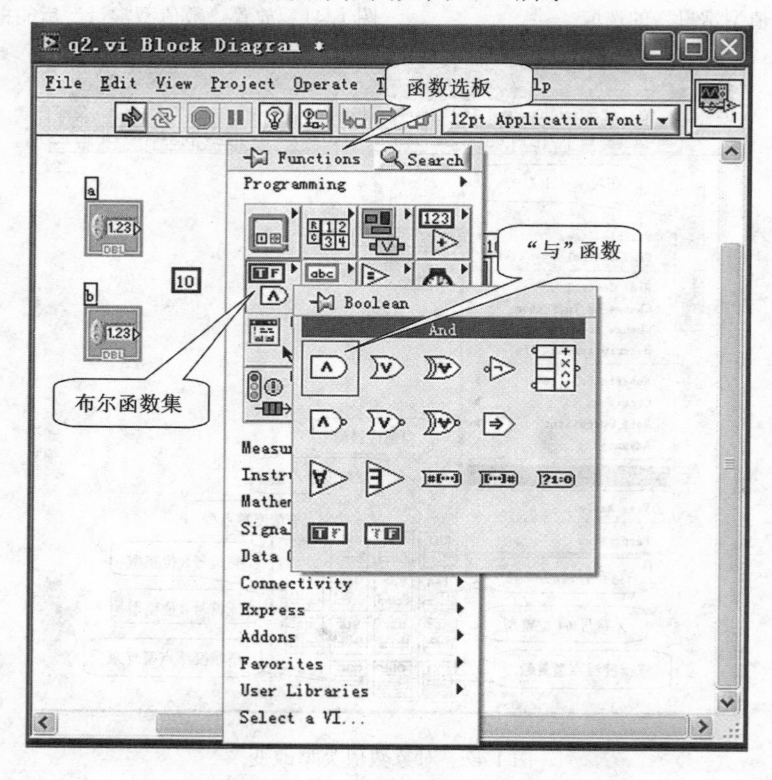

图 1.44　布尔函数集和“与”函数

步骤 2.4：框图连线。将变量 a 和 b 分别连线到两个“小于”函数的上端子，常数 10 连线到“小于”函数的下端子，两个“小于”函数的输出端子连线到“与”函数的输入端子，“与”函数的输出端子连线到 LED。连线完成后的程序框图如图 1.46 所示。

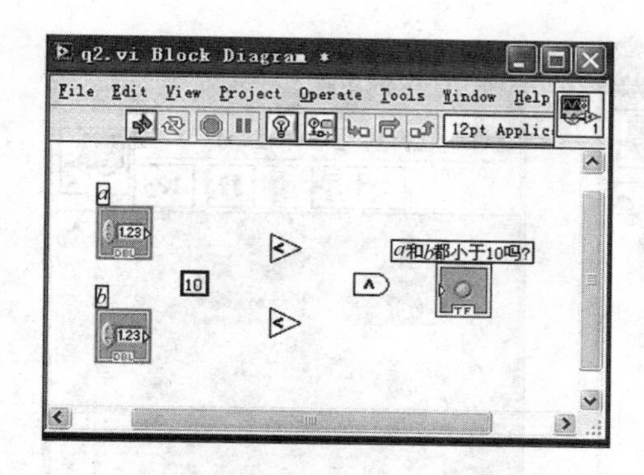

图 1.45　放置好“与”函数后的程序框图

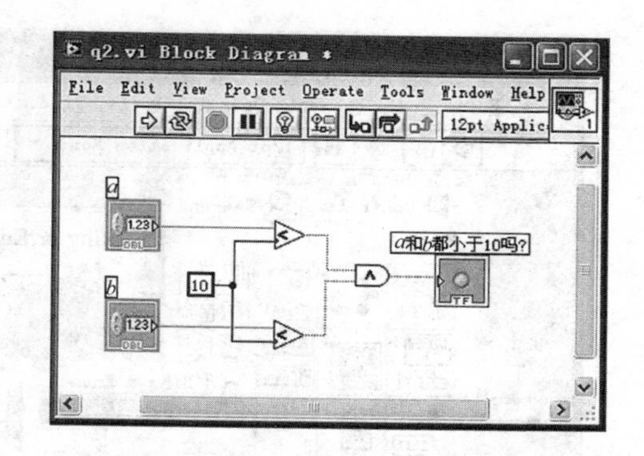

图 1.46　本案例完成后的程序框图

注意：连线中的交叉线，有圆型节点的交叉线表示通路；没有圆型节点的交叉线表示连线跨越，并未接通。

步骤 3：运行该 VI

返回到该 VI 前面板窗口，分各种情形给变量 *a* 和 *b* 赋值，观察圆型 LED 指示器的灯是否点亮。运行结果略。

LabVIEW 提供了两种运行方式：运行和连续运行。运行的图标是，指一次执行；连续运行的图标是，指反复执行，连续运行方式便于在某些时候观察各种情形的不同结果。

在程序框图窗口中，无论当前 VI 是运行方式还是连续运行方式，都可以在程序框图中设置断点，逐段或逐块来调试该 VI“程序”。LabVIEW 还提供了一个用于程序调试的工具——探针（Probe），它可以在程序运行期间，在任意一段连接线处设置探针观察窗口，查看数据流中该处数据的当前值。

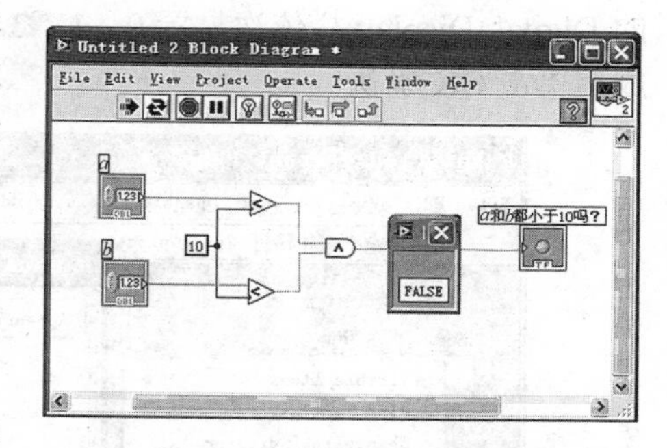

图 1.47　连续运行和探针的添加

在程序框图窗口中将本例连续运行，在此期间，当鼠标指向连接线时，鼠标变成形状，单击连接线就可在此处放置一个探针。如图 1.47 所示在逻辑“与”函数的后边单击，就在此放置一个探针，可用于观察“与”函数的结果。

步骤 4：保存该 VI

至此，有关布尔类的两个虚拟仪器案例制作完成。

1.5　枚举型操作

【案例 1.5】 将一个星期的七天分别用数字显示出来

其中，星期天显示 0，星期一显示 1，…，星期六显示 6。

步骤 1：在 VI 前面板中添加控件和指示器

步骤 1.1：在 VI 前面板窗口中，放置一枚举控件，选取路径如图 1.48 所示。再放置一个数值指示器。前面板如图 1.49 所示。

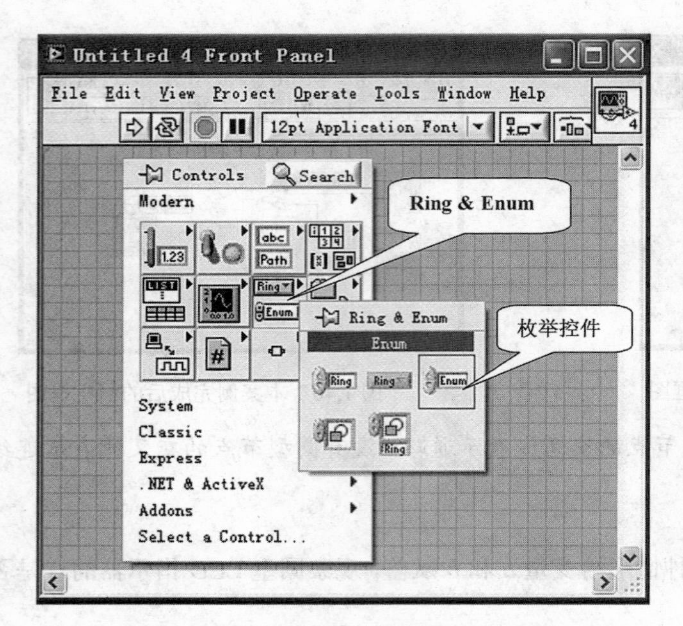

图 1.48　前面板中枚举空间的选取

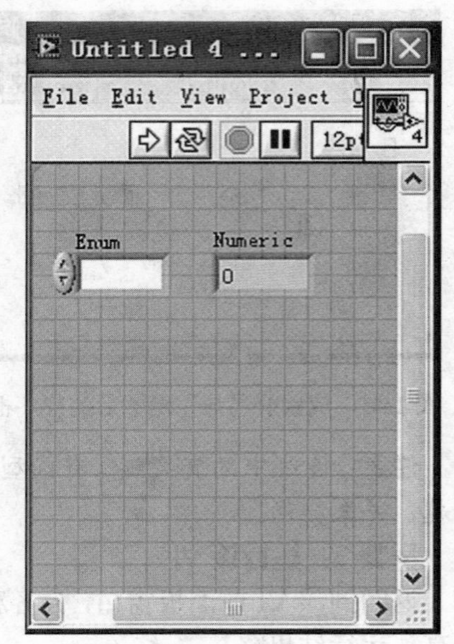

图 1.49　步骤 1.1 完成后前面板

步骤 1.2：在前面板窗口中右击枚举控件 Enum，在弹出的快捷菜单中选择 Edit Items…，打开项目编辑窗口，如图 1.50 所示。在 Items 栏中依次输入 Sunday、Monday、Tuesday、Wednesday、Thursday、Friday 和 Saturday。可以看到，在输入一星期的每一天时，其后对应的 Digital Display 栏依次显示 0、1、2，…，6，这正是题目的要求所在。如图 1.51 所示，完成后单击 OK 确认。

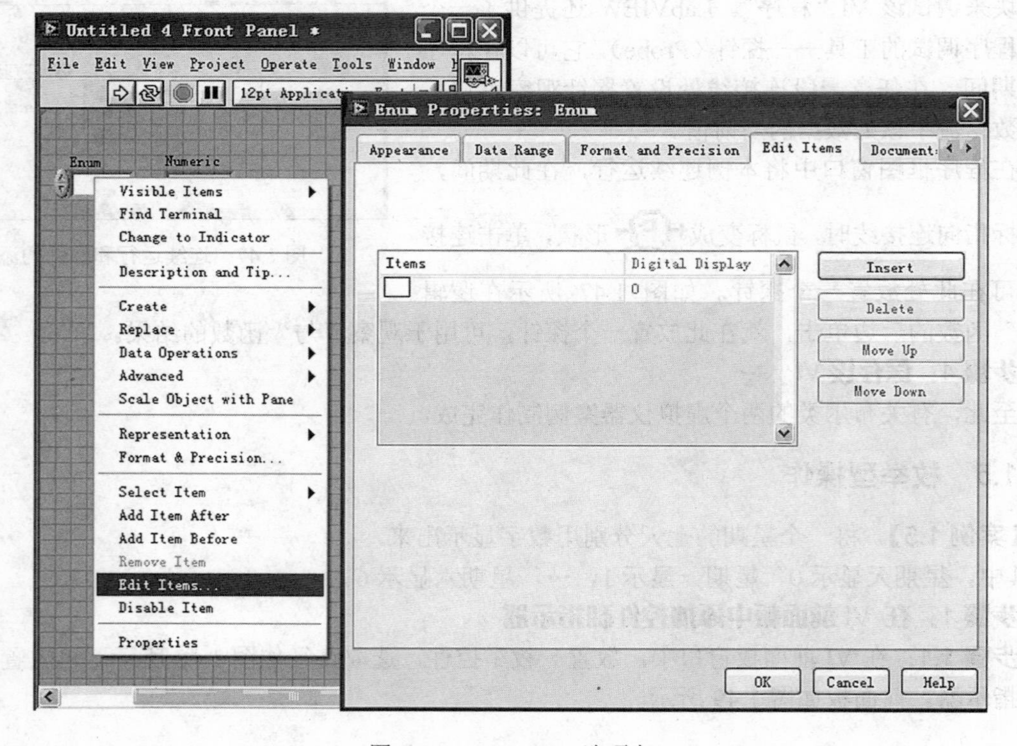

图 1.50　Edit Items...选项卡

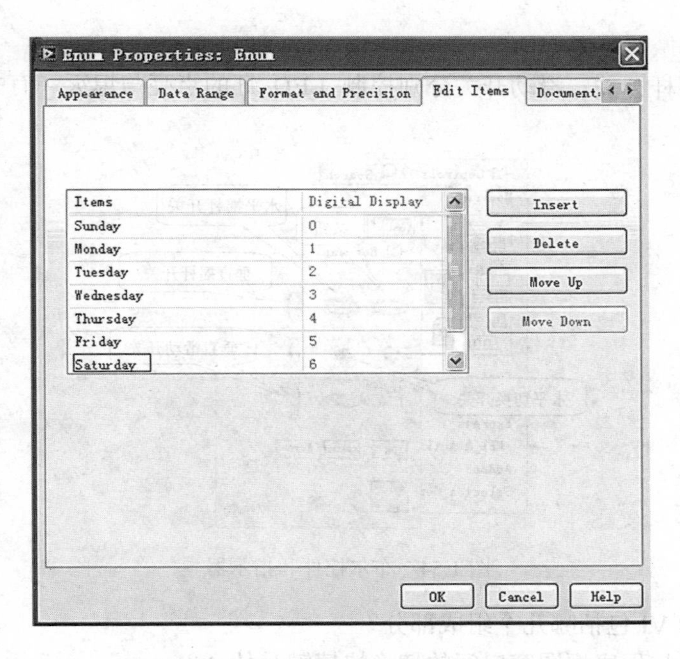

图 1.51　Edit Items...选项卡的编辑

步骤 2：编辑程序框图

本例程序框图只是把枚举型控件与数值指示器连线。如图 1.52 所示。

步骤 3：运行并保存该 VI

当鼠标变成手形时，单击枚举型控件选择一星期的某一天，则会看到数值指示器显示相应的数值。如图 1.53 所示。

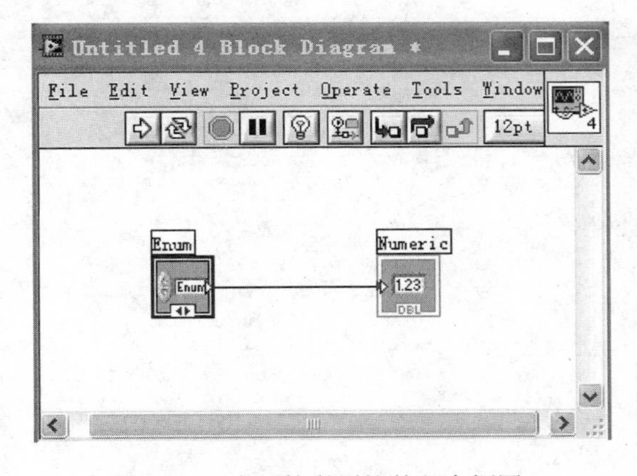

图 1.52　本例枚举型控件程序框图

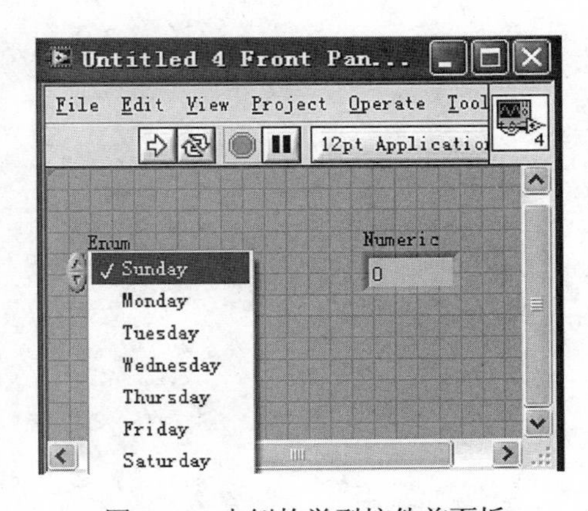

图 1.53　本例枚举型控件前面板

【练习题】

1．创建实现 $c=a-b$ 的 VI。

2．在同一个 VI 中，实现 $c=a\times b$，$d=a/b$。

3．创建求两个复数加、减、乘、除运算的 VI。

4．用旋钮和刻度盘、仪表和表头、容器和温度计、滑动条、进程条和刻度条自行设计 VI。

5．用方形 LED 指示是否变量 a 和 b 中有一个数不小于 10（相关控件和指示器如图 1.54

所示）。

6．用按钮、摇杆开关、滑动开关分别控制 LED 灯的点亮与熄灭（有关控件和指示器如图 1.54 所示）。

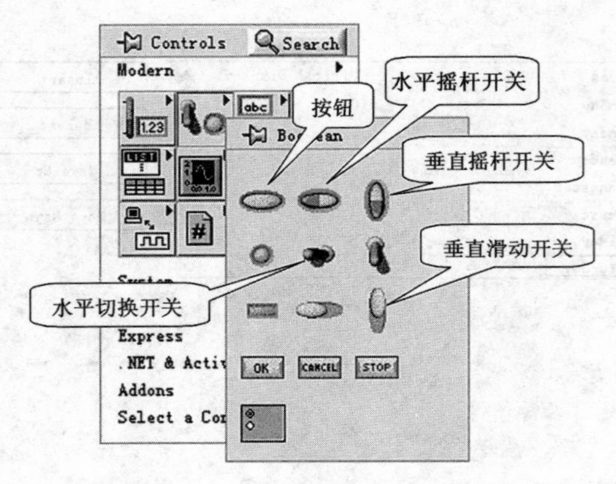

图 1.54　布尔控件和指示器

7．一个完整的 VI 包括哪几个组成部分？

8．前面板窗口与程序框图窗口间的切换快捷键是什么？

9．删除程序框图中所有无效连线的快捷键是什么？

第2章 程 序 结 构

程序结构一般分为顺序结构、循环结构、分支结构三种。与大多数高级程序开发语言一样，LabVIEW 也无一例外地提供了以上三种程序结构。另外，LabVIEW 中还有一些独特的程序结构，例如，事件结构、公式节点、数学脚本节点等。本章首先介绍 LabVIEW 的四个程序结构：For 循环、While 循环、Case 结构和顺序结构，最后介绍事件结构和公式节点。

2.1 For 循环

【案例 2.1.1】 产生 10 个（0，1）随机数

步骤 1：编辑程序框图

步骤 1.1：在程序框图窗口放置 For 循环框架

在程序框图窗口空白处右击显示功能和函数选板，选择 Function | Structures | For Loop，选择如图 2.1 所示结构选板中的 For 循环框架，在程序框图的空白处单击后拖拽，到适当大小后再次单击释放，则 For 循环框架放置完毕。框架组成说明如图 2.2 所示。

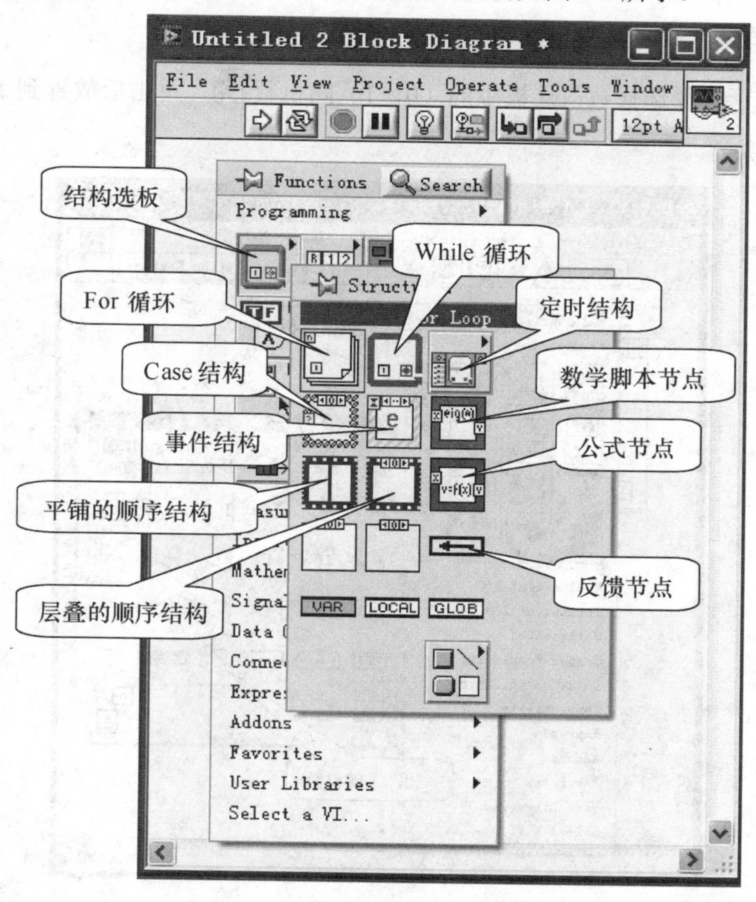

图 2.1 功能选板中的结构选板

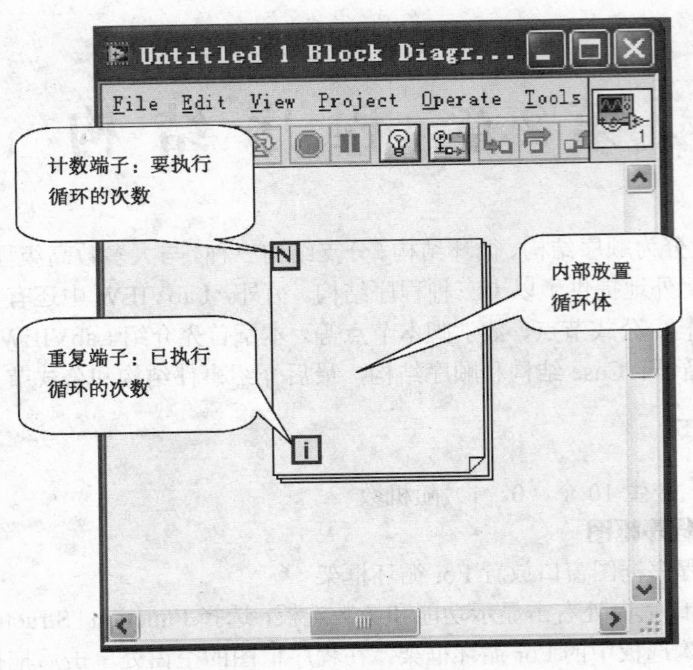

图 2.2　For 循环框架

步骤 1.2： 在 For 循环框架内放置（0，1）随机数

依图 2.3 所示路径选择数值选板中的（0，1）随机数，单击后放置到 For 循环内部，结果如图 2.4 所示。

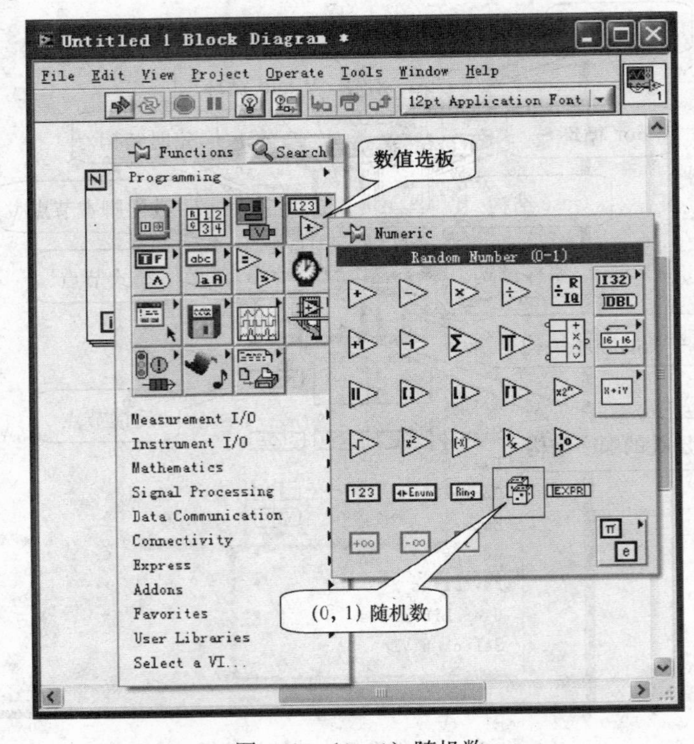

图 2.3　（0，1）随机数

步骤 1.3：在程序框图中创建控件和指示器

一般而言，控件和指示器是在前面板中创建，LabVIEW 同时也提供了在程序框图窗口中创建前面板控件和指示器的功能。具体细节如下：

步骤 1.3.1：为 For 循环的计数端子创建常数控件

在 For 循环的计数端子上右击，在弹出的快捷菜单中选择 Create Constant，即可为计数端子创建并连线一个缺省值为 0 的常数控件，此处将缺省值 0 改写为 10。创建常数也可从程序框图中的数值选板中选择数值常数实现。

步骤 1.3.2：为 For 循环创建数据通道

从放置在 For 循环内部的（0，1）随机数函数出发，向 For 循环的边框连线，并在边框上单击，即可创建一个 For 循环的数据通道。如图 2.5 所示。

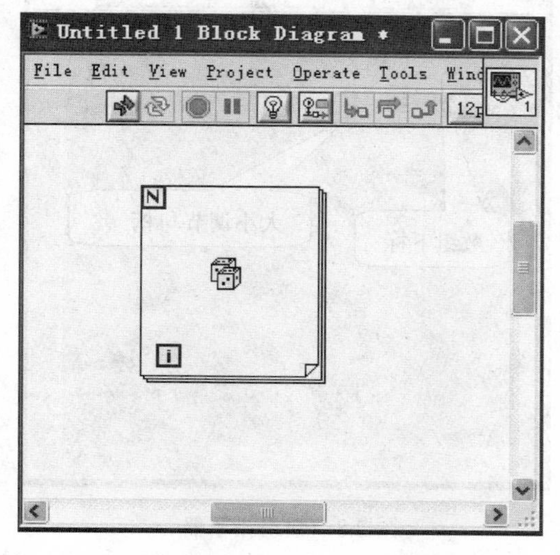

图 2.4　放置（0，1）随机数

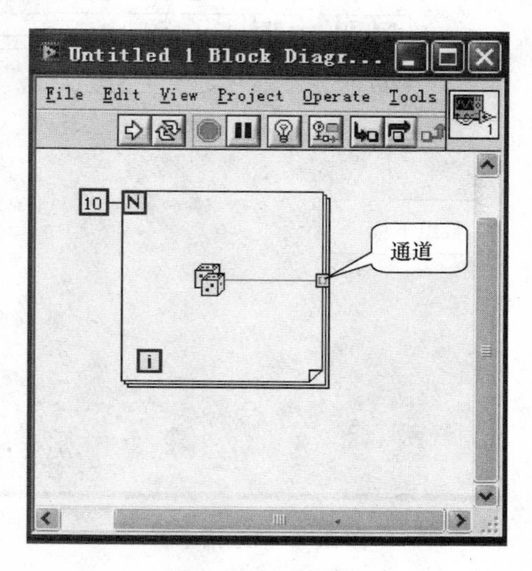

图 2.5　创建通道

此处的数据通道是空心的，即通道呈形状，表示数值是自动索引的（Auto Indexing），其输出数据是数组的每个元素。若在数据通道上右击，打开快捷菜单，选择 Disable Indexing 项，可将通道的自动索引属性改为无索引，此时通道变为实心的，呈形状，此时输出的数据仅仅是数组中的最后一个元素值。当通道无索引时，可采用同样办法，在通道上右击，选择 Enable Indexing 项，使其变为自动索引。此案例中要求输出数组的全部元素，故选择通道是自动索引的。

步骤 1.3.3：为 For 循环数据通道创建数组指示器

在数据通道上右击，在弹出的快捷菜单上选择 Create | Indicator 项，由于通道是自动索引的，所以创建的指示器是数组，结果如图 2.6 所示。

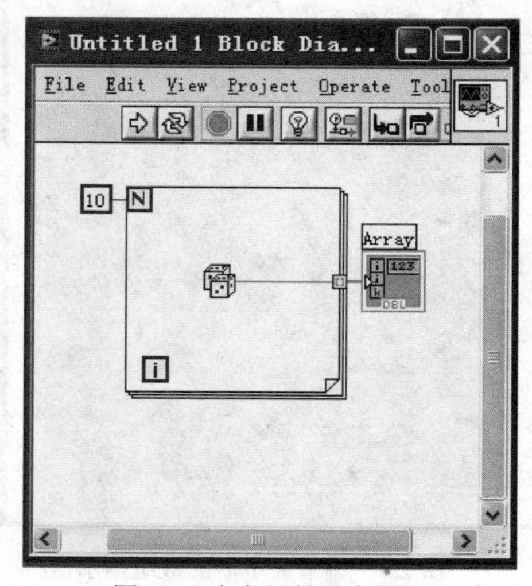

图 2.6　本案例的程序框图

至此，此案例的程序框图编辑完毕。

步骤 2：编辑 VI 前面板

返回到前面板，可以看到如图 2.7 所示数组指示器。当鼠标指向数组指示器的数组元素时，指示器的大小调节句柄可见，如图 2.8 所示。拖拽这些句柄，可调节该指示器的大小。调节水平方向或垂直方向句柄均可，使一维数组在水平或竖直方向显示。此例选择垂直方向句柄来调节指示器的大小，其结果如图 2.9 所示。

步骤 3：运行当前 VI

某次运行结果如图 2.10 所示。

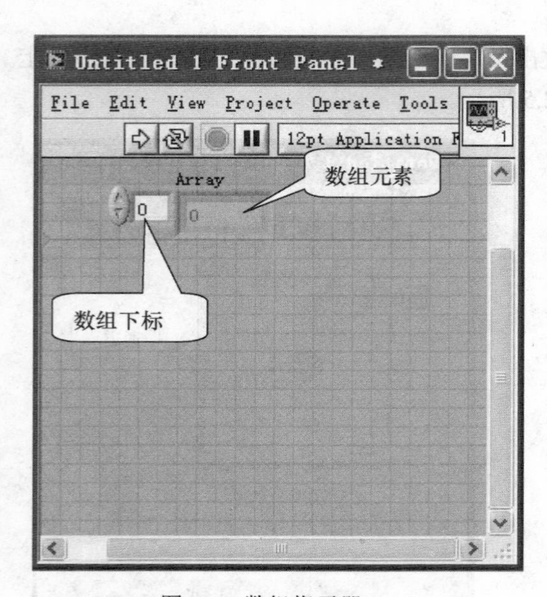

图 2.7　数组指示器

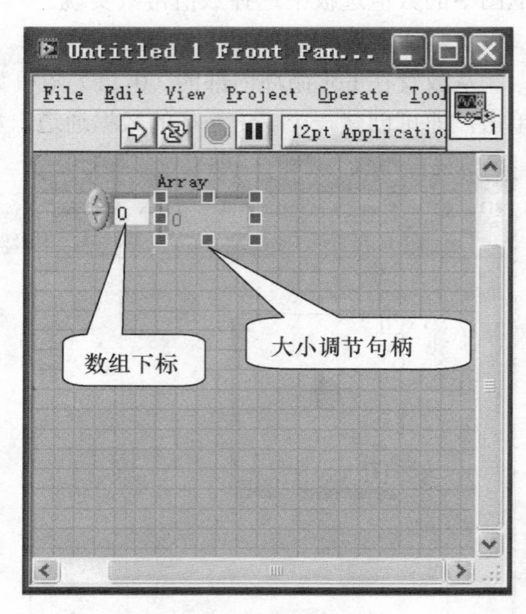

图 2.8　数组指示器

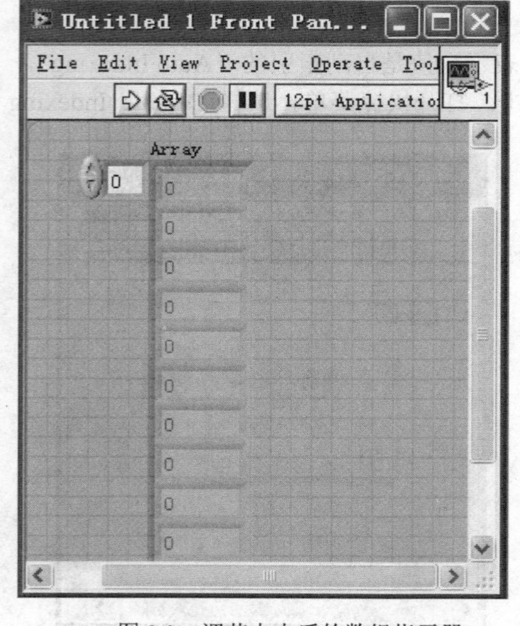

图 2.9　调节大小后的数组指示器

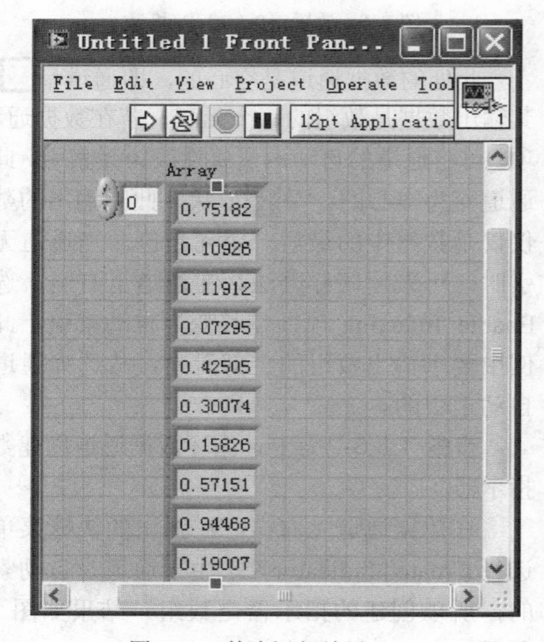

图 2.10　某次运行结果

步骤 4：保存当前 VI

说明：1. 本案例程序框图中，通道至数组指示器的橙色线是粗线，不同于以往数值指示器的橙色细线。若数据通道是无索引的，即通过右击通道，选择 Disable Indexing，此时创建的指示器是数值指示器，通道至指示器的连线是细线。执行结果也只能是数组中的最后一个数据进入数值指示器。此种情况的程序框图，执行结果如图 2.11 所示。

2. 通过程序框图窗口中的高亮运行模式，可查看数据流的流动情况。在程序框图窗口中，单击“高亮运行”按钮，使其变为高亮状态，再单击运行按钮，可以看到数据流的流动。本案例高亮运行情况如图 2.12 所示。

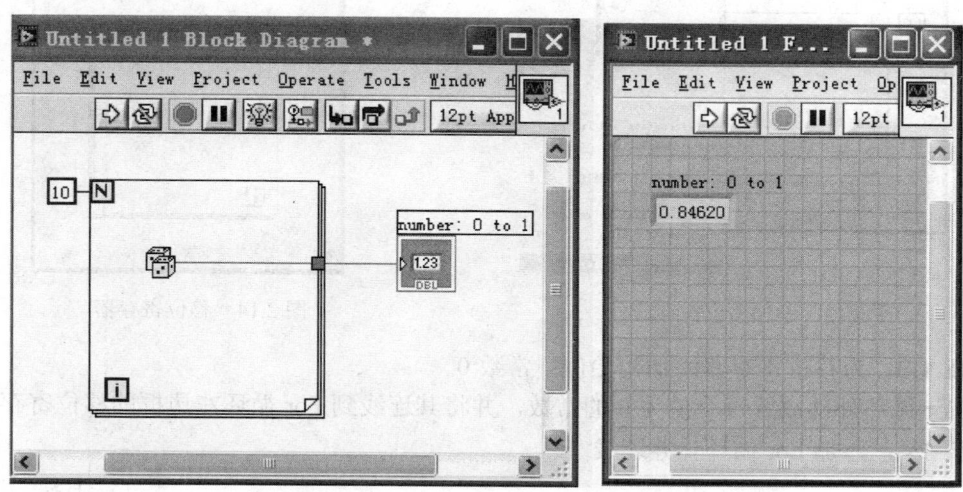

图 2.11　无索引情形下框图和某次运行结果

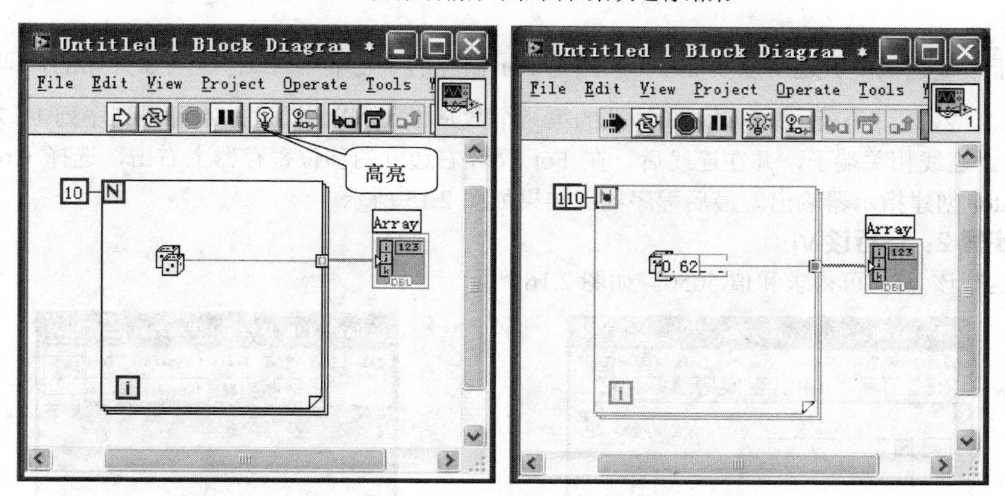

图 2.12　本案例高亮运行

【案例 2.1.2】　运用 For 循环求 1+2+3+…+100 的和

步骤 1：编辑程序框图

本案例的前面板只需要一个数值指示器显示最后的求和值。程序框图的设计成为本案例的关键。

步骤 1.1：放置 For 循环框架并为计数端子创建常数 100

步骤 1.2：为 For 循环添加移位寄存器

从本案例的问题看，该 For 循环的下一次循环要用到上一次循环产生的值，LabVIEW 提供了移位寄存器来解决该问题。添加移位寄存器的方法是：右击 For 循环框架的边框，在弹出的快捷菜单中选择 Add Shift Register 选项，如图 2.13 所示。在鼠标的右击点和另外一侧就会出现一对内部有黑三角形的小黑框，这就是移位寄存器。如图 2.14 所示。

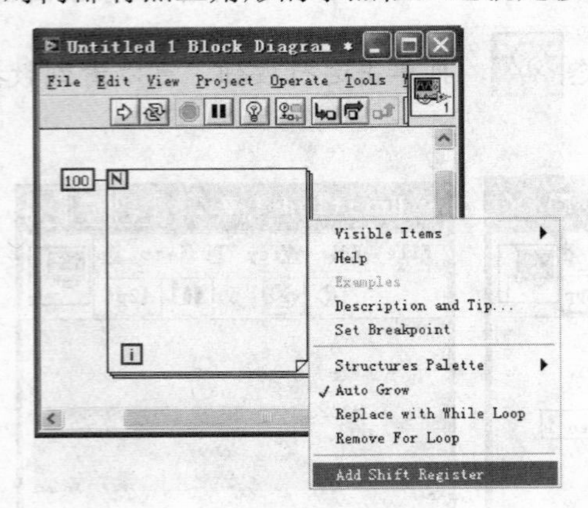

图 2.13　添加移位寄存器

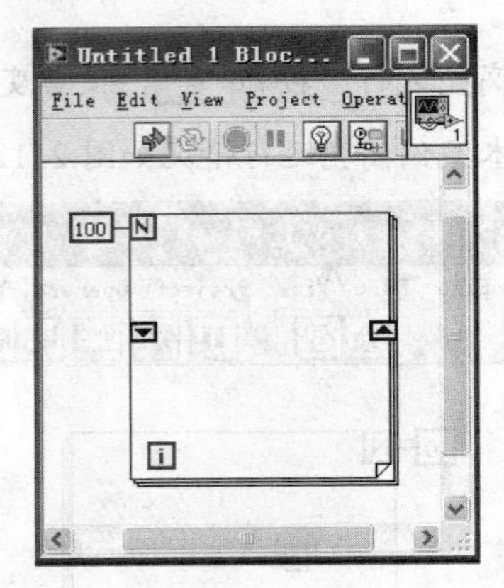

图 2.14　移位寄存器

步骤 1.3：为移位寄存器添加初始值：常数 0

在 For 循环外部放置一个值为 0 的常数，并将其连线到 For 循环左边框的移位寄存器上。

步骤 1.4：添加 For 循环体并连线

在 For 循环内部放置一个加法函数，用于求和；另外，再放置一个加 1 函数，加 1 函数位于数值选板中。之所以要加 1，原因是 For 循环的重复端子总是从 0 开始的，即依次是 0、1、2、3、…，而本案例求和加法的第一个数是 1，所以，通过加 1 可得到序列 1、2、3、4，…。连线相关端子，并在连线后，在 For 循环右边框的移位寄存器上右击，选择 Create | Indicator 创建指示器输出。最后程序框图结果如图 2.15 所示。

步骤 2：运行该 VI

运行该 VI，可得求和值 5050。如图 2.16 所示。

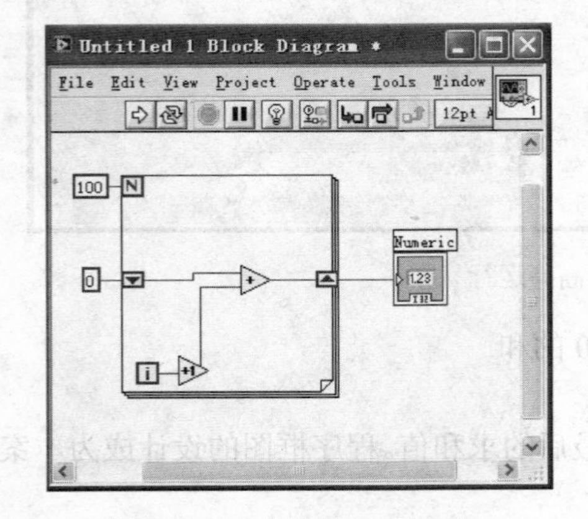

图 2.15　本案例的程序框图

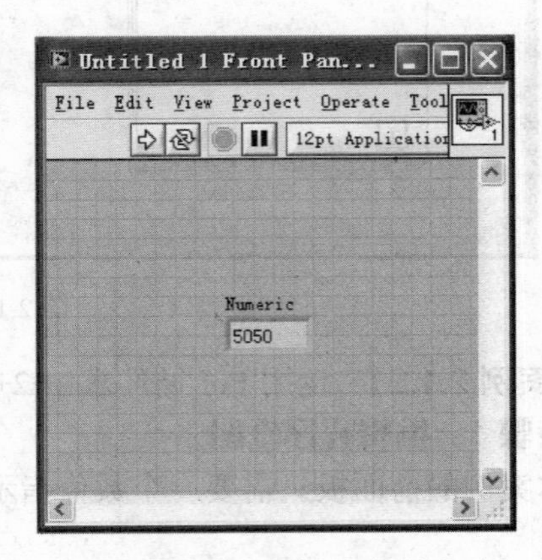

图 2.16　本案例的前面板

步骤 3：保存该 VI

说明：本案例中，为移位寄存器连接了一个常数 0，相当于高级语言（如 C 语言）中在累加求和之初的累加器初始化。本案例中如果将 For 循环外的移位寄存器的初始值 0 去掉，则第一次运行时结果为 5050，是正确的；然而再运行一遍，数值指示器结果显示 10100(5050+5050=10100)，运行第三遍结果显示 15150。可见，无初始值时，下一次运行结果会累加到上一次的结果上。这一点必须引起注意。

本案例中的移位寄存器可用反馈节点替代，其他部分基本相同。注意：对外输出通道此时要选择 Disable Indexing 选项。程序框图如图 2.17 所示。其中的反馈节点的选取路径是：Function | Structures | Feedback Node，请参照本章图 2.1 所示选取路径。

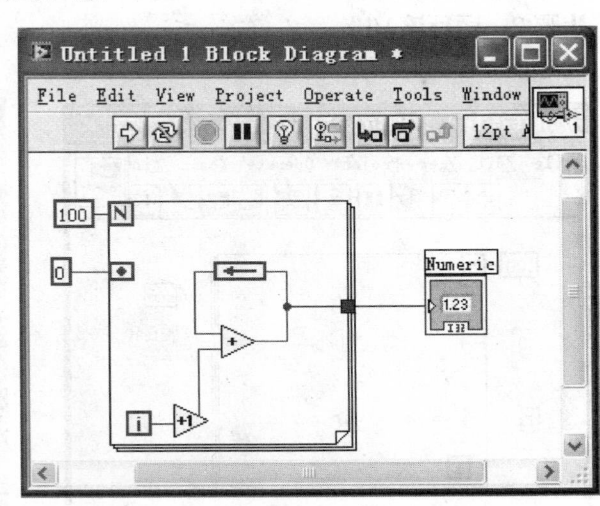

图 2.17　本案例的反馈节点程序框图

本案例的第三种实现方法是借助于局部变量，但在每次运行时，都需要给该局部变量赋初始值 0。具体步骤如下：首先，在前面板中创建一个数值控件，命名为“*s*”，在程序框图中，将此数值控件与加函数连线。其次，在 For 循环内部放置一个局部变量，局部变量的选取路径如图 2.18 所示，此时的局部变量还有待指定为某一控件或指示器。最后，将鼠标指向局部变量并当鼠标变成手形时单击，选择“*s*”，即选择名为“*s*”的数值控件，将其指定为局部变量，并将此局部变量“*s*”连线到加法的输出端子。最后完成的程序框图如图 2.19 所示。运行时，首先将数值控件的值改写为 0，再运行，可得结果 5050。

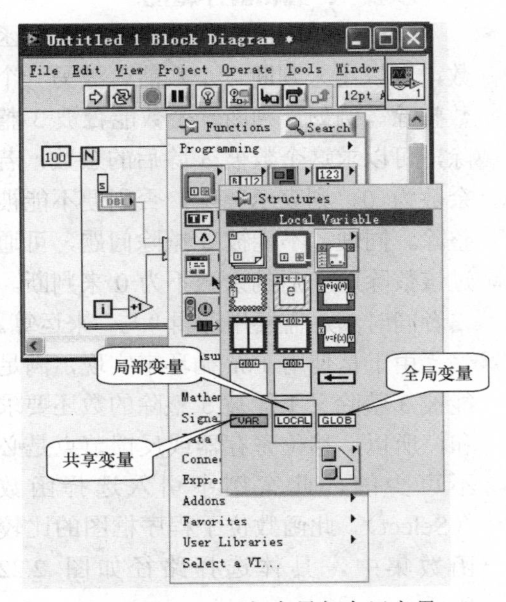

图 2.18　局部变量与全局变量

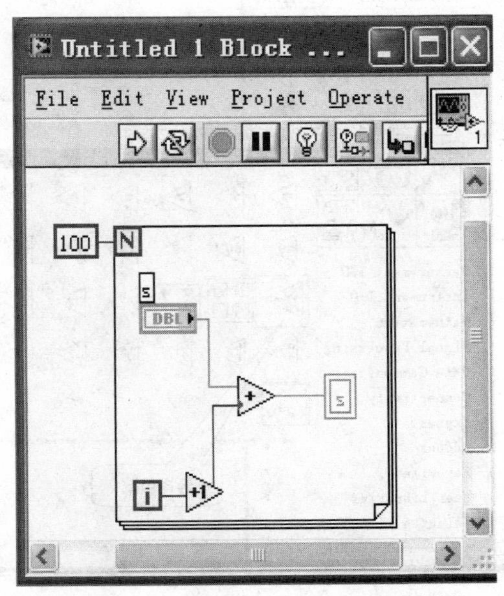

图 2.19　本案例的局部变量程序框图

【案例 2.1.3】 求 1+2+3+…+100 的和，要求：不允许使用 For 循环的重复端子 i

步骤 1：编辑程序框图

按照题目要求，不允许使用 For 循环的重复端子 i。考虑到移位寄存器的迭代功能，可以借助移位寄存器自行创建一个可以自增 1 的数值量，实现 For 循环重复端子 i 的功能，并将其初始化为 1，其中的自增 1 功能可用加 1 函数实现，其余的程序框图如前例所示，不再赘述。最后的程序框图如图 2.20 所示。

步骤 2：运行该 VI

运行该 VI，可得到数值：5050。如图 2.21 所示。

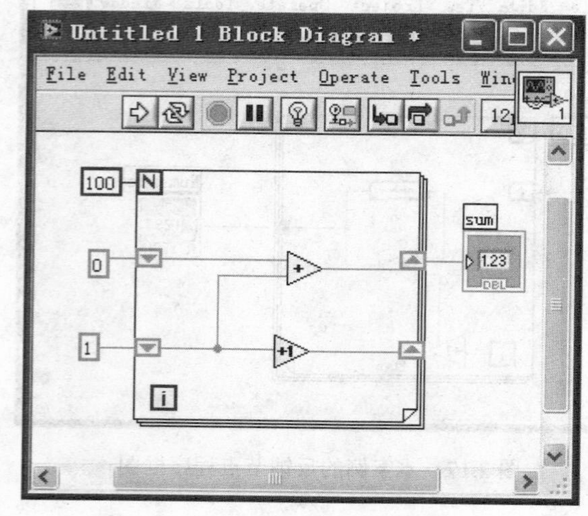

图 2.20 本案例的程序框图

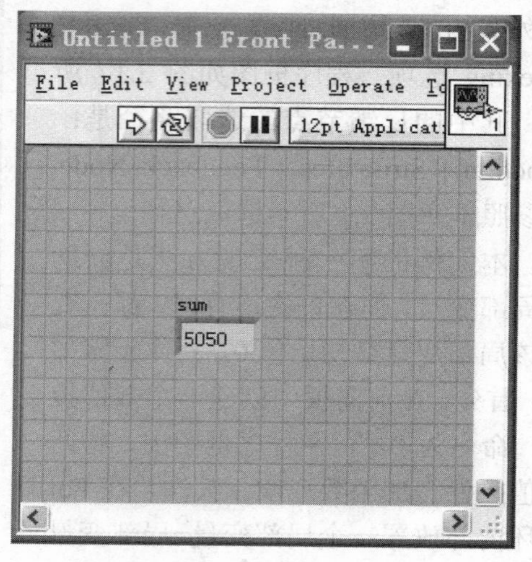

图 2.21 本案例的前面板

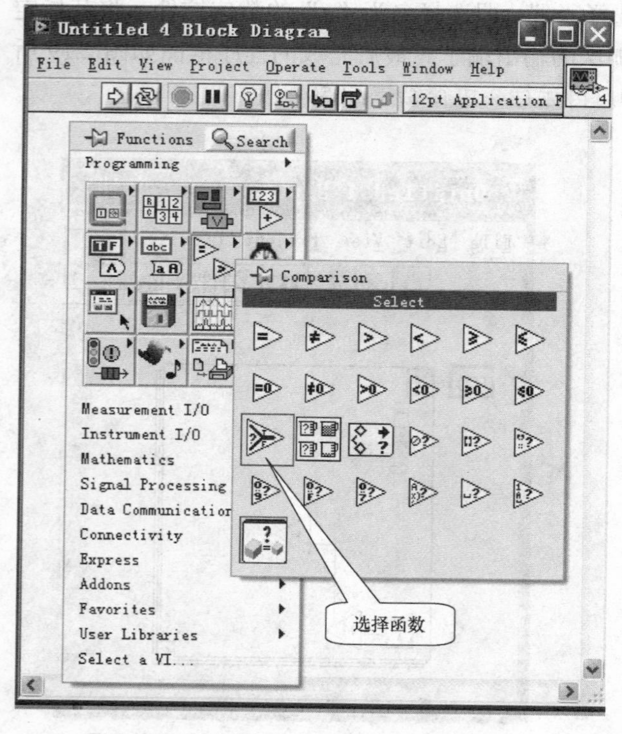

图 2.22 选择函数

步骤 3：保存该 VI

【案例 2.1.4】 求 100 以内能被 3 整除但不能被 5 整除的数之和

步骤 1：编辑程序框图

LabVIEW 中提供的求商和余数函数，可以用来判断一个数能否被另一个数整除。例如，判断一个数能否被 3 整除，可以求这个数被 3 除后的余数，若余数为 0，则表示整除，否则便不能被整除。同理，不能被 5 整除问题，可通过该数除以 5 后的余数不为 0 来判断。二者同时满足需要用逻辑“与”来运算。

由于是使用 For 循环来实现，满足能被 3 整除又不能被 5 整除的数还要求和，所以，移位寄存器或反馈节点是必不可少的，此案例中引入选择函数（Select）。此函数位于程序框图的比较函数集中，具体选择路径如图 2.22 所示。

此函数左边有三个输入端子，其中位于中间的布尔类型输入端子用来实现逻辑判断。如果逻辑为真，则左边上面输入端子的值从右边输出；相反，如果逻辑为假，则左边下面输入端子的值从右边输出。此案例的实现可将满足要求的数据从选择函数的左边上端输入，将常数 0 从左边下端输入，其输出则连线到求和的一个输入端子上。其他部分的程序框图类似于连续加的思路。本案例的程序框图完成后如图 2.23 所示。

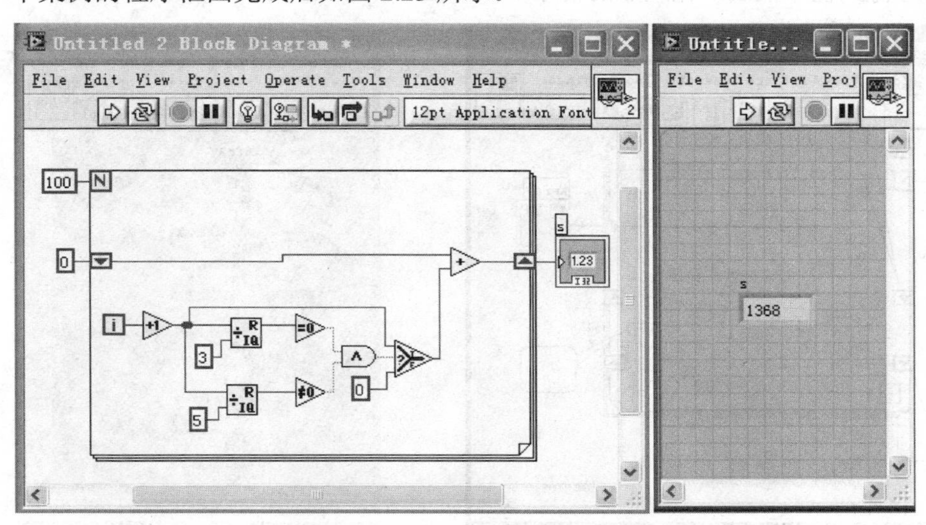

图 2.23　本案例的程序框图和前面板结果

步骤 2：运行该 VI

运行该 VI，可得到数值 1368。如图 2.23 所示。

步骤 3：保存该 VI

【案例 2.1.5】 求 Fibonacci 数列的前十项

Fibonacci 数列的特点：数列的第 1 项和第 2 项都为 1，从第 3 项起，以后的每一项都是该项前面两项之和，即：

$F_1=1$　　　　$(n=1)$

$F_2=1$　　　　$(n=2)$

$F_n=F_{n-1}+F_{n-2}$　　$(n\geqslant 3)$

这样，可以得到 Fibonacci 数列的前面几项分别为：1、1、2、3、5、8、13、21、34、55、…。

方法 1：使用两个移位寄存器实现

两个移位寄存器都初始化为 1，运用移位寄存器的性质，反复迭代，即将当前求和所得到的 F_n 反馈，作为下一次迭代的 F_{n-1}；同理，将本次迭代的 F_{n-1} 反馈，作为下一次迭代的 F_{n-2}。通过逐步迭代，得到 Fibonacci 数列的各项。需要提醒的是：此案例输出是一个数组，必须在 For 循环边框上创建带自动索引的通道，且将输出线连接到第 1 次迭代的 F_{n-2} 之上，否则输出结果数组中可能缺少第 1 项或第 2 项。该实现方法的前面板和程序框图如图 2.24 和图 2.25 所示。

方法 2：使用一个移位寄存器及其元素实现

本案例的迭代关系，借助移位寄存器的元素也可实现。移位寄存器的元素如同延迟单元一样。假设移位寄存器将下标索引为 n 的某个数值反馈后，这个反馈值的下标索引就变为 n-1。移位寄存器再增加一个元素，则该元素的下标索引又变为 n-2，依次类推，元素下标索引依次为 n-3、n-4、…。为移位寄存器添加元素的方法是：在循环框架的移位寄存器上右击，在弹出的快捷菜单中选择 Add Element 选项，即可为移位寄存器添加一个元素。具体操作过程如图 2.26 所示。

在 For 循环的左边框上添加好一个移位寄存器元素之后，从此元素输出的数据，其下标索引为 *n*-2，而从移位寄存器本身的端子输出的数据下标索引为 *n*-1，依照 Fibonacci 数列的迭代关系，不难得到程序框图，完成后的程序框图如图 2.27 所示。

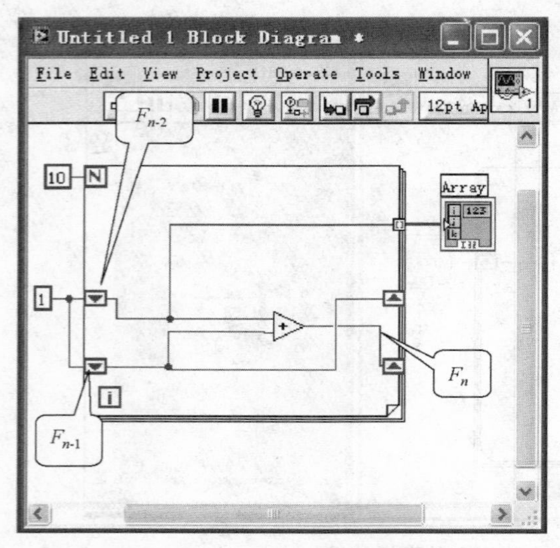

图 2.24　本案例的程序框图

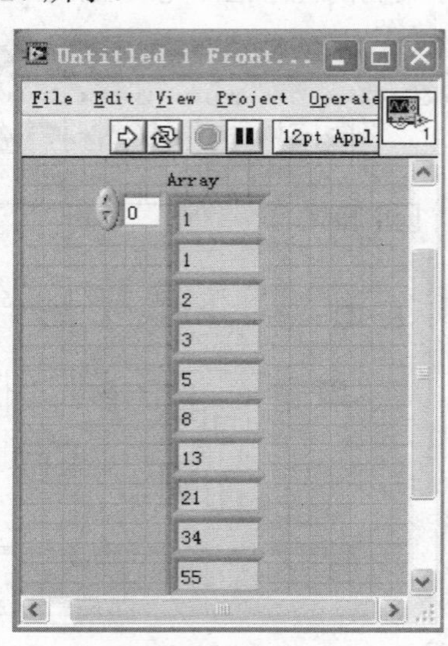

图 2.25　本案例前面板运行结果

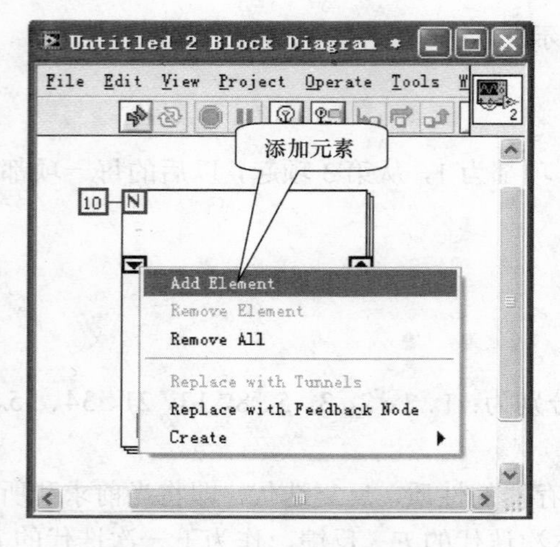

图 2.26　为移位寄存器添加元素

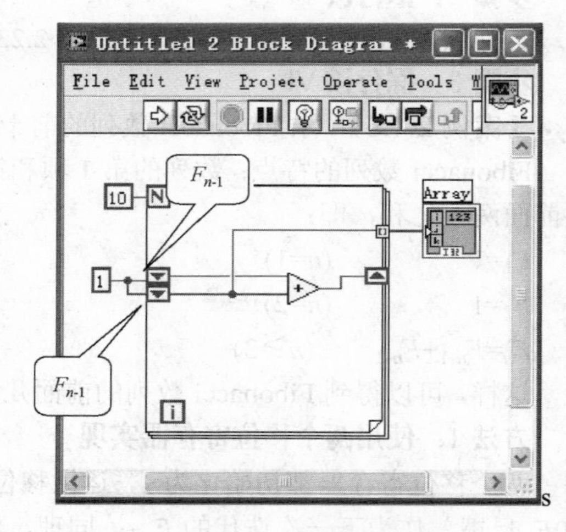

图 2.27　本案例的程序框图

运行后结果正确无误。

说明：一般而言，For 循环与数组操作紧密结合，关于数组操作请参看第 3 章。

2.2　While 循环

【案例 2.2.1】 运用 While 循环求 1+2+3+⋯+100 的和

步骤 1：编辑程序框图

步骤 1.1：在程序框图窗口放置 While 循环框架

在程序框图功能选板中选择 Structures 函数集中的 While 循环，放置后如图 2.28 所示。While 循环的组成元素分述如下：

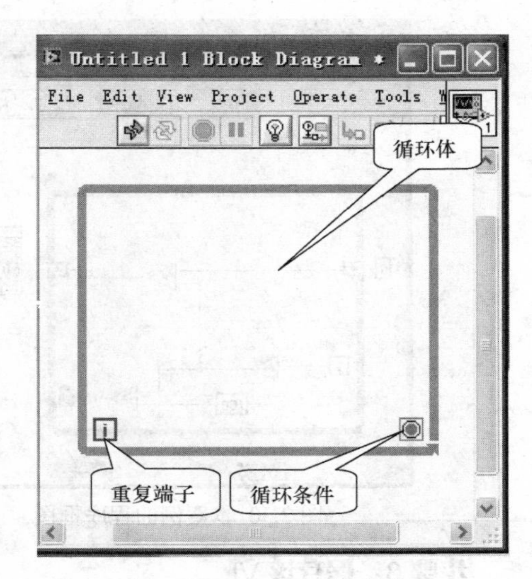

图 2.28 While 循环框架

(该图标是红色的）是循环条件，连接到循环条件上的数值必须是布尔值。或（该图标是绿色的）都可作为循环条件使用，二者之间的切换可以通过在其上右击选择 Stop if True 或 Continue if True 选项来实现。表示如果连接到其上的逻辑为真，则停止循环，否则继续循环；而表示如果连接到其上的逻辑为真，则继续循环，如果逻辑为假，则停止循环。

与 For 循环中的重复端子功能一致，表示目前已经循环的次数。空白区域用于放置循环体。

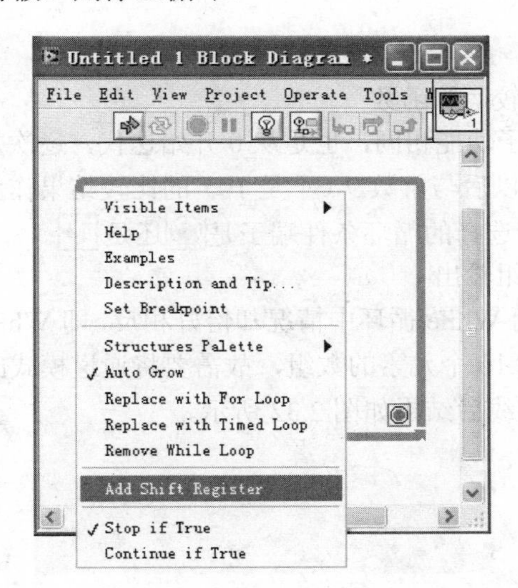

图 2.29 添加移位寄存器

根据题意，此案例选用循环条件，循环体中应放置一个大于等于函数，即当循环次数大于等于 100 时循环停止。

步骤 1.2：在 While 循环边框添加移位寄存器

While 循环中添加移位寄存器的方法与 For 循环基本相同。右击 While 的边框，在弹出的快捷菜单中选择 Add Shift Register 选项。在循环框的右击点和另外一侧就会出现一对小黑框，这就是移位寄存器。具体操作如图 2.29 所示。与 For 循环类似，为了使每次运行结果都相同，而不是把运行结果逐次累加起来，同样需要给移位寄存器添加初始值 0。

步骤 1.3：在 While 循环内部添加加法、加 1、大于等于函数

由于需要累加，故需要放置一个加法函数；While 循环的迭代次数同于 For 循环，都是从 0 开始，故本案例同样需要加 1 函数。大于等于函数用于与常量 100 比较后连线至循环条件端子。

步骤 1.4：为 While 循环添加输出数值指示器

在 While 循环边框的移位寄存器上右击，在弹出的快捷菜单中选择 Create | Indicator 选项，即可为此案例添加数值指示器输出。连线完成后本案例程序框图如图 2.30 所示。

步骤 2：运行该 VI

运行该 VI 后，运行结果前面板如图 2.31 所示。

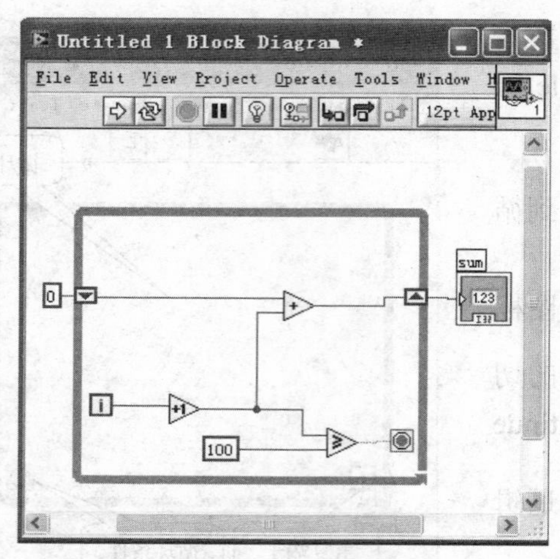

图 2.30 本案例的程序框图

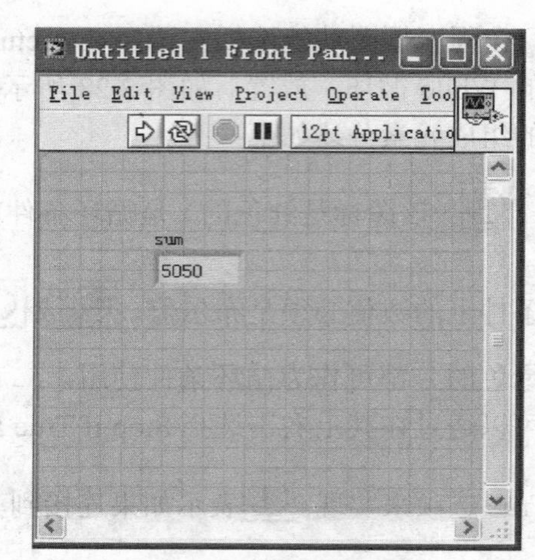

图 2.31 前面板运行结果

步骤 3：保存该 VI

【案例 2.2.2】 运用 While 循环生成 10 个（0，1）随机数

步骤 1：编辑程序框图

步骤 1.1：在程序框图窗口放置 While 循环框架

步骤 1. 2：在 While 循环中放置随机数函数和比较运算函数

While 循环中的重复端子与 For 循环中的重复端子功能相同，也是从 0 开始迭代，逐次加 1。本案例要求生成 10 个随机数，可用重复端子加 1 以后与常数 9（不是 10）的比较结果作为循环结束的判断条件。选择大于还是小于函数取决于选择的循环条件端子是◉还是⟳。

步骤 1. 3：在 While 循环边框添加通道，创建数组输出

在 For 循环中，缺省的通道模式是自动索引的，而 While 循环中情况却恰好相反，即 While 循环中通道模式的缺省值是非索引的。此处需要输出 10 个元素的数组，故需要将通道模式改为自动索引。其后，右击通道并创建数组指示器，连线后结果如图 2.32 所示。

步骤 2：运行该 VI

调节数组指示器的大小，运行该 VI，查看结果。

步骤 3：保存该 VI

【案例 2.2.3】 运用 While 循环求 $n!$

步骤 1：编辑前面板

本案例前面板应有一个数值控件和一个数值指示器。数值控件作为求 $n!$中 n 的输入，数值指示器当然是阶乘值的显示指示器。创建以后的前面板如图 2.33 所示。

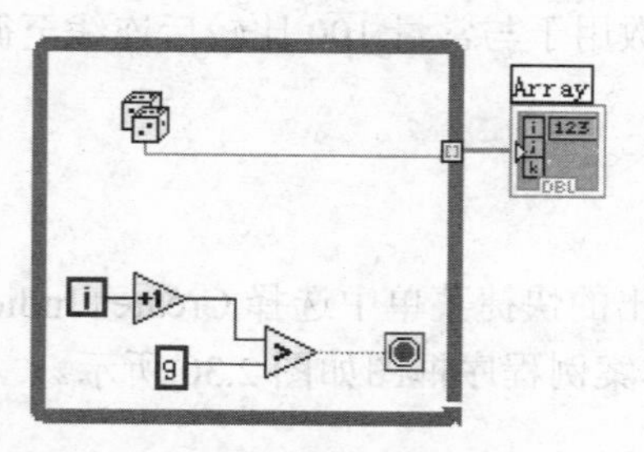

图 2.32 本案例的程序框图

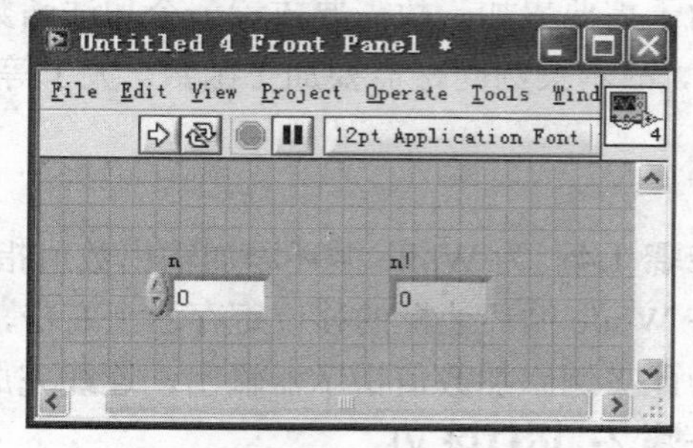

图 2.33 本案例的前面板窗口

步骤 2：编辑程序框图

由于是求 $n!$，故累乘的初始值设为 1，中间结果用移位寄存器传递。循环的中止条件可以利用 While 循环中的重复端子 i。将 i 加 1 后的值与 n 比较大小，若 i+1 比 n 还小，则循环继续，直到 i+1 不小于 n 为止。程序框图完成如图 2.34 所示，某次执行结果如图 2.35 所示。

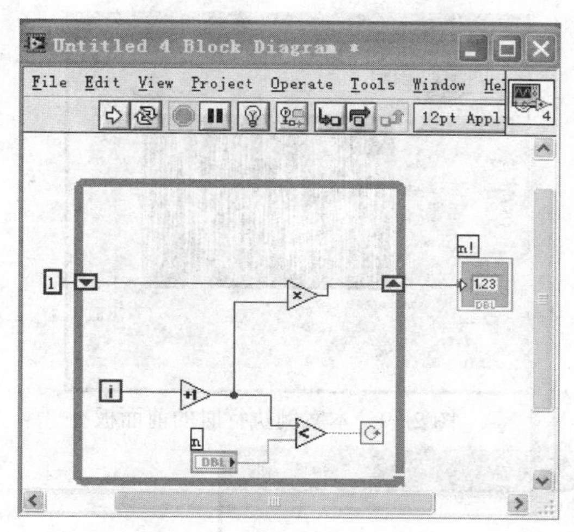

图 2.34　本案例的程序框图

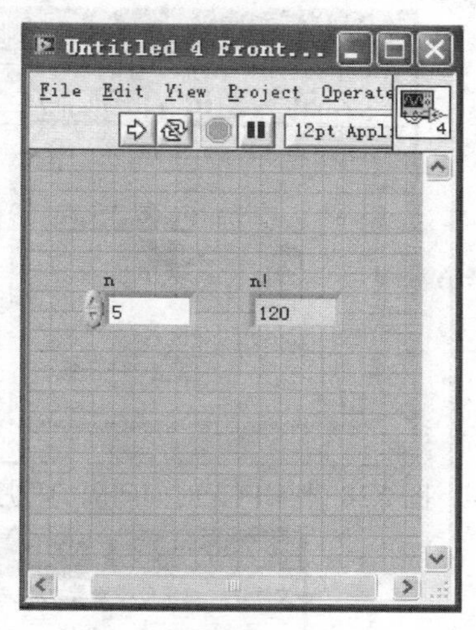

图 2.35　本案例的一次运行结果

步骤 3：保存该 VI

【案例 2.2.4】 定时器在 While 循环中的使用

本案例通过在有定时器和无定时器两种情况下，While 循环执行时，计算机 CPU 资源占用情况的比较，建议用户在使用 While 循环时，应该为 While 循环设定循环时间间隔。本案例仍然以生成随机数为例，但随机数的个数不限，直至用户单击 Stop 按钮停止随机数的产生。

步骤 1：编辑前面板

为了使产生的随机数得以直观图形化显示，此处应用波形趋势图（Waveform Chart）显示随机数的值。波形趋势图在前面板的选取路径如图 2.36 所示，有关图形化显示数据的细节请参考第 5 章相关内容。同时在 While 循环内添加 Stop 按钮来控制循环的停止。Stop 按钮的选取路径如图 2.37 所示。

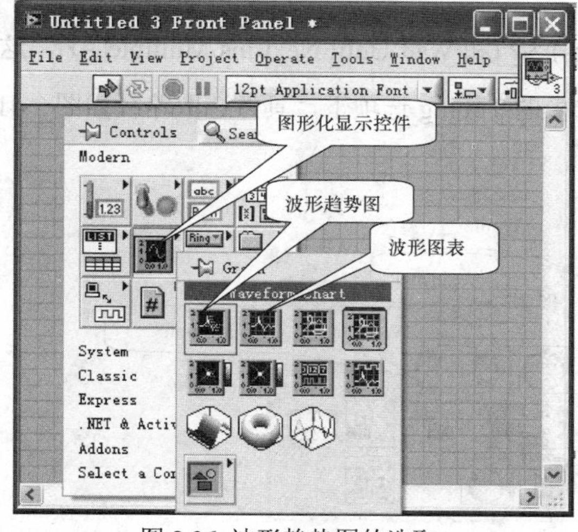

图 2.36 波形趋势图的选取

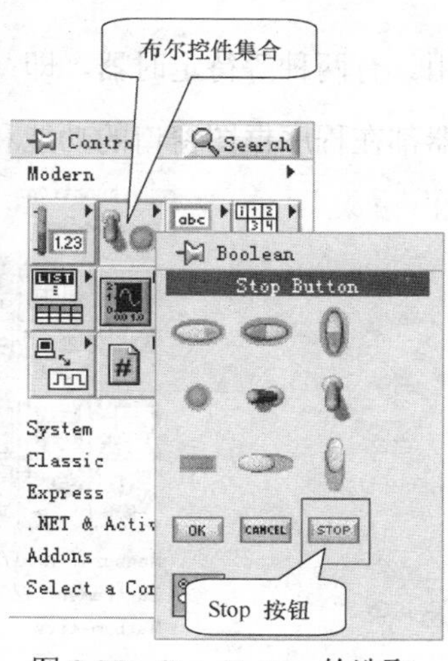

图 2.37　Stop Button 的选取

步骤 2：编辑程序框图

情形 1： While 循环中没有设定循环时间间隔

程序框图如图 2.38 所示，运行结果前面板如图 2.39 所示。CPU 的利用率可通过打开任务管理器来查看，其结果如图 2.40 所示。

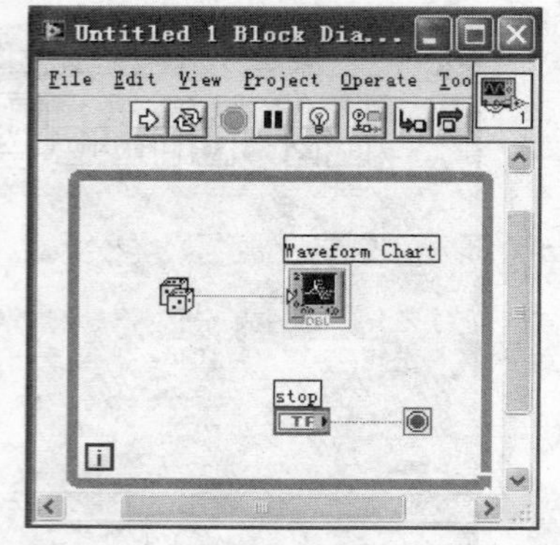

图 2.38 本案例无时间间隔的程序框图

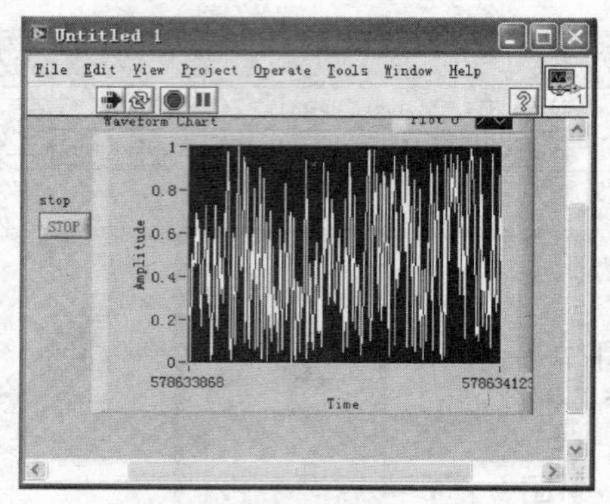

图 2.39 本案例执行时的前面板

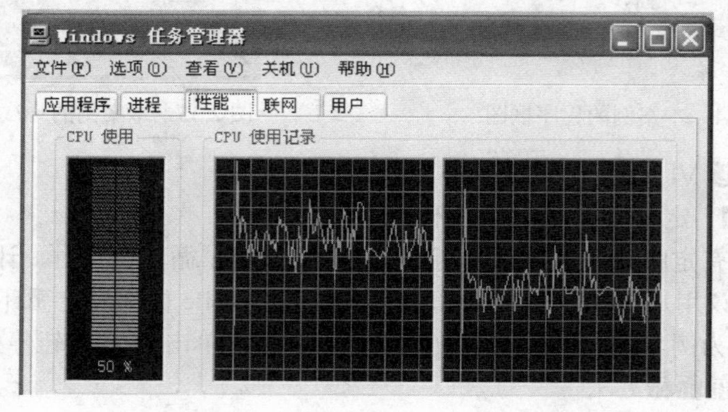

图 2.40 本案例无时间间隔时的 CPU 使用情况

情形 2： While 循环中设定循环时间间隔为 1 秒

为 While 循环添加时间间隔的方法有两种，一种是在每个循环中添加一个等待时间，只有在等待时间用完后才运行下一个循环。另一种方法是使用定时循环，此二者差别不大，几乎可以通用。有两种等待定时器，即：Wait(ms)和 Wait Until Next ms Multiple，这两种等待定时器都在程序框图窗口的功能和函数选板的 Timing 选项下，具体选取路径如图 2.41 所示。

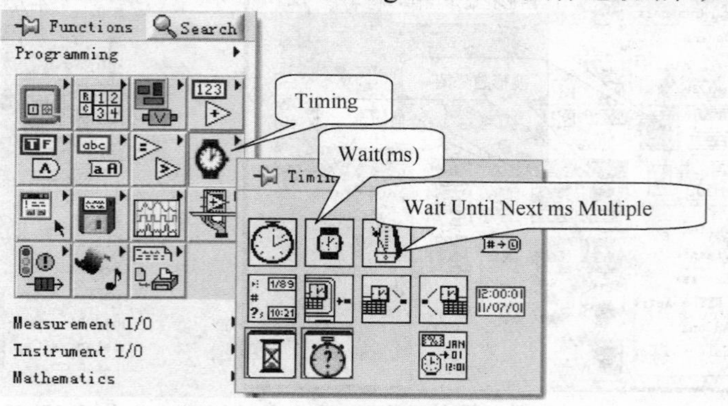

图 2.41 定时器选择路径

此案例选用 Wait(ms)等待定时器，并将一常数 1000 连线其上，表示每 1 秒钟循环执行一次。程序框图如图 2.42 所示。

此情形下的计算机 CPU 利用率几乎是零，具体如图 2.43 所示。

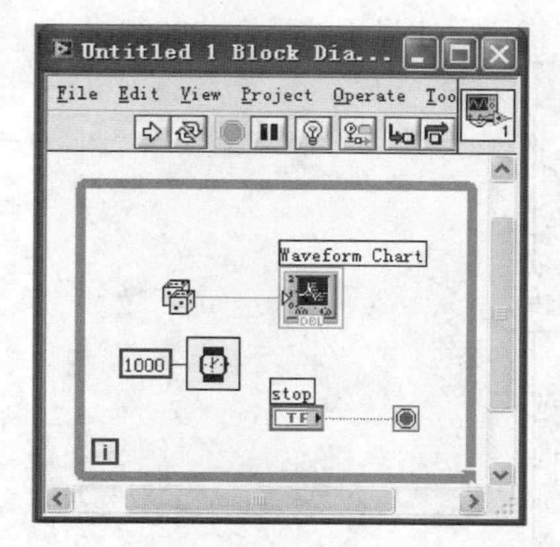

图 2.42　本案例有时间间隔的程序框图

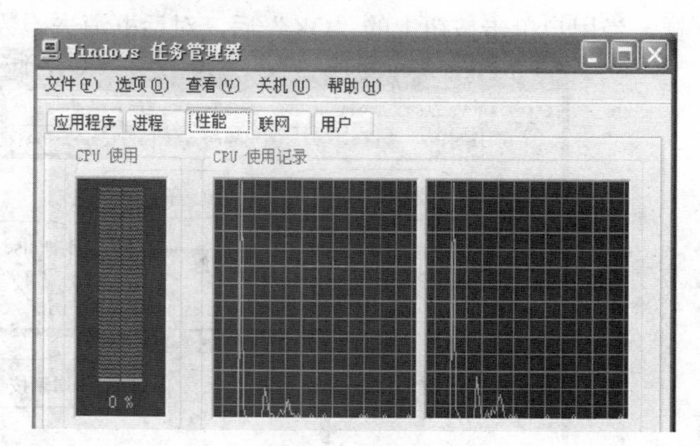

图 2.43　本案例有时间间隔时 CPU 使用情况

2.3　Case 结构

Case 结构即分支结构或选择结构，类似于 C 语言中的 if…else 语句或 switch 语句。

【案例 2.3.1】　求一个实数的平方根

当该数大于等于 0 时，输出其平方根；当该数小于 0 时，弹出一个对话框报告错误，同时输出－99999。

步骤 1：编辑前面板

前面板放置一个数值控件和一个数值指示器。数值控件是被开方数，数值指示器为平方根或－99999（即错误结果）。

步骤 2：编辑程序框图

步骤 2.1：放置 Case 框架

Case 结构位于功能选板的 Structures 的子选板中，具体选取路径如图 2.1 所示。在程序框图窗口放置 Case 框架与放置 For 或 While 循环结构框架的操作相同。选取结构后，单击拖拽到适当大小后释放鼠标，即可放置好框架。Case 框架的组成有选择器端子，选择器标签，代码区等，具体如图 2.44 所示。

在图 2.44 中，Case 结构的选择器端子默认是布尔类型，可直接将用作条件的布尔值与之相连。此时 Case 子框架只有“True”和“False”两个。当选择器端子的布尔输入值为真时，执行选择器标签为“True”子框架内的代码；相反当选择器端子的布尔输入值为假时，执行选择器标签为“False”子框架内的代码。此时的 Case 框架功能同于 C 语言中的 if…else 语句。本案例需要比较输入值是否大于等于 0，可将该比较结果的逻辑值直接与 Case 结构的选择器端子连线。

步骤 2.2：编辑 True 和 False 子框架内代码

若被开方数大于等于 0，则可以开方，所以给 True 子框架中可直接放置数值函数集中的开方函数 ，正确连线即可实现开方运算。

若被开方数小于 0，按题意输出一负的常数：-99999，同时弹出一个对话框，表明错误和被开方数小于 0。对话框节点的选取路径如图 2.45 所示，将其放入 False 子框架后，在输入的字符串控件中输入“错误！被开方数小于 0！”。当被开方数小于 0 时，执行 False 子框架中的代码，在输出数据-99999 前，前面板弹出一个“OK”按钮，其上显示“错误！被开放数小于 0！”字样。当用户单击按钮上的“OK”后，对话框消失，数字指示器才显示结果：-99999。

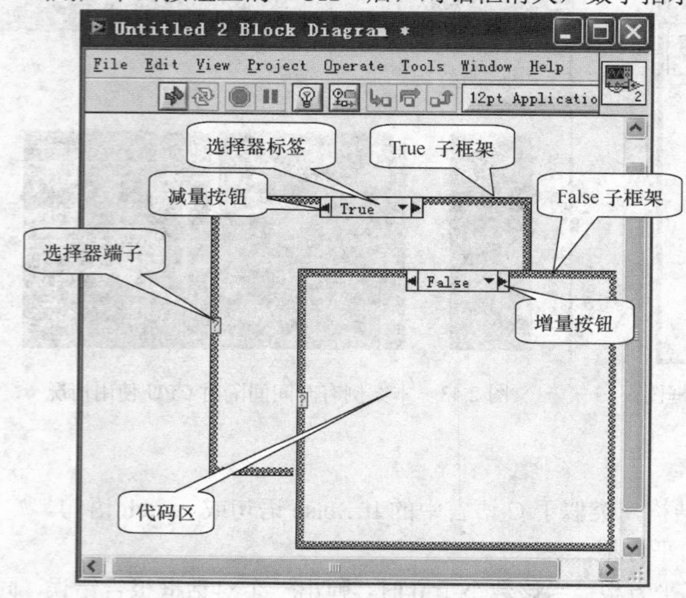

图 2.44 Case 框架的结构组成

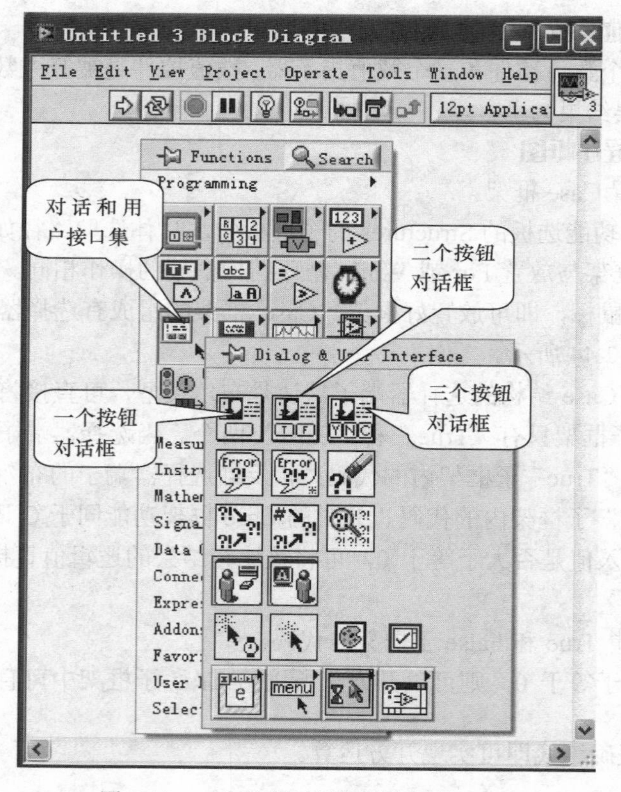

图 2.45　一个按钮对话框选取路径

步骤 2.3：连线，完成本案例程序框图

Case 结构与外界数据的交换同样需要通道，但无 For 循环或 While 循环通道的自动索引之说，只是数据的输入输出问题。正常情形下，通道是实心的，通道颜色与数据类型是相匹配的。需要说明的是：某一数据通过通道进入 Case 结构的其中一个子框架时，该数据也进入到其他所有子框架；数据输出时，从其中一个子框架中输出数据，其他子框架也必须要有同类型数据输出，否则，输出通道呈白色和空心状，表明程序框图语法错误，VI 是不能运行的。若某一个子框架确实无输出，则可在无输出子框架的输出通道上右击，在弹出的快捷菜单中选择 Use Default If Unwired 选项，即如果无数据端子连接到输出通道上，则输出默认值，此时通道变成编程正确的实心形状，若无其他程序框图语法错误，该 VI 一般是可以运行的。需要提醒的是该语法错误比较隐蔽，需要留意。

由于有两个子框架，本案例程序框图将两个子框架内代码都展现出来，本案例程序框图完成后如图 2.46 所示。

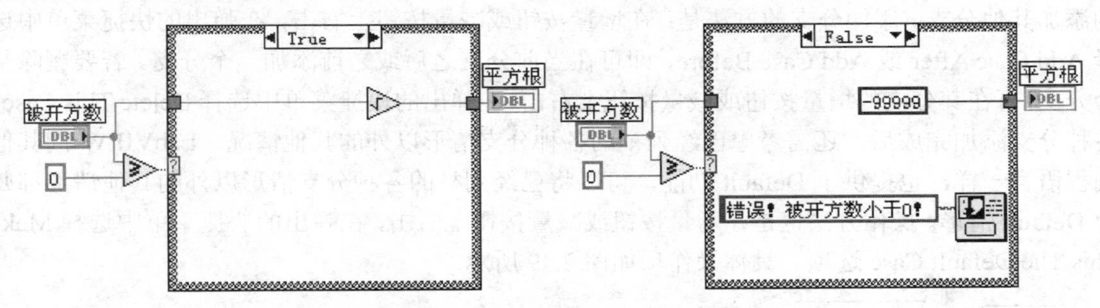

图 2.46 本案例的程序框图

步骤 3：运行该 VI

当被开方数大于等于 0 时，运行结果如图 2.47 所示。被开方数小于 0 时，运行结果如图 2.48 所示。注意：此 VI 不要连续运行，否则会出现死机现象。

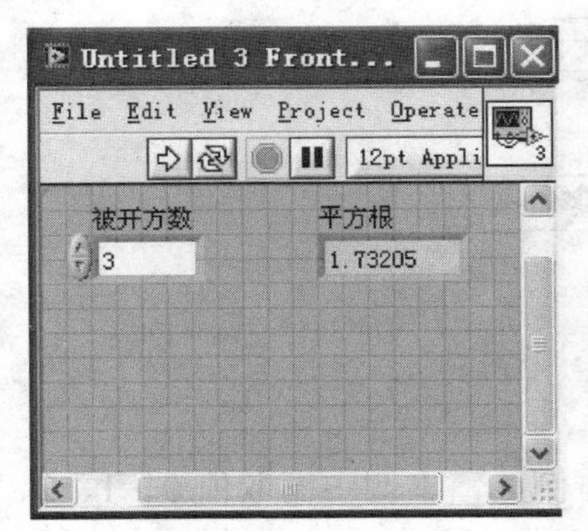

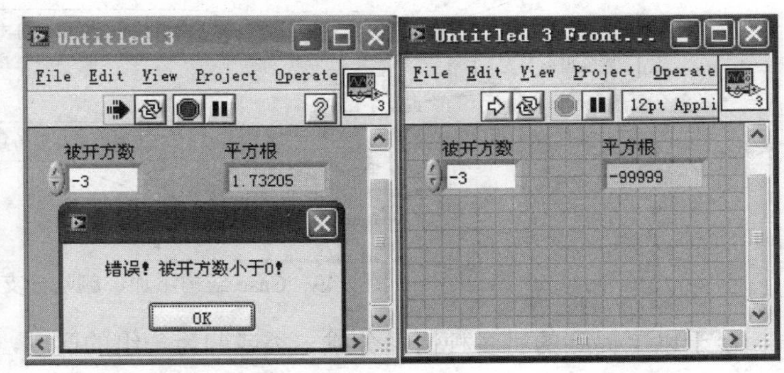

图 2.47 被开方数大于等于 0 时运行结果

图 2.48 被开方数小于 0 时运行结果

步骤 4：保存该 VI

【案例 2.3.2】 给出百分制成绩，要求输出成绩等级

90 分以上为‘A’，80 至 89 分为‘B’，70 至 79 分为‘C’，60 至 69 分为‘D’，60 分以下为‘E’。

步骤 1：编辑前面板

本案例的前面板相对简单，一个数值控件，用于输入百分制成绩，一个字符串指示器，用于指示成绩等级。

步骤 2：编辑程序框图

步骤 2.1：放置 Case 框架并添加分支

本案例属多分支结构，实现方法类似于 C 语言中的 Switch 语句。先将百分制成绩除以 10，再将商截尾，得到其整数部分，可能的取值为 0、1、2、3、4、5、6、7、8、9、10。按题意要求，0、1、2、3、4、5 对应成绩是 60 分以下，可以归为一类，等级为‘E’，6、7、8 分别对应等级‘D’、‘C’、‘B’，9、10 对应等级‘A’。其余的错误输入的输出归于 Default。

除 10 求整数部分可以运用求商和余数函数实现。当将商连接到 Case 结构的选择器端子时，原有默认的布尔输入将随输入的不同发生变化，由于此处是一数值量，Case 结构的选择器标签变化为数值 1 和数值 0（缺省）两种情形，这同本案例的多分支不相适应，需要为 Case 结构添加其他分支。添加分支的方法是：在增量按钮或减量按钮上右击，在弹出的快捷菜单中选择 Add Case After 或 Add Case Before，即可在当前分支之后或之前添加一个分支。若要删除某个分支，可在其分支的增量按钮或减量按钮上右击，在弹出的快捷菜单中选择 Delete This Case。各种分支添加完成后，还需考虑已经列举的各种分支情形以外的其他情况，LabVIEW 同其他编程语言一样，也提供了 Default 功能，可以将已经列举的各种分支情形以外的其他情形都归为 Default 情形。操作方法也是在增量按钮或减量按钮上右击，在弹出的快捷菜单中选择 Make This The Default Case 选项。具体操作项如图 2.49 所示。

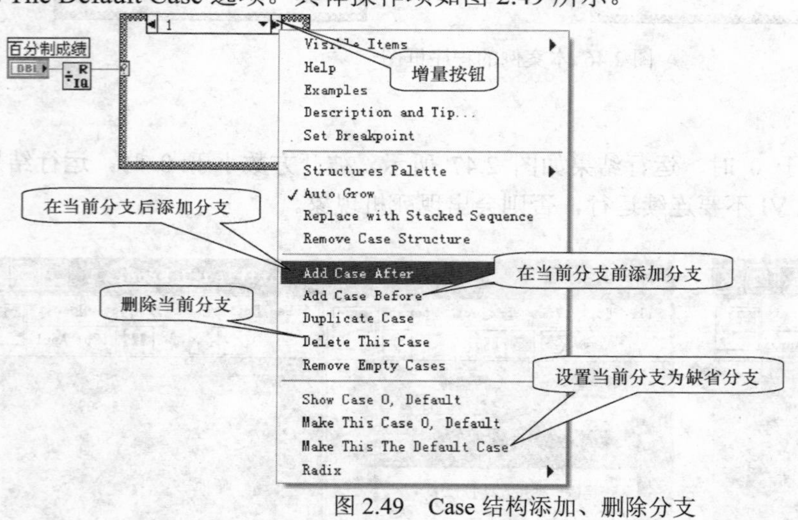

图 2.49　Case 结构添加、删除分支

至于以上提到的将多种情形分成一类或归为一组的问题，例如，本例中商取值 0、1、2、3、4、5 时，对应同一个成绩等级‘E’。LabVIEW 在 Case 结构中提供了分支归类合并功能，即在 Case 结构的某个选择端标签中输入需要归为一类分支的各个值，每个值之间用逗号隔开，例如：0，3，4，6 则表示分支 0、分支 3、分支 4、分支 6 这四个分支将归为一类或归为一组，成为一个新的分支，且执行相同的代码。一种特殊情况是，若需要归类的各个分支对应的数值是连续的，则可以简化选择端标签的输入。本案例中，0、1、2、3、4、5 归为一类分支，而且它们是从 0 连续的递增到 5，所以，可以在选择端标签中输入“0..5”，表示 0 至 5 这 6 个分支归为一类。这种情况的输入方式可以总结为：起始值，两个小数点，终止值。如果是半开区

间，即从某个数值开始到正无穷大或从负无穷到某个值，此时可将无穷端省略输入。例如，从负无穷到 2，可表示为“..2”，从 5 到正无穷可表示为“5..”。本案例中，0 至 5 归为一个分支，6、7、8 分别对应一个分支，9 和 10 归为一个分支。并将其他情形设为缺省 Default 分支。

步骤 2.2：为各分支添加代码

本案例中，各个分支用于输出的是各分支对应的一个常字符串，‘A’、‘B’、‘C’、‘D’、‘E’，只在 Default 分支中添加一个对话框节点，即“OK”按钮，并在其上的输入控件中输入“输入错误！”，在输出通道连接一个空字符串即可。本案例的部分关键程序框图如图 2.50 所示。

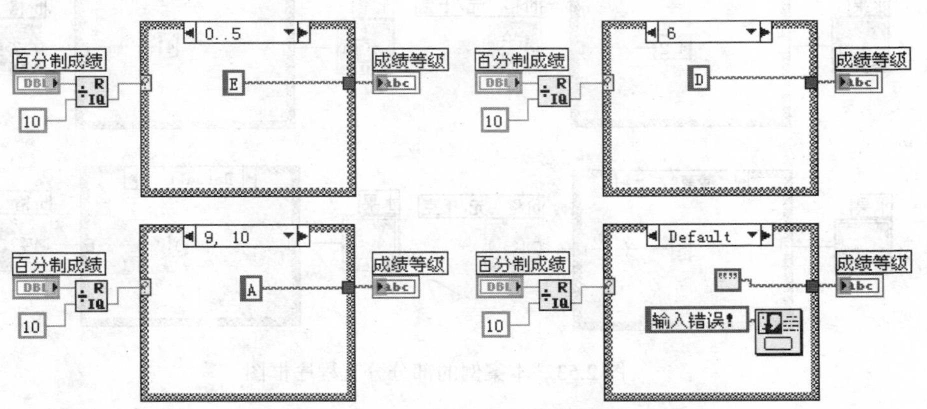

图 2.50　本案例的部分程序框图

步骤 3：运行该 VI

本案例的某次运行结果如图 2.51 所示。

步骤 4：保存该 VI

【案例 2.3.3】 给出所选水果对应的价格

苹果 4.2 元/千克，桃子 4 元/千克，梨 3.6 元/千克，香蕉 3.8 元/千克，菠萝 5 元/千克。

步骤 1：编辑前面板

本案例中水果选择可以借助枚举型控件来选择，水果价格用一个数值指示器来显示。枚举型控件的放置和枚举项目的编辑可参照第 1 章中的枚举型数据操作案例。结果如图 2.52 所示。

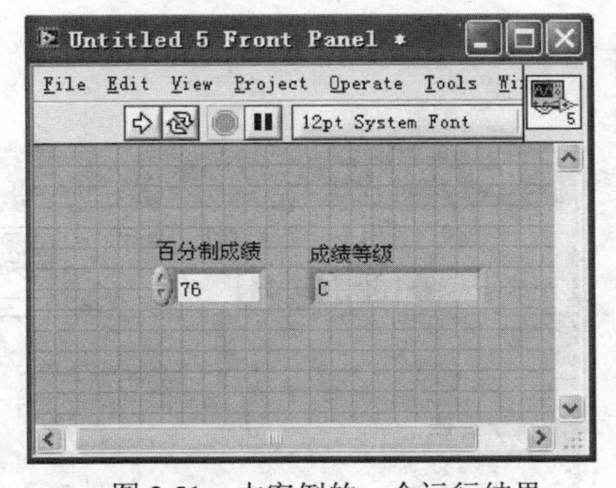

图 2.51　本案例的一个运行结果

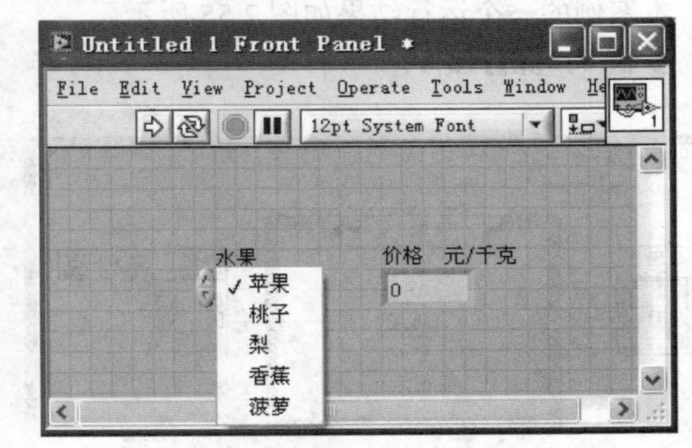

图 2.52　本案例前面板

步骤 2：编辑程序框图

步骤 2. 1：放置 Case 框架并添加分支

在程序框图中放置好 Case 框架后，将枚举型控件“水果”连线到 Case 结构的选择器端子时，Case 结构的选择器标签只显示“苹果”和“桃子”两个选项，且“苹果”是缺省选项。通过右击“增量按钮”，在弹出菜单中选择“Add Case After”，在“桃子”标签后添加“梨”，“香蕉”，“菠萝”，“Default”四个选项。

步骤 2.2：为各分支添加代码

在每个分支中，放置一个常量值，分别对应各种水果的价格，“default”分支的常量值取 0，并将各常量通过通道连线到数值指示器。部分分支框图如图 2.53 所示。

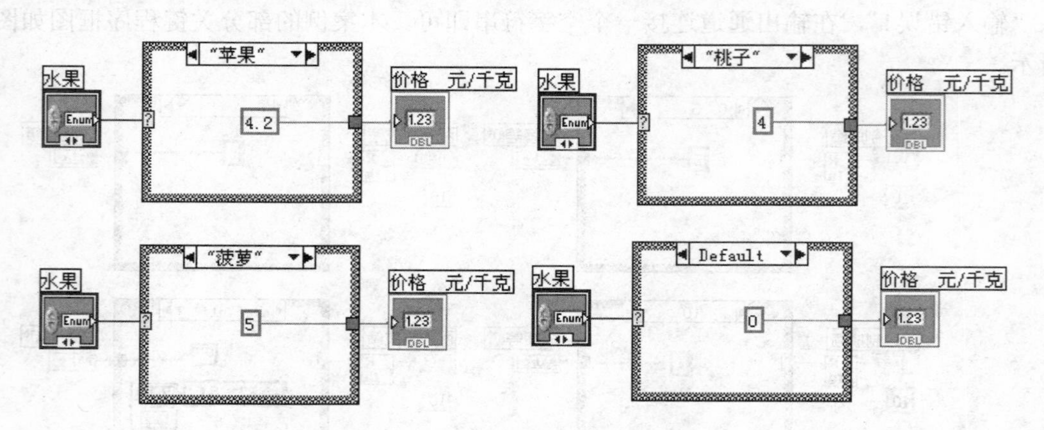

图 2.53　本案例的部分分支程序框图

步骤 2.3：为 Case 结构添加一个 While 循环

为了在不是连续运行模式下能够直接显示所选水果的价格，本案例在 Case 结构的外部套接一个 While 循环。对循环结构而言，一般的编辑顺序：先放置 For 或 While 循环框架，再在其内部添加循环体。但也可以先添加循环体，随后选择 For 或 While 循环结构框架，在程序框图的空白处单击后拖拽，包围事先放置好的循环体，这样也可添加循环结构。此案例中，Case 结构为循环体，且事先已经放置好，需要放置的 While 循环属随后放置，此时可通过拖拽 While 结构框架包围 Case 结构，使得 Case 结构成为循环体。While 循环的循环条件连接一个布尔常量，使其永远循环。最后的程序框图如图 2.54 所示。

步骤 3：运行该 VI

本案例的一个运行结果如图 2.55 所示。

步骤 4：保存该 VI

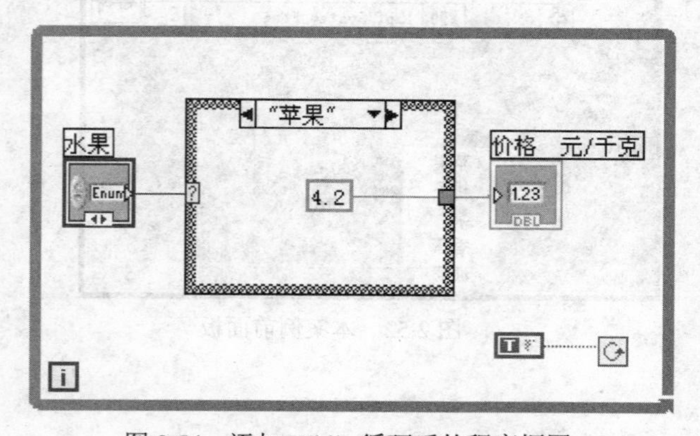

图 2.54　添加 While 循环后的程序框图

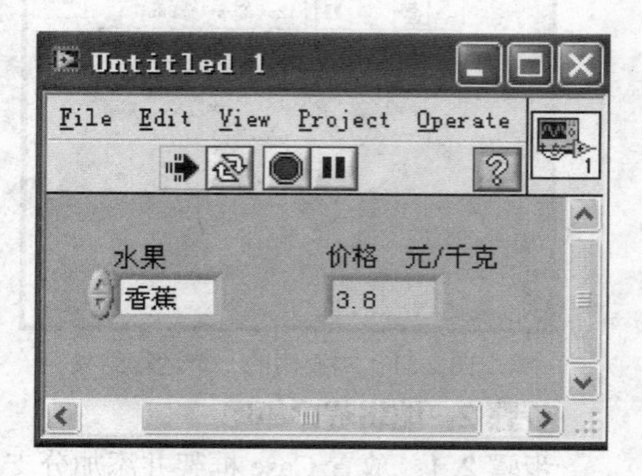

图 2.55　本案例的运行态前面板

2.4 顺序结构

LabVIEW 中，顺序结构有平铺式顺序结构（Flat Sequence Structure）和层叠式顺序结构（Stacked Sequence Structure）两种结构形式。两种结构形式在程序框图中的表现形式如图 2.56 所示。

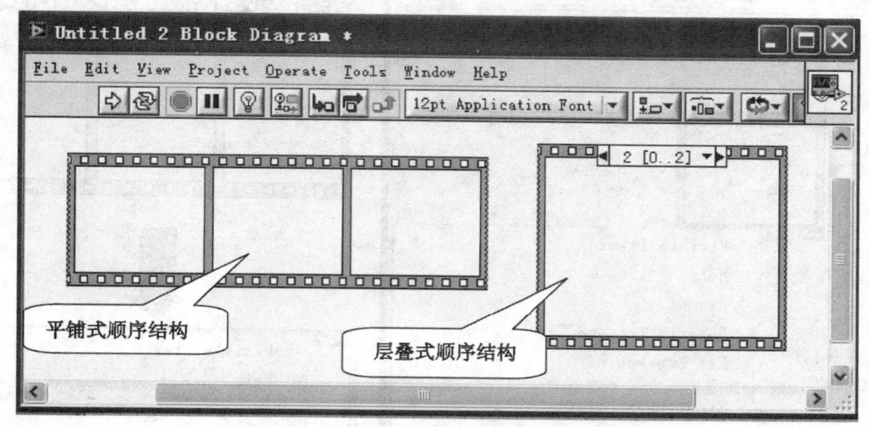

图 2.56 平铺式和层叠式顺序结构

可以看到，顺序结构如同电影胶片一样，一帧接一帧；而层叠式顺序结构是将各帧重叠起来。平铺式和层叠式顺序结构只是表现形式不同，本质是完全相同的。并且两种表现形式可以相互转化。

【案例 2.4.1】 平铺式顺序结构和层叠式顺序结构的相互转化

步骤 1：编辑程序框图

步骤 1.1：放置平铺式顺序结构

在程序框图窗口中选择功能和函数选板中的结构选项，再选择平铺式顺序结构，选择路径如图 2.57 所示。拖拽放置后，即为平铺式顺序结构，但是只有一帧。为平铺式顺序结构添加帧的方法是：在顺序结构的边框上右击，在弹出的快捷菜单中选择 Add Frame After 或 Add Frame Before，即可在当前帧的后面或前面添加一帧，如图 2.58 所示。需要注意的是右击顺序结构的上下边框时，快捷菜单中 Add Frame After 和 Add Frame Before 均可选，但若鼠标右击的是左或右边框，则只有 Add Frame After 或 Add Frame Before 其中之一可选。依照此方法，可以添加需要的帧数到顺序结构中，本案例中以三帧为例说明。放置后如图 2.59 所示。

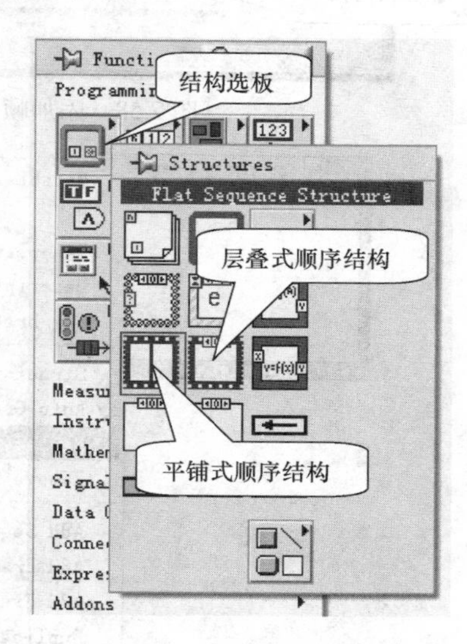

图 2.57 顺序结构的选取

步骤 1.2：平铺式顺序结构转化为层叠式顺序结构

在平铺式顺序结构的边框上右击，在弹出的快捷菜单中选择 Replace with Stacked Sequence，即可将平铺式顺序结构转换为层叠式顺序结构。相关操作如图 2.59 所示。

步骤 1.3：层叠式顺序结构转化为平铺式顺序结构

在层叠式顺序结构的边框上右击，选择 Replace | Replace with Flat Sequence，可将层叠式顺序结构转换为平铺式顺序结构。如图 2.59 所示。

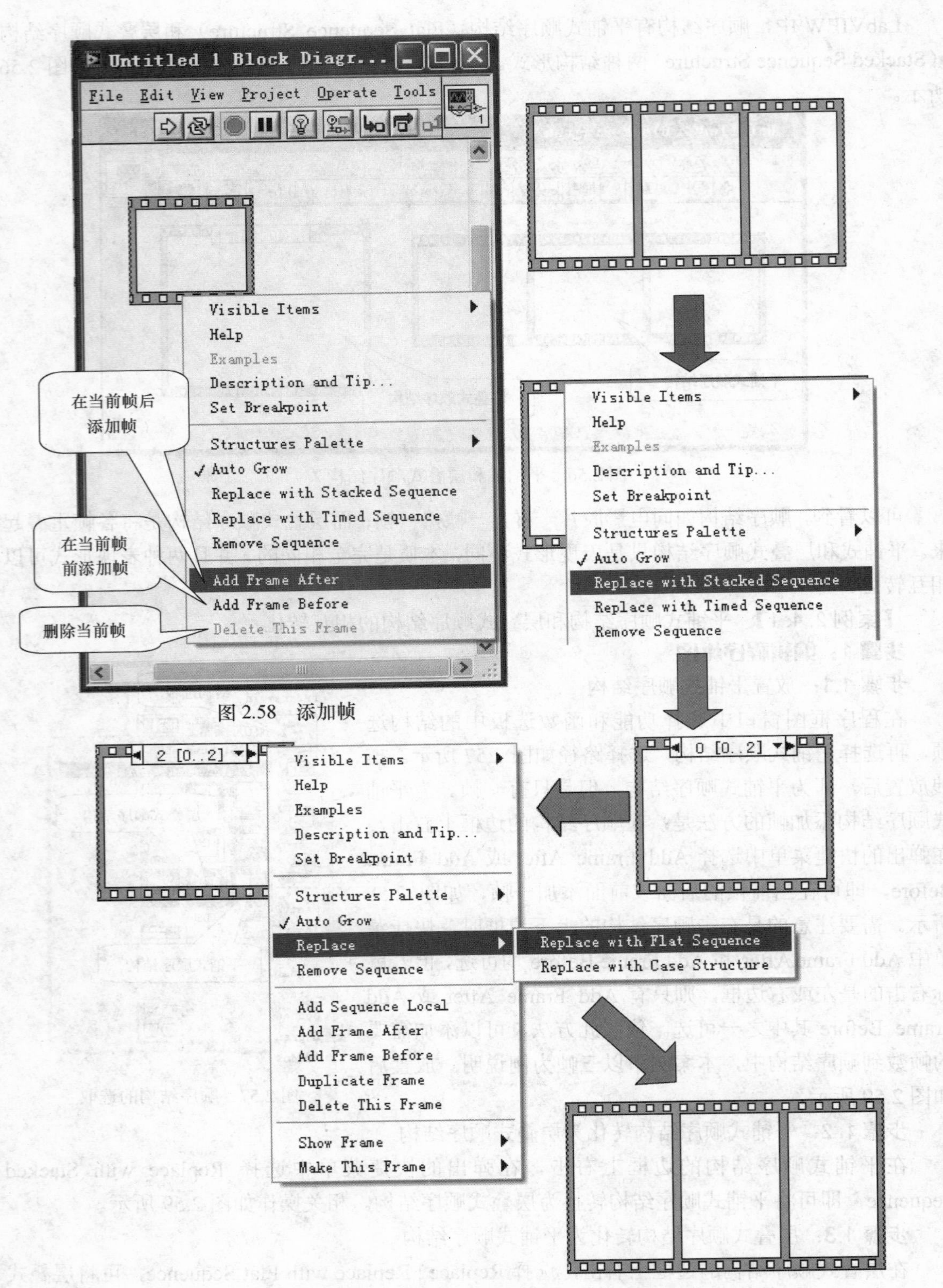

图 2.58 添加帧

图 2.59 平铺式顺序结构和层叠式顺序结构的相互转化

步骤 2：层叠式顺序结构的放置和组成

如图 2.57 所示路径，在程序框图窗口中选择功能和函数选板中的结构选项，再选择层叠式顺序结构单击后拖拽放置，即为层叠式顺序结构，同样也是只有一帧。添加帧的方法：在层叠式顺序结构的边框上右击，在弹出的快捷菜单中选择 Add Frame After 或 Add Frame Before，即可在当前帧的后面或前面添加一帧。本案例以三帧为例说明层叠式顺序结构的组成。如图 2.60 所示。

【案例 2. 4. 2】 顺序结构帧间数据的传递

问题：用 For 循环产生一个长度为 2000 点的随机波形，并计算所用的时间。

情形 1：应用平铺式顺序结构实现

对于平铺式顺序结构，只需要在帧间创建通道，然后将帧间的数据流用连线连接起来就能实现将前一帧的数据传递到后面的各个帧中去。

步骤 1：编辑程序框图

放置平铺式顺序结构，再添加 2 帧，总共 3 帧。在第一帧中放置一个时钟（Tick Count），用于返回当前系统的时间，单位是毫秒（ms）。时钟的选取路径如图 2.61 所示。

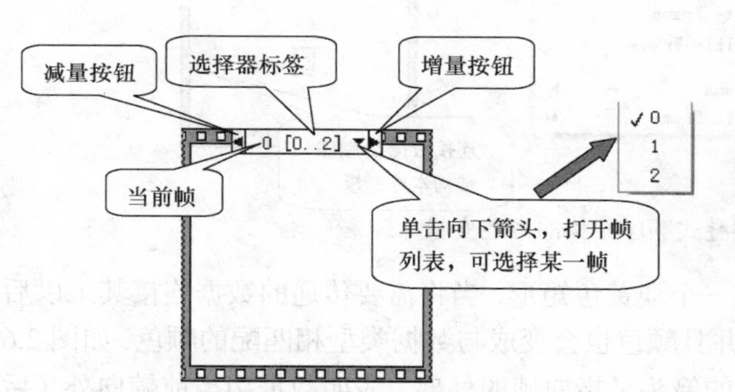

图 2.60 层叠式顺序结构组成

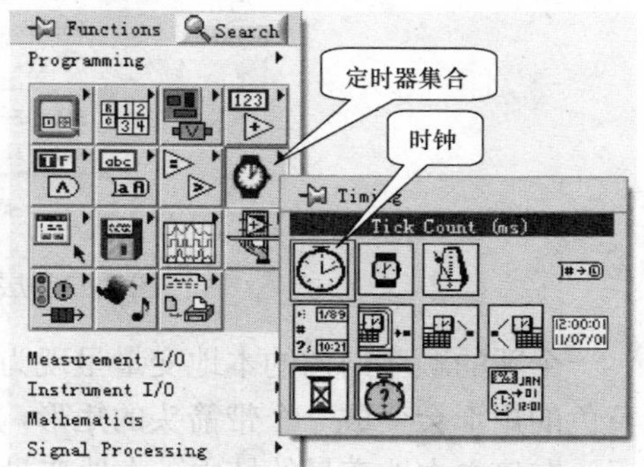

图 2.61 时钟选取路径

在第二帧中放置一个 For 循环。其中 For 循环的循环次数为 2000 次，循环体是一个随机数产生器和对应的波形显示指示器。

在第三帧中再放置一个时钟，用于返回 For 循环运行结束后系统当前的时间；前后两个时间相减即得 For 循环的运行时间。程序框图如图 2.62 所示。

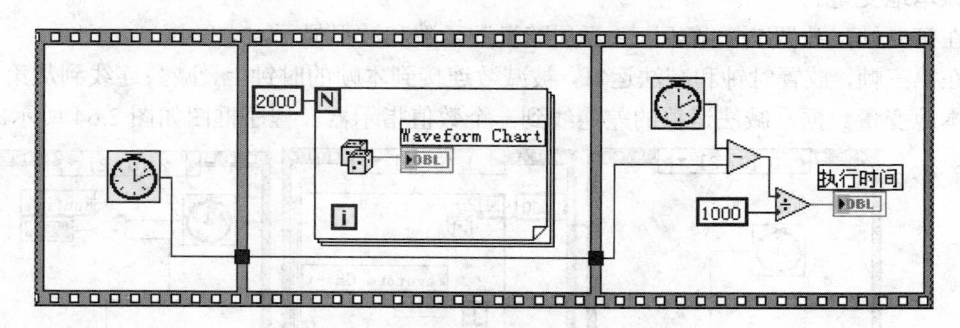

图 2.62 本案例平铺式顺序结构程序框图

步骤 2：运行该 VI

步骤 3：保存该 VI

情形 2：应用层叠式顺序结构实现

对于层叠式顺序结构，可以利用顺序结构的本地变量（Sequence Local）来实现。顺序结构的本地变量是层叠式顺序结构特有的变量形式，用于向后续的顺序帧中传递数据。在层叠式顺序结构框架的边框上右击，在弹出的快捷菜单中选择 Add Sequence Local，可添加顺序结构的本地变量。如图 2.63 所示。

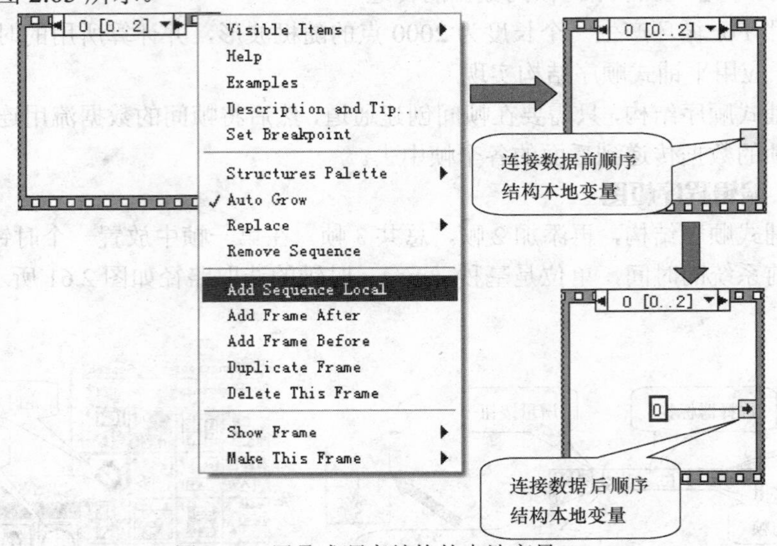

图 2.63　层叠式顺序结构的本地变量

一个新的顺序结构的本地变量呈现为一个淡黄色矩形，当将需要传递的数据连接其上以后，淡黄色的矩形会变成一个带箭头的矩形，并且颜色也会变成与数据类型相匹配的颜色。如图 2.63 所示。在建立本地变量的帧中，本地变量的箭头是指向帧的外部，表明数据由当前帧向外（后）传递；而在所建本地变量的后续帧中，本地变量的箭头是指向帧的内部，表明数据传入本帧。

步骤 1：编辑程序框图

放置层叠式顺序结构，再添加 2 帧，总共 3 帧。同于本案例的平铺式实现方法，在第一帧（选择标签显示为“0”的帧）中放置一个时钟（Tick Count），用于返回当前系统的时间。在顺序结构的边框上右击后选择 Add Sequence Local 来添加层叠式顺序结构本地变量，将时钟连线到该本地变量。

在第二帧，放置 For 循环，并添加随机数函数和波形显示。

在第三帧，放置时钟和减法运算，被减数连接到本帧的时钟上，减数连线到从第一帧传递来的本地变量数据，减法运算的差连线到一个数值指示器。程序框图如图 2.64 所示。

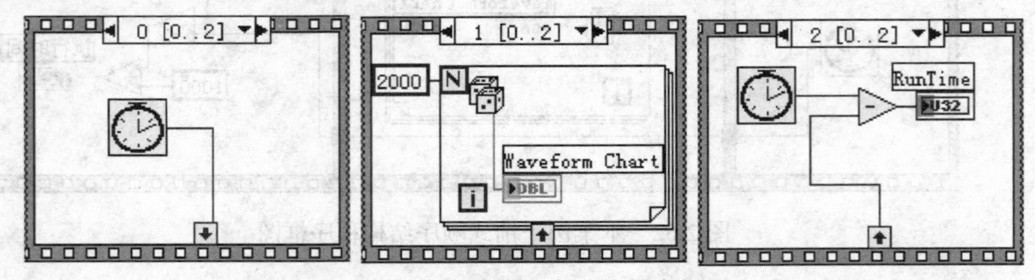

图 2.64　本案例层叠式顺序结构程序框图

步骤 2：运行该 VI

步骤 3：保存该 VI

2.5 事件结构

事件结构是针对诸如鼠标事件、键盘事件、选单事件、窗口事件、对象的数值变化事件等进行处理的结构。事件结构在功能函数选板中的位置如图 2.65 所示。

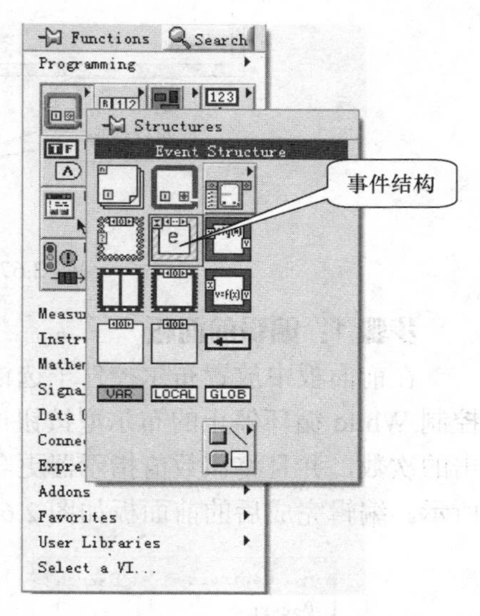

图 2.65 事件结构

【案例 2.5.1】 事件结构介绍

放置事件结构的方法与放置 For 循环、While 循环、Case 结构等方法相同。当用鼠标在函数选板中选择事件结构后，在程序框图窗口中单击鼠标左键后向右下方拉动，估计大小合适时松开鼠标左键即可，其组成如图 2.66 所示。

事件结构与 Case 结构相似，是一个多情形（Case）处理结构。在程序框图窗口中放置事件结构后，默认或缺省的事件情形只有一个，即 Timeout 事件，如图 2.66 所示。Timeout 事件要触发，必须具备两个条件：①该事件结构定义有多个事件情形，除 Timeout 事件情形外，其他事件情形都没有发生；②Timeout 事件没有超过指定的超时等待时间。图 2.66 中的“超时等待时间输入端子”一般连线一个整数，表示等待时间，单位是毫秒（ms）。其缺省值是-1，表示永远不会超时，即一直等待除 Timeout 事件以外的其他事件发生。

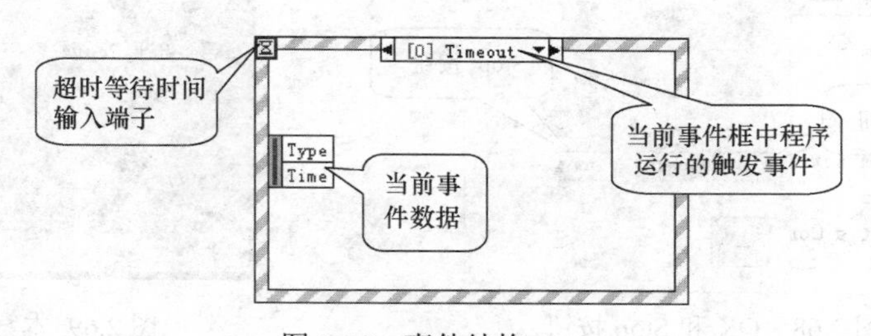

图 2.66 事件结构

要给事件结构添加其他事件情形，可在事件结构的边框右击，在弹出的快捷菜单中选择“Add Event Case…”选项，就可在当前事件情形后添加另外一个事件情形。相反要删除当前事件情形，则在当前事件情形边框上右击，在弹出的快捷菜单中选择“Delete This Event Case…”即可。而编辑当前事件情形则可通过选择“Edit Events Handled by This Case…”，打开当前事件编辑器进行编辑。相关操作如图 2.67 所示。

事件结构必须放在 While 循环中，否则没有意义。因为当一个事件完成后，程序需要等待下一个事件的发生，而下一个事件的发生具有随机性和不可确定性，需要反复测试，故用循环来等待下一事件的发生。

【案例 2.5.2】 事件结构的应用

（1）基于事件结构的单击计数器

所谓单击计数器，就是当用户对一个按钮单击一下时，计数器就加 1。

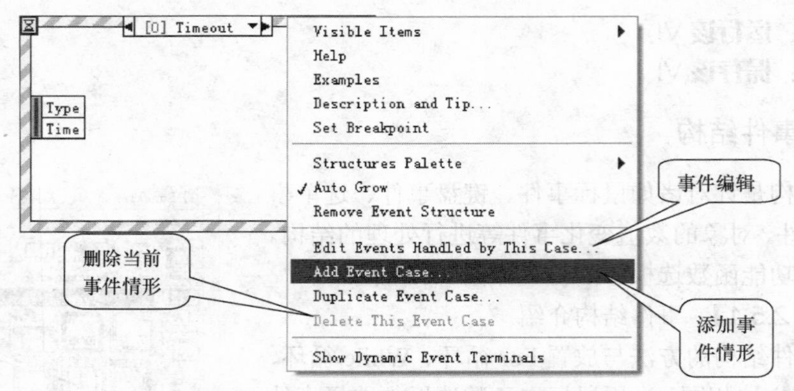

图 2.67 事件情形的添加、删除和编辑

步骤 1：编辑前面板

在前面板中放置布尔控件子选板中的 OK 按钮，并将其更名为 Hitme；另外，再放置用于控制 While 循环停止的布尔型按钮控件 Stop 按钮；最后还需要一个数值指示器，用于显示单击的次数，并且将该数值指示器更名为 Hit_Count。OK 按钮和 Stop 按钮的选取路径如图 2.68 所示。编辑完成后的前面板如图 2.69 所示。

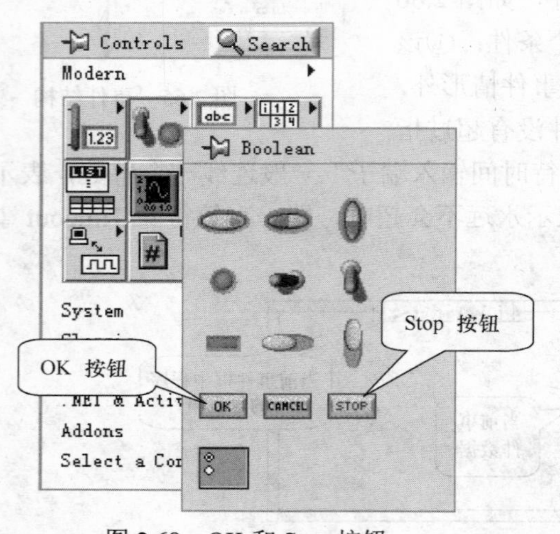

图 2.68 OK 和 Stop 按钮

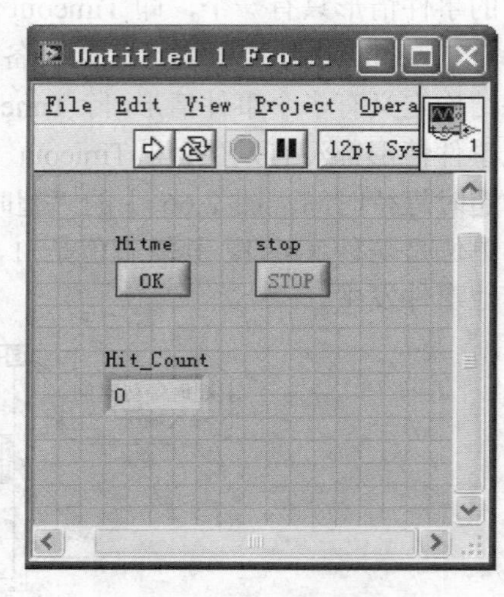

图 2.69 本案例的前面板

步骤 2：编辑程序框图

步骤 2.1：放置 While 循环和事件结构并进行编辑

在程序框图中放置 While 循环，在 While 循环的循环体中放置事件结构。对事件结构缺省的 Timeout 事件情形进行编辑。在 Timeout 事件边框上右击，选择“Edit Eventd Handled by This Case…”选项，打开事件编辑器，如图 2.70 所示。其中的 Events Handled for Case 表明当前所选的是该事件结构的哪一个情形；Event Specifiers 是当前事件情形的事件列表，可通过列表框左边的[+]和[×]按钮添加或删除事件；Event Sources 表明事件源，此处列出了应用程序、当前 VI、前面板、控件等事件源供选择；当选择某一事件源以后，与该事件源有关的事件便列于事件源右侧的 Events 中。本例中选择的事件源是 Hitme，选择的事件是 Value Change。如图 2.70 所示。

编辑完成后，单击“OK”确认编辑。此时当前事件结构的标签及当前事件数据变成与“Hitme”这个布尔控件相关的信息，如图 2.71 所示。

步骤 2.2：编辑“Hitme”事件代码

根据案例要求，布尔变量 Hitme 被单击一次，变量 Hit_Count 便加 1。此处，利用局部变量以及加 1 函数来实现 Hit_Count 的计数功能。完成后的事件代码框图如图 2.72 所示。

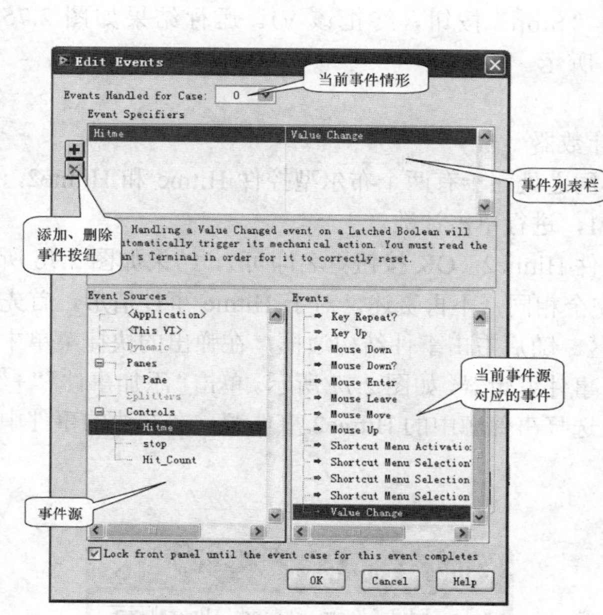

图 2.70　事件编辑器

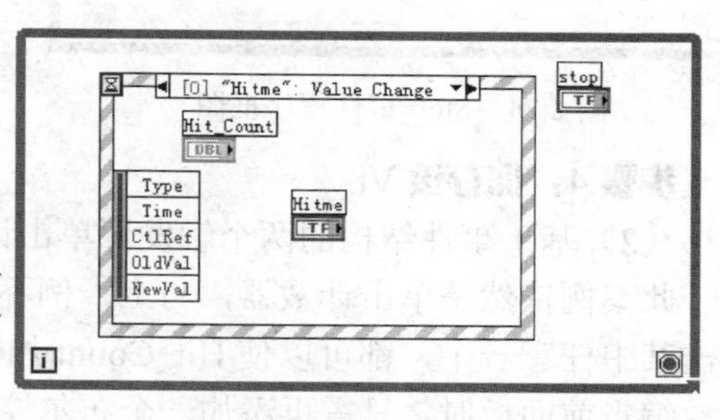

图 2.71　Hitme 部分程序框图

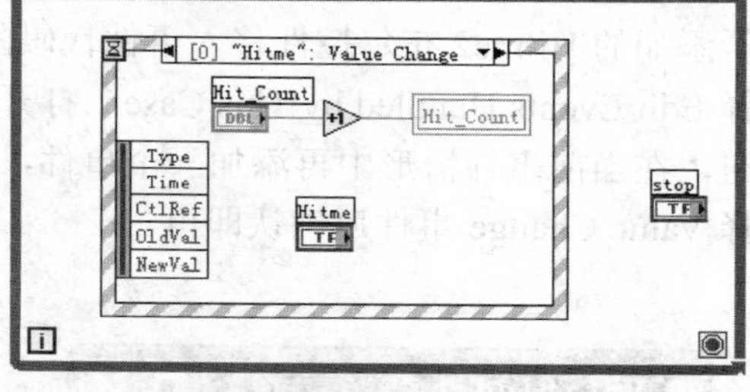

图 2.72　“Hitme”事件代码

步骤 2. 3：编辑“Stop”事件代码

由于事件结构中 Timeout 事件的超时等待时间输入端子未连接，故将永远等待其他事件（例如，本案例的单击事件）的发生。本案例中，如果布尔型控件没有被单击，则事件结构将一直等待，所以，必须有将 While 循环结束的机制。在本事件结构中添加“Stop”：Value Change 事件，即当用户单击“Stop”按钮时激发“Stop”事件发生。当“Stop”事件发生时，伴随的是“Stop”事件的 NewVal 的值由 False 变化为 Truth，将此新值传递给 While 循环的循环条件终止端子，实现终止 While 循环。具体方法是：

首先，在“Hitme”事件边框右击，选择 Add Event Case…，打开事件编辑器，此处选择事件源中的 Stop，选择触发的事件依然是 Value Change。

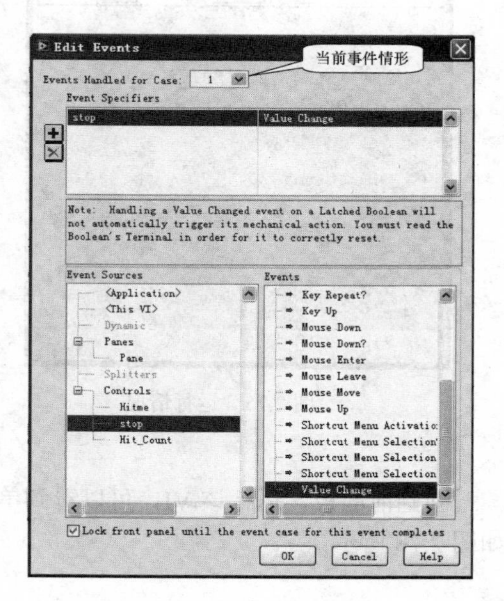

图 2.73　stop 事件编辑

需要注意的是此时事件情形已变成情形 1，不再是情形 0。如图 2.73 所示。

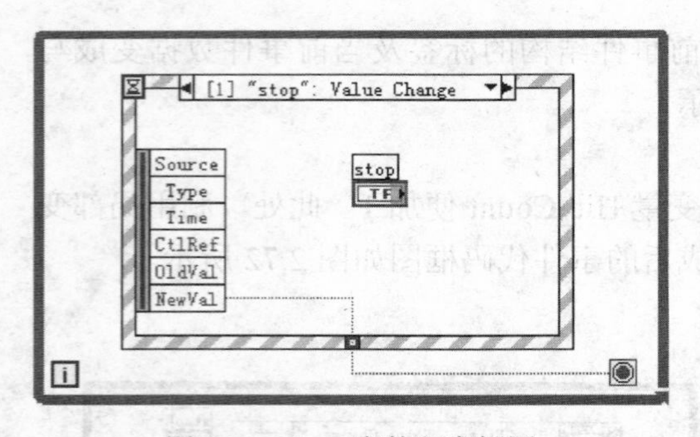

图 2.74 Stop 事件程序框图

其次，将 Stop 图标移入“Stop”事件代码区，并将该事件数据中的 NewVal 值连线到 While 循环的循环条件端子，则“Stop”事件编辑完成。框图如图 2.74 所示。

步骤 3：运行该 VI

回到前面板，运行该 VI，单击“Hitme”按钮，每单击一下，Hit_Count 便加 1。单击“Stop”按钮，终止该 VI。运行结果如图 2.75 所示。

步骤 4：保存该 VI

（2）基于事件结构的两个触发源单击计数器

此案例依然是单击计数器，与上一例不同之处在于有两个布尔型控件 Hitme 和 Hitme2，单击其中任意一个，都可以使 Hit_Count 加 1，进行单击计数。

编辑前面板时，只需再添加一个布尔控件 Hitme2（OK 按钮更名即可）。结果如图 2.76 所示。对于程序框图，“Stop”事件与前一例完全相同，不再赘述。对于 Hitme 事件情形，首先将新添加的 Hitme2 布尔控件移入事件代码区。随后右击事件结构边框，在弹出的快捷菜单中选择 Edit Events Handled by This Case…打开事件编辑器，如图 2.77 所示。单击“添加事件”“+”按钮，在当前事件情形中再添加一个事件，选择事件源中的 Hitme2 事件源，在右边的事件中选择 Value Change 事件后确认即可。

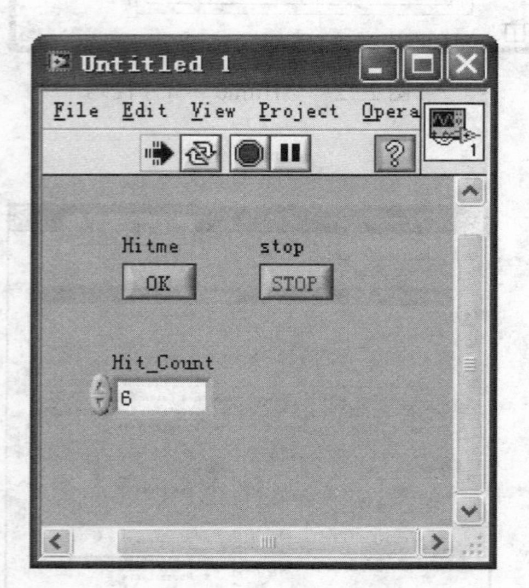

图 2.75 运行情况

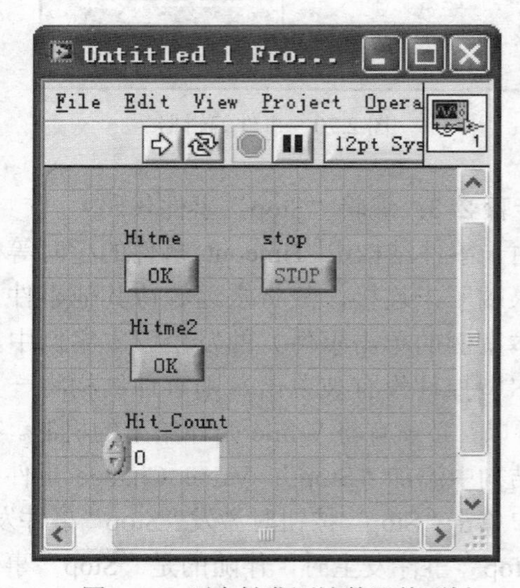

图 2.76 两个触发源计数器前面板

回到前面板，运行该 VI，可以看到单击 Hitme 或 Hitme2，Hit_Count 都会实现加 1 计数。如图 2.78 所示。

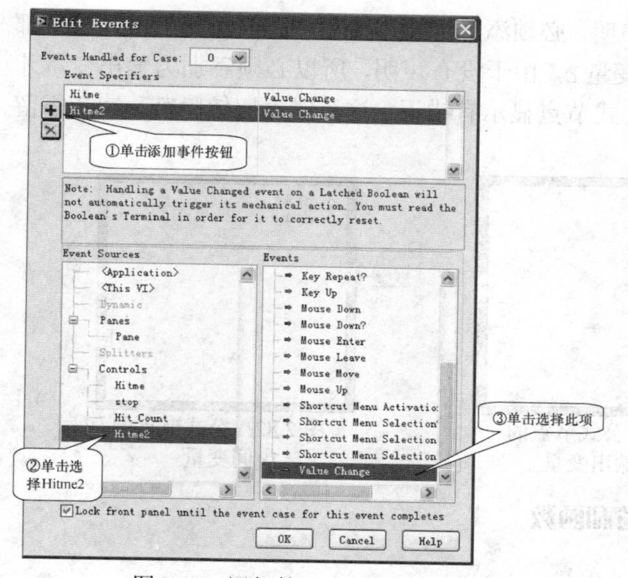

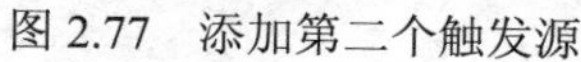

图 2.77 添加第二个触发源

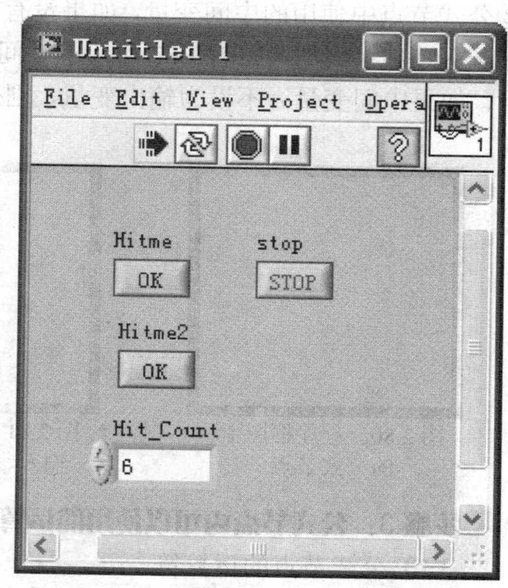

图 2.78 两个触发源计数器的运行

2.6 公式节点

公式节点是一种文本程序结构，通过公式节点，用户不仅可以使用类似于多数文本编程语言的句法，编写一个或多个代数公式，还能通过文本编程实现一些基本的逻辑控制，例如，For 循环、While 循环、if…else、switch…case 等结构及功能。可以这样说，公式节点基本上弥补了图形化开发语言相对于文本语言的缺陷。公式节点的语法与 C 语言基本相同，语句必须以分号结束，也可以给语句加注释，形如“/*注释*/”。

【案例 2.6.1】 公式节点的基本操作

步骤 1：放置公式节点

公式节点在函数选板中的位置如图 2.79 所示。公式节点的放置方法与其他结构的放置方法相同，此处不再赘述。放置好的公式节点如图 2.80 所示。

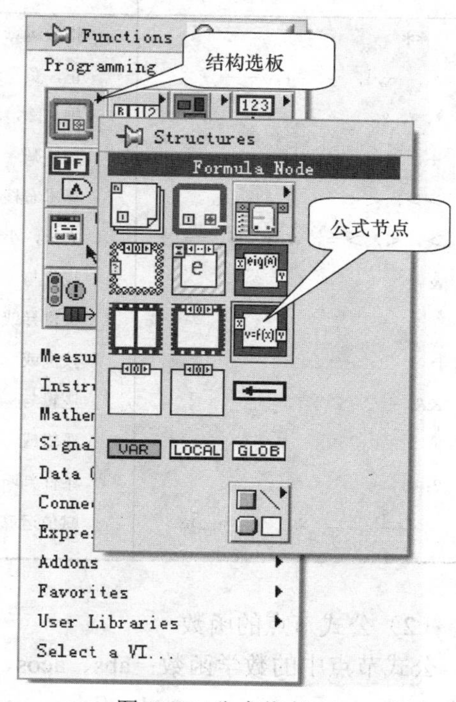

图 2.79 公式节点

步骤 2：为公式节点添加输入、输出变量

公式节点没有输入、输出语句，数据进出公式节点是通过公式节点的输入、输出变量实现的。为公式节点添加输入、输出变量的方法：在公式节点的边框上右击，在弹出的快捷菜单中选择“Add Input”或“Add Output”，在公式节点的边框上出现矩形方框，其内可以输入变量的名称。添加一个输入变量 *a* 和一个输出变量 *b* 的公式节点如图 2.81 所示。

需要注意的有两点：①从外观看，公式节点的输出变量是粗边框，而输入变量是细边框；

②公式节点中使用的中间变量，如果没有声明，必须添加到输出变量中，中间变量可以与外部端子无连线。例如，如图 2.82 所示的中间变量 c，由于没有声明，所以必须添加为输出变量才行，如果中间变量 c 不设为输出变量，则公式节点显示有错误，这个错误比较隐蔽，读者需留意。

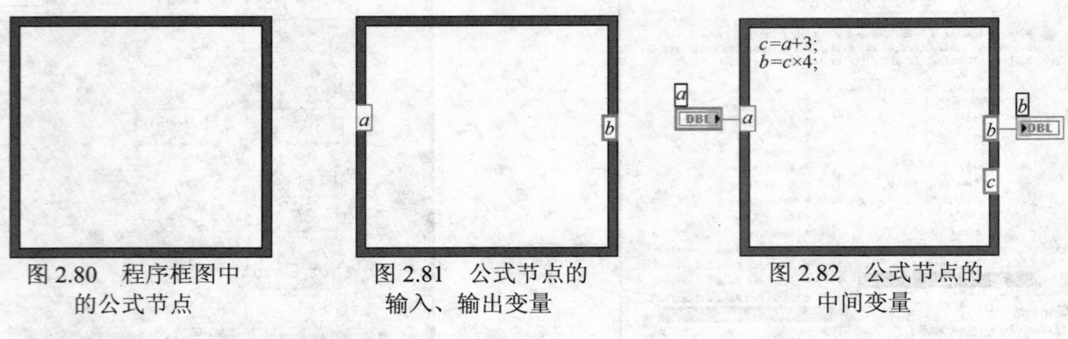

图 2.80　程序框图中的公式节点　　图 2.81　公式节点的输入、输出变量　　图 2.82　公式节点的中间变量

步骤 3：公式节点内可以使用的运算符和函数

（1）公式节点的运算符

公式节点的运算符与 C 语言基本相同，见表 2.1。

表 2.1　公式节点的运算符

公式节点的运算符	功 能 说 明
**	指数运算
+，−，!，～，++，−−	正，负，逻辑非，按位取反，前缀或后缀增 1，前缀或后缀减 1
*，/，%	乘，除，求余
+，−	加，减
>>，<<	算术右移，算术左移
>，<，>=，<=，!=，==	大于，小于，大于等于，小于等于，不等于，等于
&	按位与
^	按位异或
|	按位或
&&	逻辑与
||	逻辑或
?:	条件判断运算符
=，+=，−=，*=，/=，%=等	赋值运算符，自反赋值运算符等

（2）公式节点的函数

公式节点中的数学函数：abs、acos、acosh、asin、asinh、atan、atan2、atanh、ceil、cos、cosh、cot、 csc、exp、expm1、floor、getexp、getman、int、intrz、ln、lnp1、log、log2、max、min、mod、pow、rand、 rem、sec、sign、sin、sinc、sinh、sizeofDim、sqrt、tan、tanh。

步骤 4：公式节点的文本编程语言语法

公式节点的文本编程语法规则与 C 语言非常相近，但只能实现基本的逻辑流程和运算，不能对文件或设备进行通信和操作。

（1）变量声明

公式节点支持的数据类型有：float、float32、float64、int、int8、int16、uInt8、uInt16、uInt32。变量声明的语法和C语言一样。例如：

```
int a,i;
float32 x,y;
uInt32 arr[8];
```

（2）条件语句

① if语句。

例如：
```
if (a>=0&&b>=0)
    c=a/b;
```

② if…else语句。

例如：
```
if(a>=0&&b>=0)
    c=a/ b;
else
    c=a*b;
```

③ switch语句。

例如：
```
switch(s)
{
case 0: a=a+1; break;
case 1: a=a+2; break;
case 2: a=a+3; break;
case 3: a=a+4; break;
default:  a=0;
}
```

（3）循环语句

① for循环。

例如：
```
for(i=0; i<=10; i++)
{
  sum=sum+s*i;
     s=-s;
}
```

② while循环。

例如：
```
while(b>=0)
     {
          a＋＋;
          b－－;
     }
```

③ do…while循环。

例如：
```
do
    {
```

```
        a++;
        b--;
    }while(b>=0);
```

④ break 和 continue 语句用于当某种条件满足时终止循环或让循环立即从头开始运行。

【案例 2.6.2】 公式节点的使用

对于一个输入的摄氏温度值，根据布尔开关的值，选择以摄氏或者华氏温度显示。当布尔值为真时，以华氏温度显示；当布尔值为假时，依然以摄氏温度显示，即显示值与输入值相等。其中摄氏与华氏温度之间的关系是：$F=C\times1.8+32$，其中 C 是摄氏温度，F 是华氏温度。

本案例中，将摄氏温度转换为华氏温度的运算就是采用公式节点来实现的。可以看到，的确是简单明了。其程序框图如图 2.83 所示。相反，若使用 LabVIEW 的四则运算函数节点实现，程序框图如图 2.84 所示。

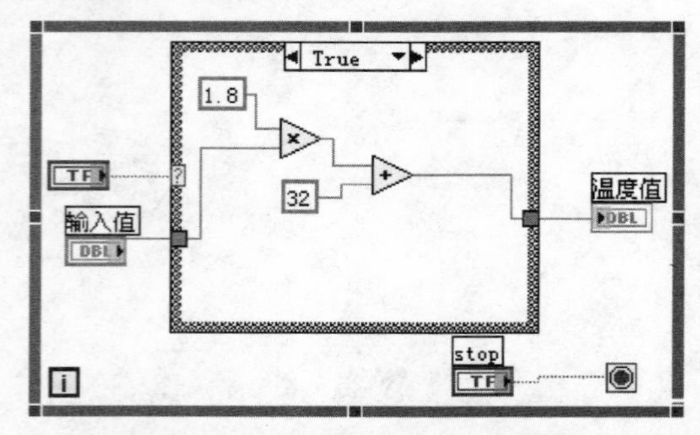

图 2.83 运用算术运算节点的程序框图

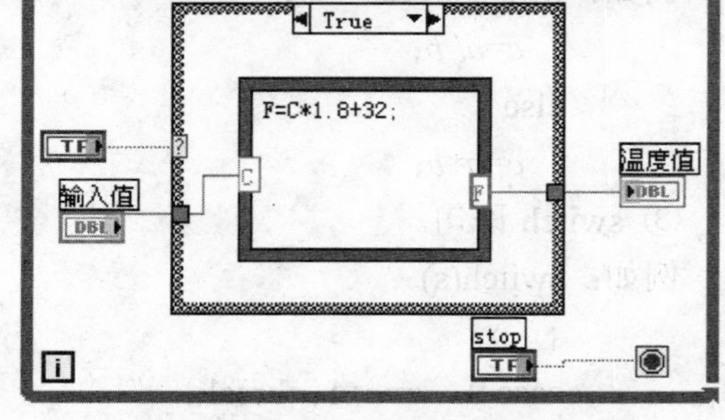

图 2.84 运用公式节点的程序框图

【练习题】

1．用多种方法实现求 $n!$ 的 VI。

2．已知某数列前 3 项均为 1，以后每一项是它前面 3 项之和，编写求此数列前 10 项的 VI。

3．求 $1^2+2^2+3^2+4^2+5^2+\cdots+n^2$。

第 3 章　数组和簇

数组是由同一类型数据元素组成的大小可变的集合，如一组浮点数或一组字符串，与 C 语言中的数组概念相同。簇则是由混合类型数据元素组成的大小固定的集合，如一个包含浮点数和字符串的簇，簇概念相当于 C 语言中的结构体。

3.1　数组

【案例 3.1.1】 数组控件和数组指示器

步骤 1：放置数组框架

在 LabVIEW 前面板中放置数组框架，数组框架的选取路径如图 3.1 所示。放置以后的前面板如图 3.2 所示。

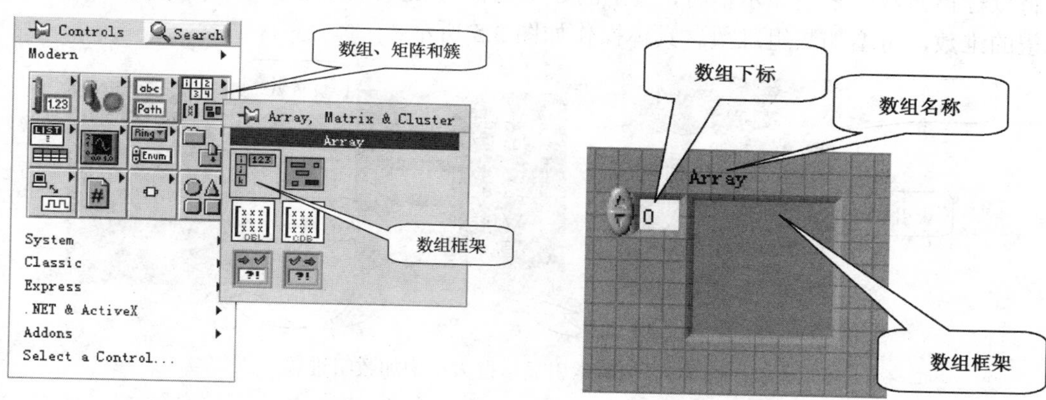

图 3.1　数组框架　　　　图 3.2　前面板中的数组框架

步骤 2：放置控件或指示器，使数组成为数组控件或数组指示器

在前面板放置好数组框架后，这个数组是控件数组还是指示器数组、是整型数组还是浮点型数组？这些问题的答案都取决于放入这个数组框架中的第一个元素是控件还是指示器、是整数还是浮点数等。简言之，某个数组的类型取决于放入这个数组框架中的第一个元素的类型，如果放入这个数组框架的第一个元素是浮点数控件，则这个数组便是数组控件，并且是浮点型数组控件；如果放入这个数组框架的第一个元素是整型数值指示器，则这个数组便是数组指示器，并且是整型数组指示器。

假设放置一个浮点数控件到数组框架中，此时，数组只显示一个元素，并且呈默认值状态，可以给数组元素输入具体的数值改变默认值。若想要显示更多的数组元素，可以通过拖拽显示数组元素窗口大小的句柄加以调整，相关操作如图 3.3 所示。

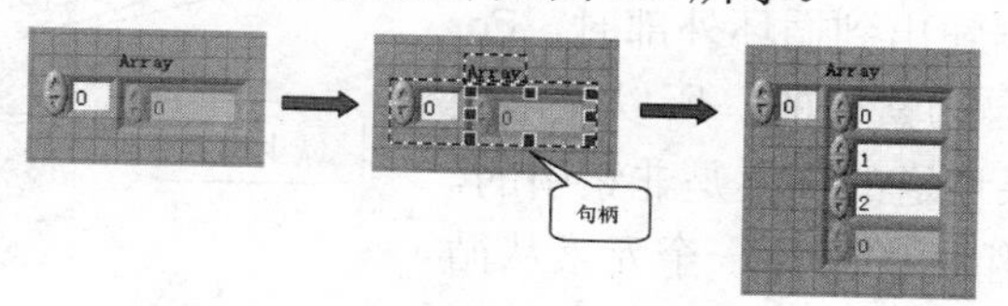

图 3.3　数组控件

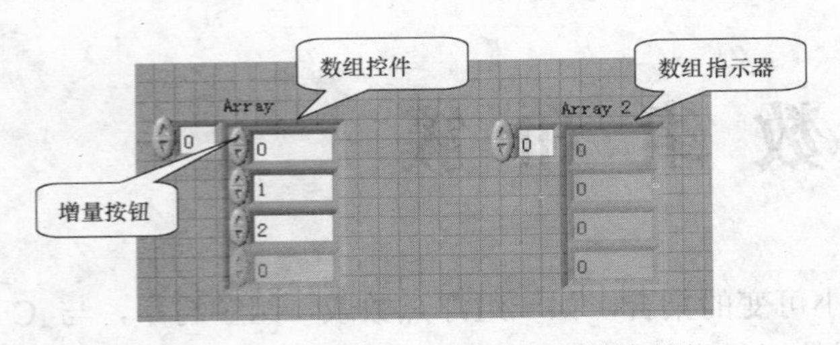

图 3.4　数组控件和数组指示器的区别

假设放置一个浮点数指示器到数组框架中，则该数组便是指示器数组。在前面板中，数组控件和数组指示器的区别与控件和指示器的区别一样，即控件有增量减量按钮，可以输入，也可以修改，而指示器不能输入或修改，只能用于显示结果。如图 3.4 所示。

步骤 3：多维数组

默认情况下，数组是一维的，有两种方法可以增加或减少数组维数：①使用索引句柄来调整索引显示框大小；②通过在数组索引显示框上右击，弹出快捷菜单并在快捷菜单中选择 Add Dimension 或 Remove Dimension。

（1）使用索引句柄调整索引显示框大小来增加数组维数

将鼠标指向数组索引显示框时，其上的 8 个句柄可见，拖拽句柄，拉大索引显示框的大小到希望的维数，可增加数组维数。具体操作如图 3.5 所示。

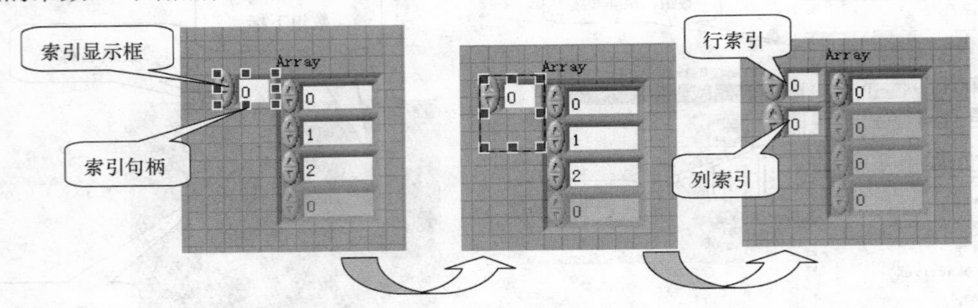

图 3.5　调整索引显示框大小增加数组维数

（2）通过快捷菜单中 Add Dimension 来增加数组维数

在数组索引显示框上右击，在弹出的快捷菜单中选择 Add Dimension，即可增加数组维数。具体操作如图 3.6 所示。

【案例 3.1.2】　创建数组

最基本的创建数组的方法：先放置数组框架，再向数组框架中添加有效数据对象（诸如数字、布尔型或字符串），最后逐个输入数组元素的值，就可创建一个数组。

运用 For 循环和 While 循环的自动索引是创建数组的有效方法，具体如下：

步骤 1：运用 For 循环创建数组

当 For 循环中的数据输出到循环外部时，For 循环通道的缺省属性是自动索引的，所以输出到外部的必然是数组。如果通道的属性是非索引的，则只有 For 循环产生数组中的最后一个元素从循环内传送出去。图 3.7 所示是运用 For 循环产生

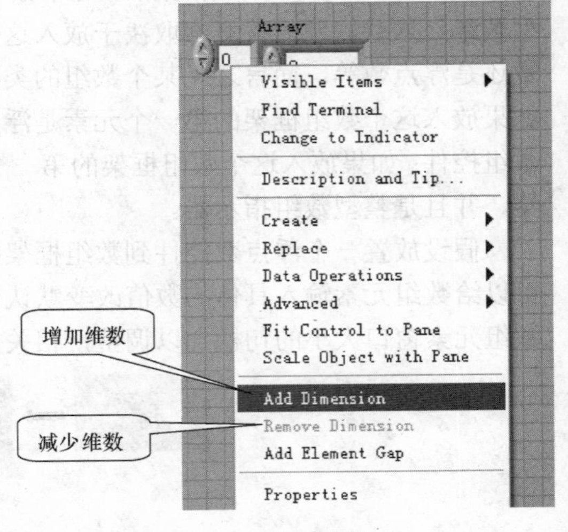

图 3.6　增加数组维数

10 个随机数数组的例子，分别以通道索引和非索引两种情形将元素传送出去，其结果一目了然，不再赘述。

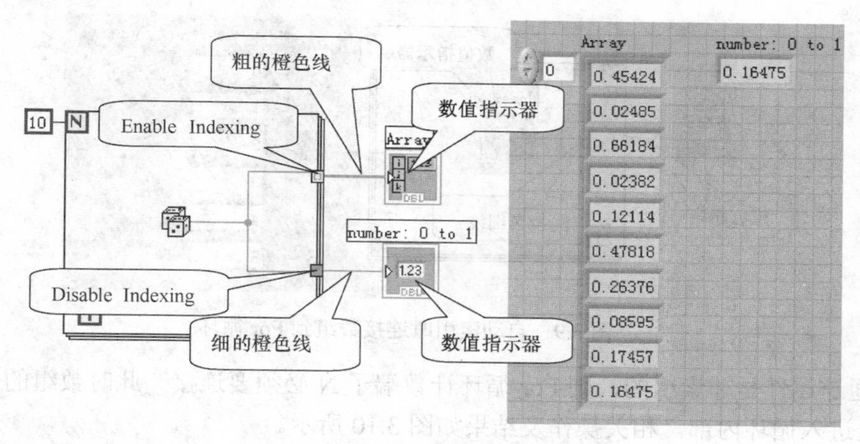

图 3.7 For 循环创建数组

步骤 2：运用 While 循环创建数组

运用 While 循环创建数组的方法与运用 For 循环创建数组的方法相似，唯一的不同点是对于 For 循环，通道默认属性是允许自动索引的，即 Enable Indexing；对于 While 循环，通道默认属性是非自动索引的，即 Disable Indexing。如果希望自动索引，需要在通道上的快捷菜单中选择 Enable Indexing。运用 while 循环创建数组的例子如图 3.8 所示，同于前例，此处也给出了自动索引和非自动索引两种情形及其结果。

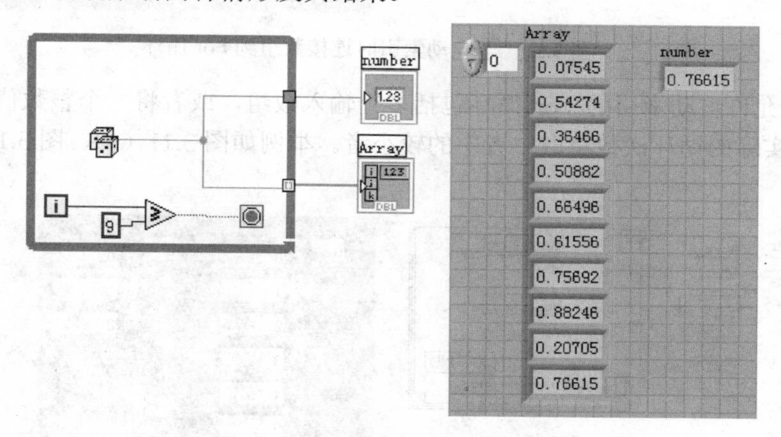

图 3.8 While 循环创建数组

【案例 3.1.3】 数组元素传入循环结构

数组元素要传送进入循环结构内部，同样要考虑通道的属性是索引还是非索引。对于 For 循环，在索引和非索引的正确设置前提下，还要正确处理 For 循环计数端子 N 的连接问题，以下分别举例说明。

步骤 1：数组元素向 For 循环内部传入

当一个数组控件连接到 For 循环时，默认情况下，通道的属性是自动索引的，所以数组控件的每一个元素按索引由低到高依次流入 For 循环内部。在自动索引的情况下，如果在 For 循环内部放置一个数字指示器，则只有数组的最后一个元素被保留下来。如果加亮运行，可以看到数值指示器的值被数组的元素逐个替代，自然只留下最后一个元素值。相关操作及结果如图 3.9 所示。

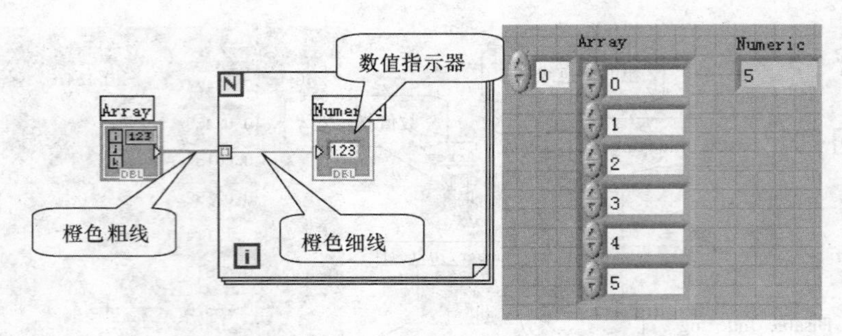

图 3.9　自动索引时连接数组到 For 循环

如果通道属性是非索引的，则 For 循环计数端子 N 必须要连接。此时数组的全部元素是一次性传送进入循环内部。相关操作及结果如图 3.10 所示。

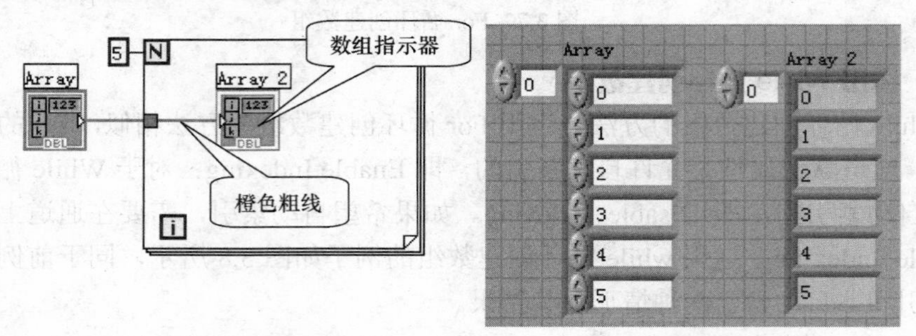

图 3.10　非自动索引时连接数组到 For 循环

如果一个允许自动索引的 For 循环包括多个输入数组，或者将一个整数值连接到循环计数端子 N，则实际的循环次数将取二者中的较小者。举例如图 3.11（a）、图 3.11（b）所示。

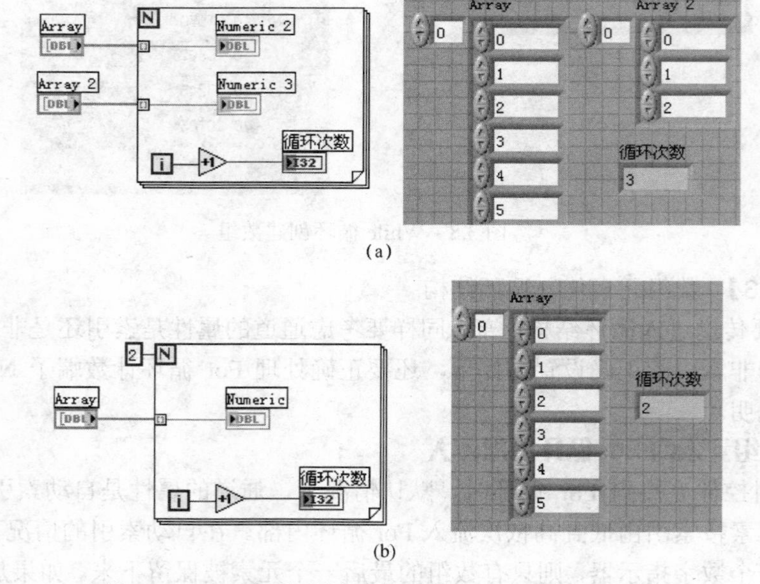

图 3.11　For 循环包括多个输入数组或 N 连接具体数值

步骤 2：数组元素向 While 循环内部传送入数据

将数组元素向 While 循环内部传送，通道的属性依然有索引和非索引之分，其规律和特点与向 For 循环内部传送数据相同。需要注意的是，不论是索引还是非索引，While 循环的循环条件端子必须连接，否则会出错，此处不再赘述。

【案例 3.1.4】 数组常量

与数值常量、布尔型常量一样，数组也有常量。数组常量的创建方法与数组控件的创建方法相似，但不在前面板中创建，而是在程序框图窗口中创建。数组常量框架的选取路径如图 3.12 所示。放置好框架后，向框架内拖拽入常量（数值常量、布尔型常量、字符串常量等）即可成为数组常量。具体如图 3.13 所示。

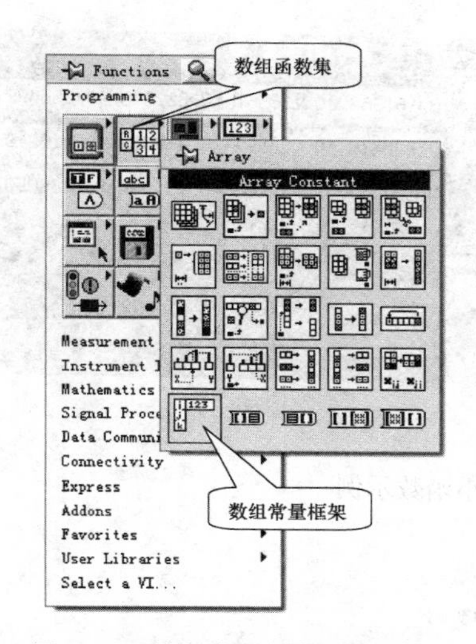

图 3.12　数组常量框架选取路径

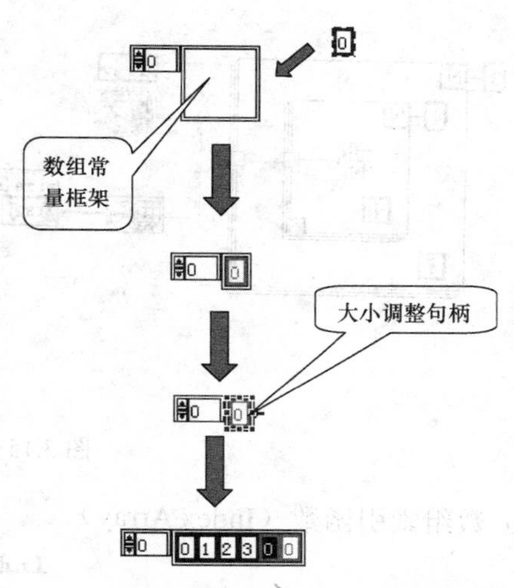

图 3.13　数组常量的创建

【案例 3.1.5】 数组函数

LabVIEW 提供了大量对数组操作的函数，这些函数位于程序框图窗口的函数面板中。具体选取路径如图 3.14 所示，以下就主要函数分别举例说明。

（1）数组大小函数（Array Size）

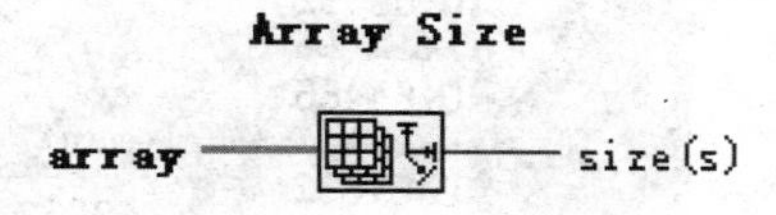

数组大小函数返回输入数组的元素个数。对于一维数组，该函数返回一个 32 位的整型数值。对于二维或多维数组，该函数返回一个一维 32 位整型数组。案例如图 3.15（a）和图 3.15（b）所示。

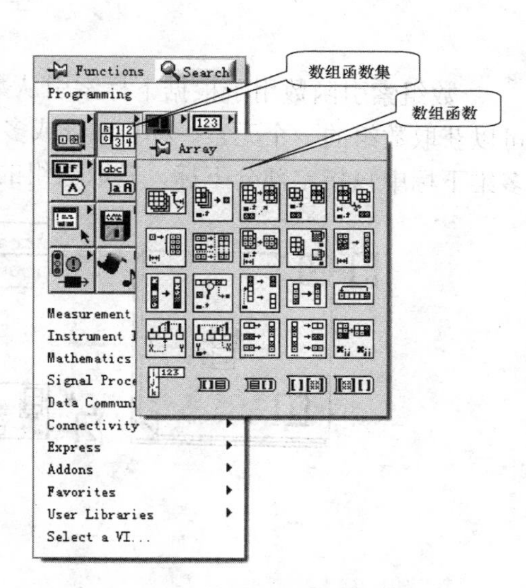

图 3.14　数组函数的选取路径

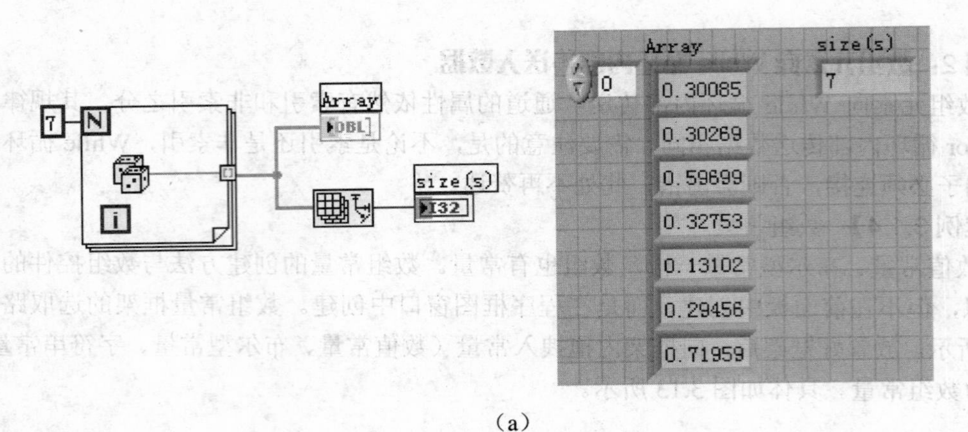

（a）

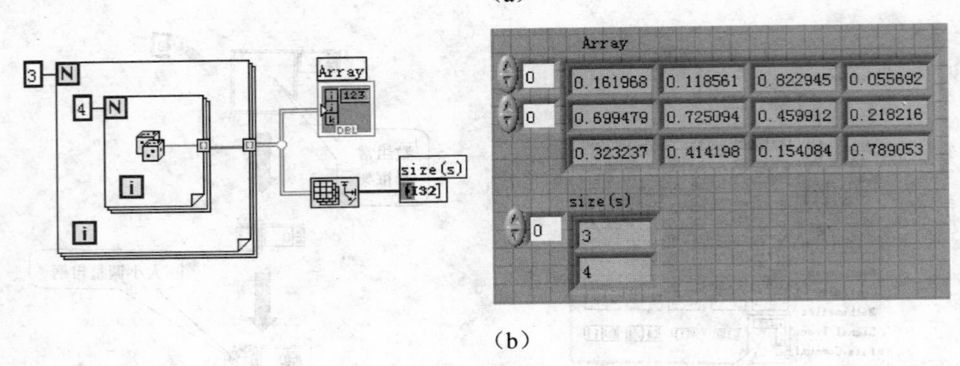

（b）

图 3.15　数组大小函数示例

（2）数组索引函数（Index Array）

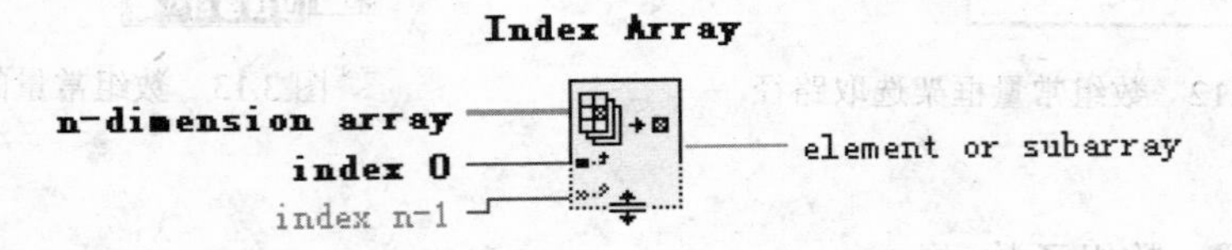

数组索引函数用于根据下标索引从数组中获取数组的元素或数组子集。对于一维数组，可以获取数组的一个元素。对于二维或多维数组，通过多维下标可以获取某个元素，也可以在多维下标中只指定部分下标，获取数组的子集。示例如图 3.16（a）和图 3.16（b）所示。

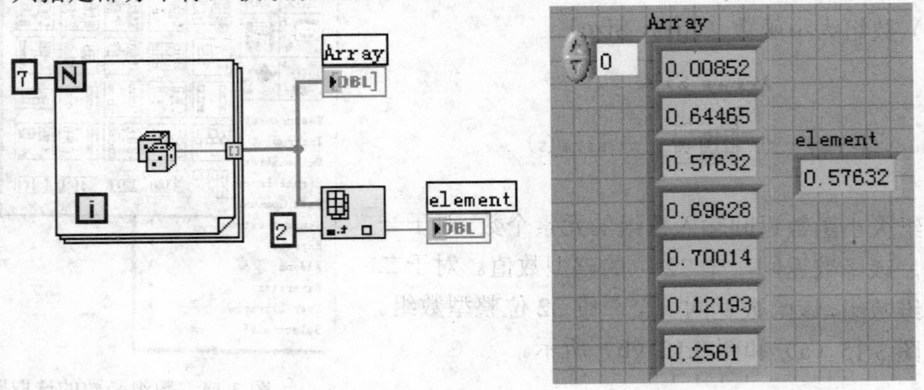

图 3.16（a）　从一维数组中获取下标为 2 的元素值

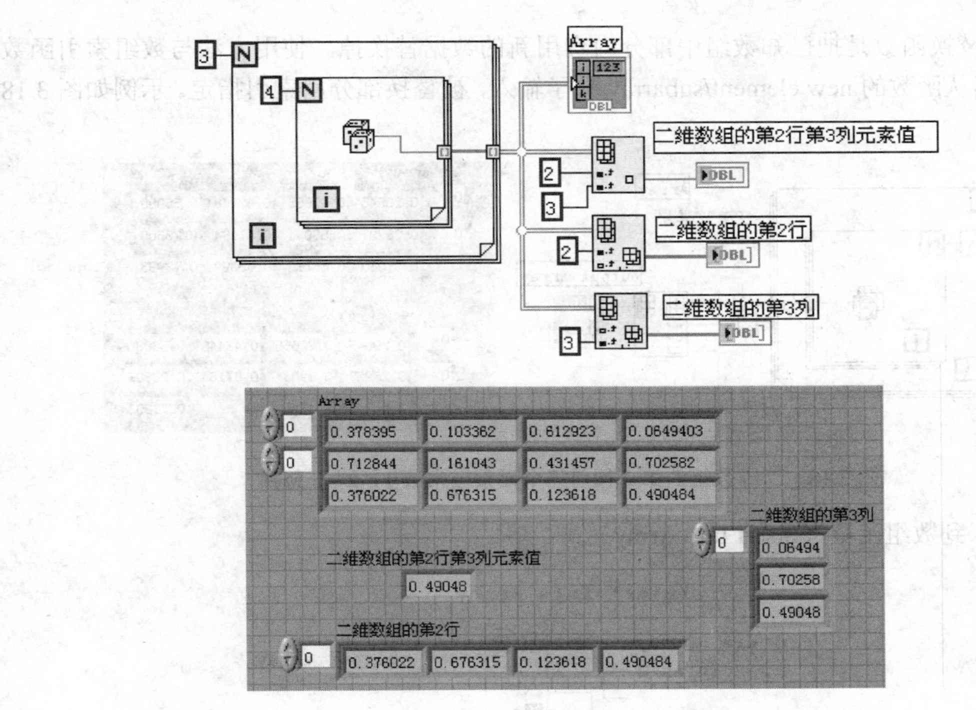

图 3.16 （b） 获取二维数组的某个元素，某一行、某一列

数组索引函数的索引端子数目是可以任意增加和减少的。将鼠标指向该函数，当出现大小调节句柄时，鼠标指向句柄，此时鼠标变成双向箭头，拖拽函数图标到适当大小，可增加索引连线端子的数目，相反操作可减少索引连线端子的数目。运用数组索引函数的多个索引下标连线端子可一次从数组中得到数组的多个元素，甚至索引连线端子不指定索引下标，只连线元素的输出，也可按顺序得到数组元素。示例如图 3.17 所示。

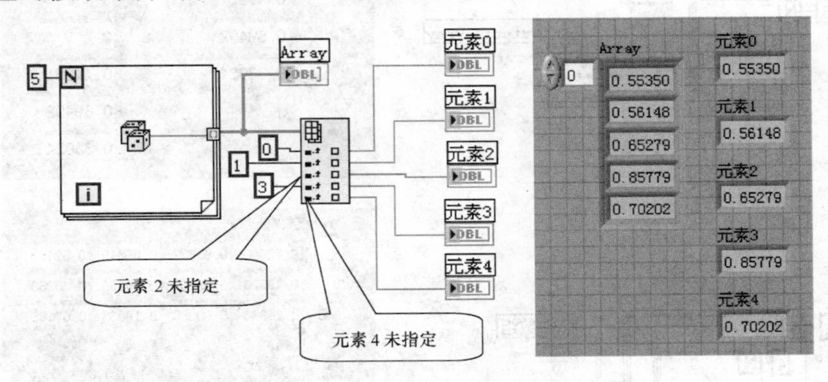

图 3.17 索引函数的多个索引端子输出

（3）子数组替换函数（Replace Array Subset）

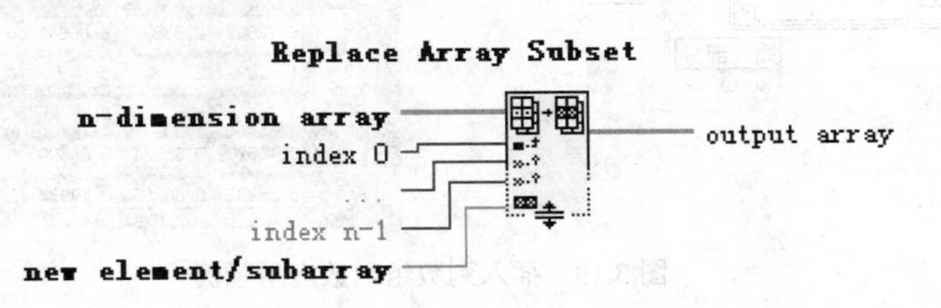

子数组替换函数是把已知数组中部分内容用新的数据替换掉。使用方法与数组索引函数相似，新数据从函数的 new element/subarray 端子输入，被替换部分用索引指定。示例如图 3.18 所示。

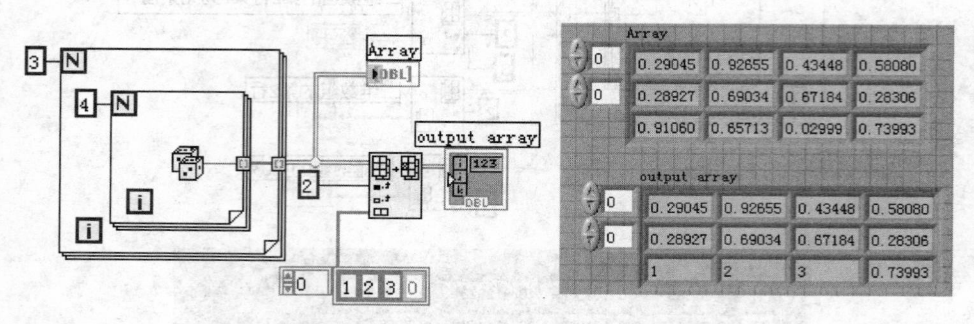

图 3.18　二维数组的第 2 行前三个元素被常数 1、2、3 替换

（4）插入到数组函数（Insert Into Array）

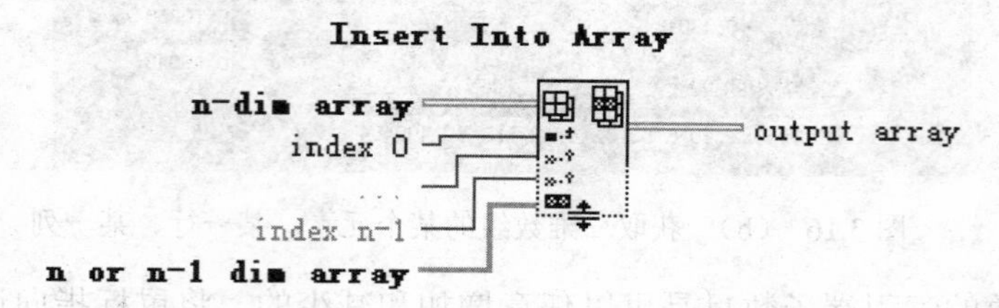

插入到数组函数将某个（些）值插入到已知数组中索引指定的位置处。示例如图 3.19 所示。

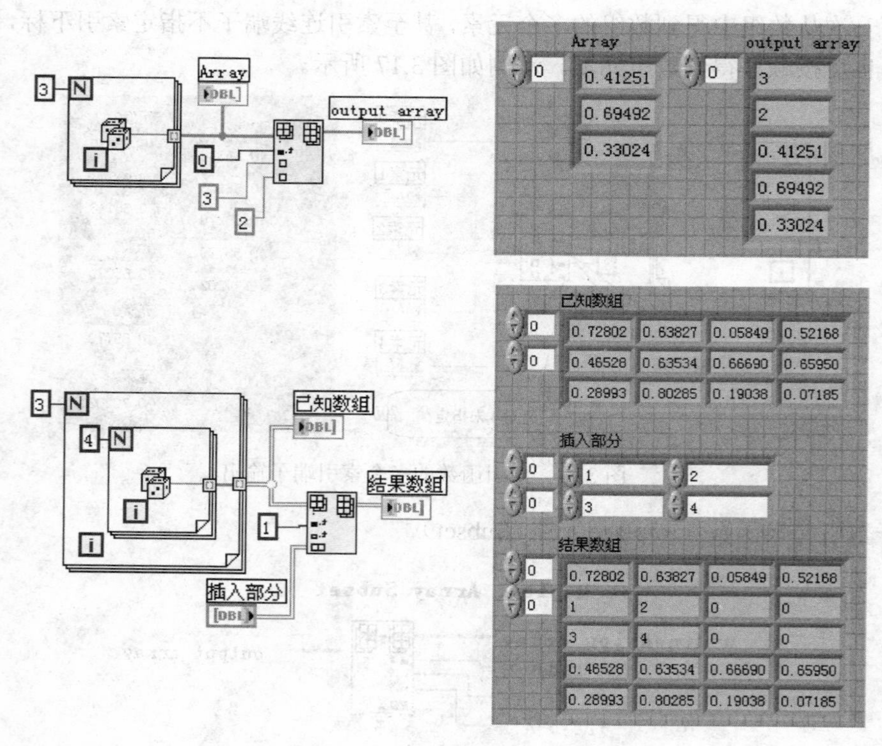

图 3.19　插入到数组函数应用示例

（5）从数组中删除函数（Delete From Array）

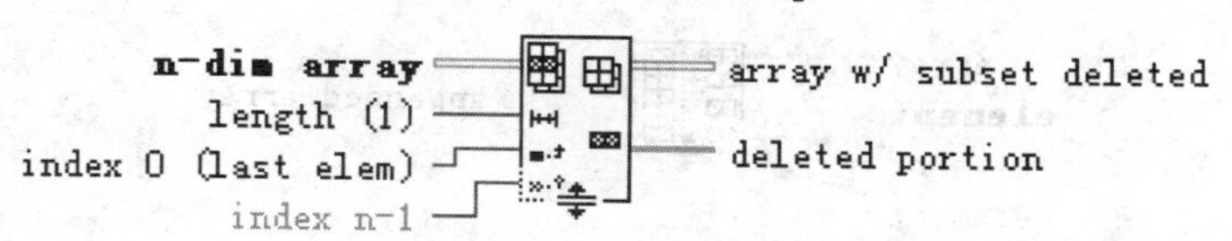

从数组中删除函数与插入到数组函数功能恰好相反，即从已知数组中索引指定的位置删除 length 端子指定长度的元素或子数组。具体示例如图 3.20 所示。需要注意的是：其中长度 length 端子并非元素个数，而是索引指示情况下的单位数。如图 3.20 所示，索引仅仅连接了行索引，且连接常数 1，则从已知数组的第 1 行（再次提醒：数组的下标或者索引都是从 0 算起的）起删除，长度 length 端子连接常数 2，由于只指定了行索引，所以长度 2 表示删除 2 行，即删除第 1 行和第 2 行，保留了第 0 行和第 3 行。

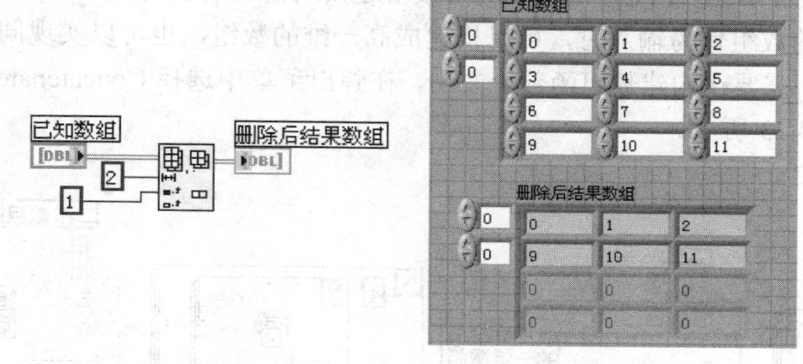

图 3.20　从已知数组中删除第 1、2 行

提示：对于二维数组，插入到数组和从数组中删除时，只能插入或删除整行（整列）。若要插入或删除一个元素，则需要 Reshape Array 函数（本节后面讲解），先把二维数组转换为一维数组，实施一个元素的插入或删除后，再转换为二维数组。

（6）初始化数组函数（Initialize Array）

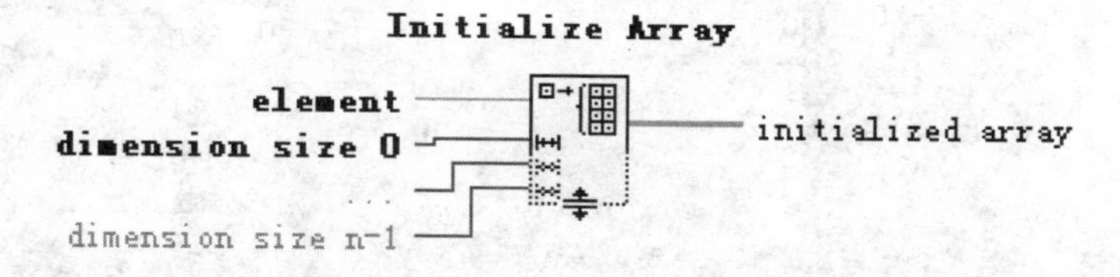

初始化数组函数指定数组的维数、大小，并且将数组元素值都初始化为相同的值。其中，dimension size 端子的个数决定数组维数，dimension size 端子上连接的具体数值决定每一维的大小，元素初始值由 element 端子决定。示例如图 3.21 所示。

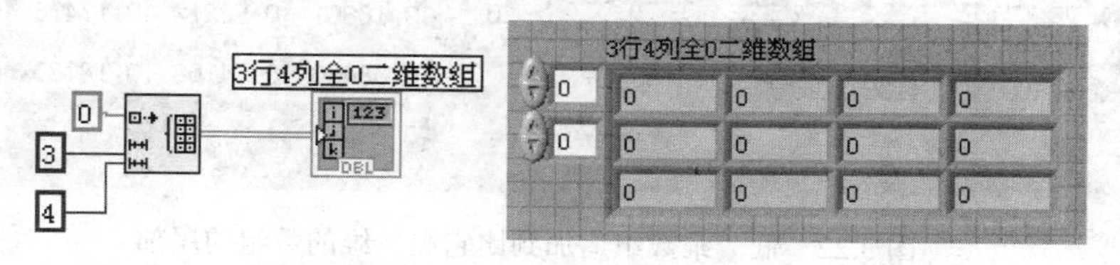

图 3.21　初始化一个 3 行 4 列全 0 的二维数组

（7）构建数组函数（Build Array）

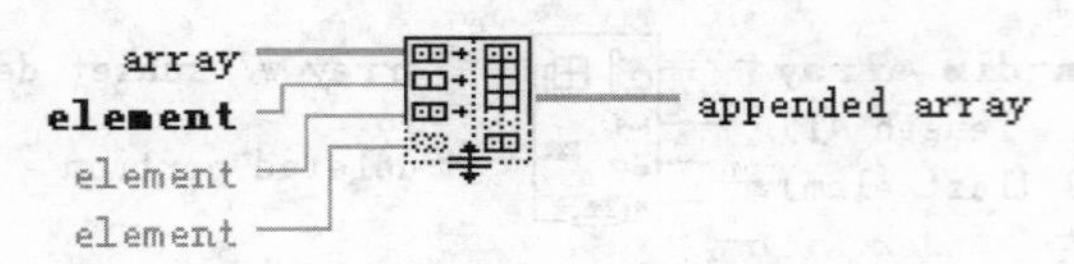

构建数组函数用于合并多个数组或给数组追加元素。其输入可以是数组，也可以是标量。输入端子的个数可通过大小调节句柄来增加或减少。就数组而言，有一维、二维数组等，如果把标量也认为是数组的话，则标量是 0 维数组。构建数组函数的输入端子中，维数相差只能是 0 或 1，即只有是维数相同的数组或维数相差为 1 的数组才能构建成新的数组。例如，二维数组不能和标量同时作为输入来构建数组，但二维数组与三维、二维数组与二维、二维数组与一维数组均可构建新数组。维数相差 1 的数组作为输入构建数组时，只能是维数低的数组追加到维数高的数组的尾部（也可以是首部，取决于数组连接到输入端子的先后次序）。示例如图 3.22 所示。相同维数的数组作为输入时，可以构建成高一维的数组，也可以实现同维数组的追加。同维数组追加时，需要在构建数组函数上右击，在弹出菜单中选择 Concatenate Input 选项。具体操作示例如图 3.23 所示。

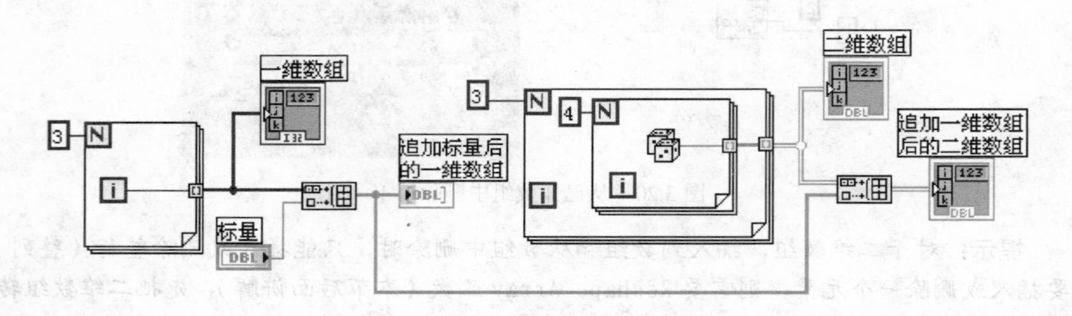

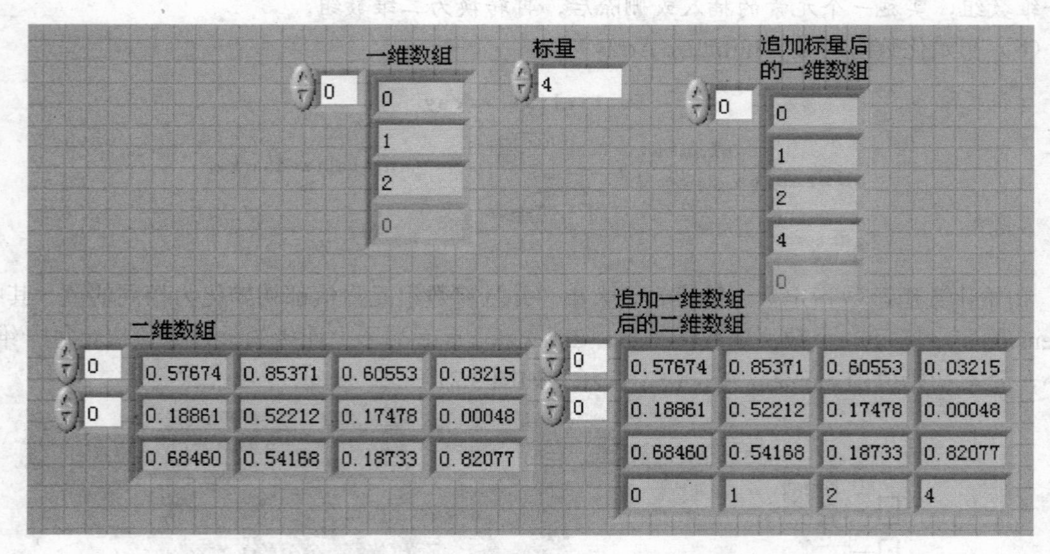

图 3.22　低一维数组追加到比它高一维的数组的尾部

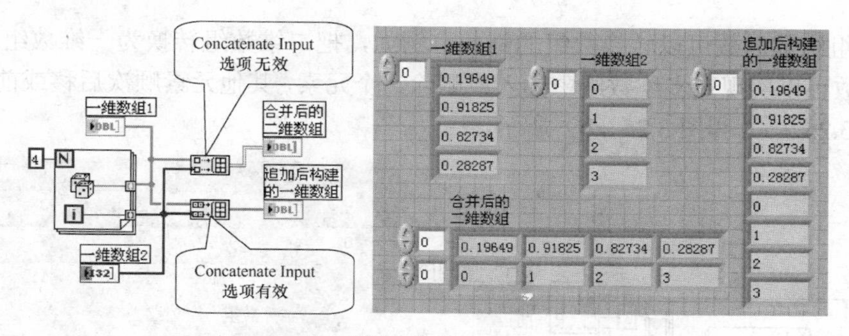

图 3.23　相同维数的数组合并和追加构建数组

（8）数组子集函数（Array Subset）

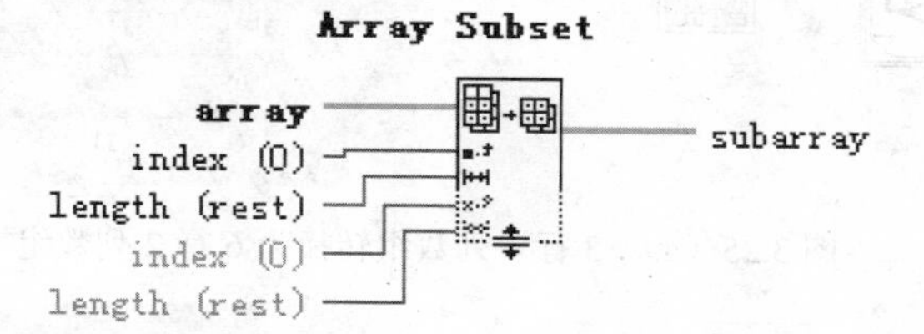

数组子集函数返回已知数组中从 index 开始的 length 个元素。示例如图 3.24 所示。

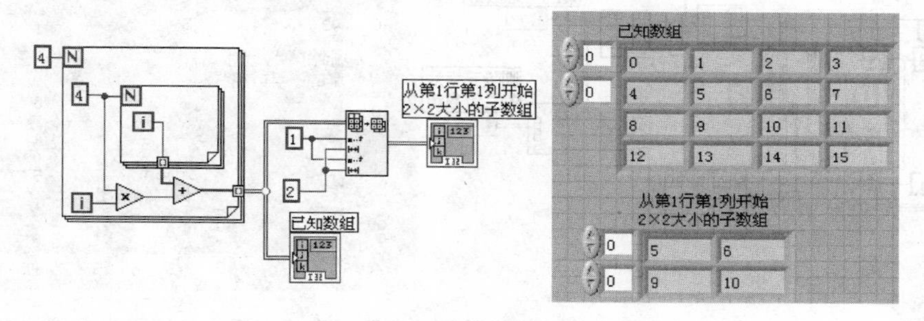

图 3.24　数组子集函数示例

（9）数组最大和最小值函数（Array Max & Min）

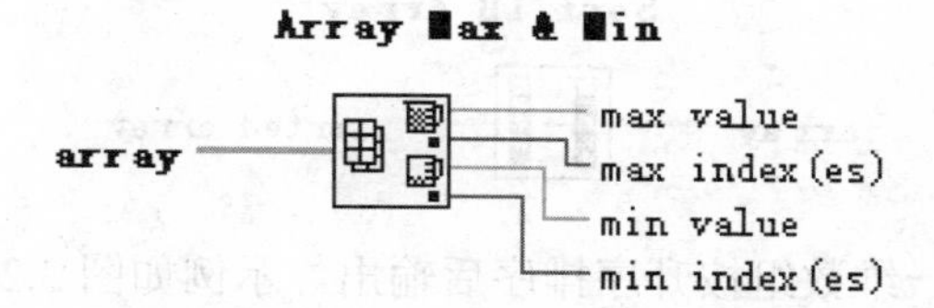

数组最大值和最小值函数可以得到输入数组中的最大值、最大值对应的索引、最小值以及最小值对应的索引。

（10）改变数组维数函数（Reshape Array）

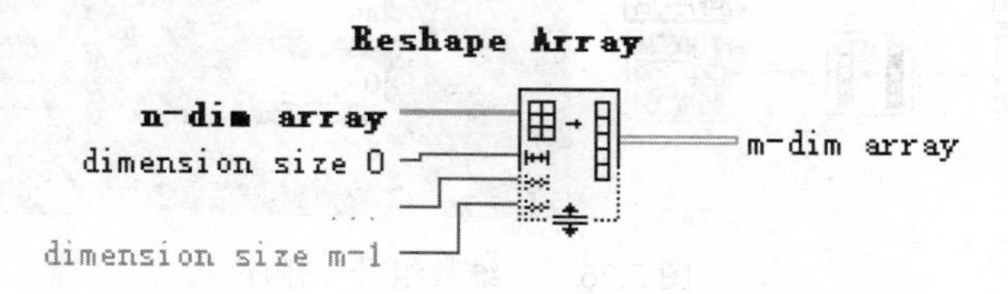

改变数组维数函数可以转换数组的维数，例如，把二维数组转换为一维数组。运用改变数组维数函数可以实现在多维数组中插入或删除一个元素，其他元素顺次后移或前移补位。具体处理如图 3.25（a）和图 3.25（b）所示。

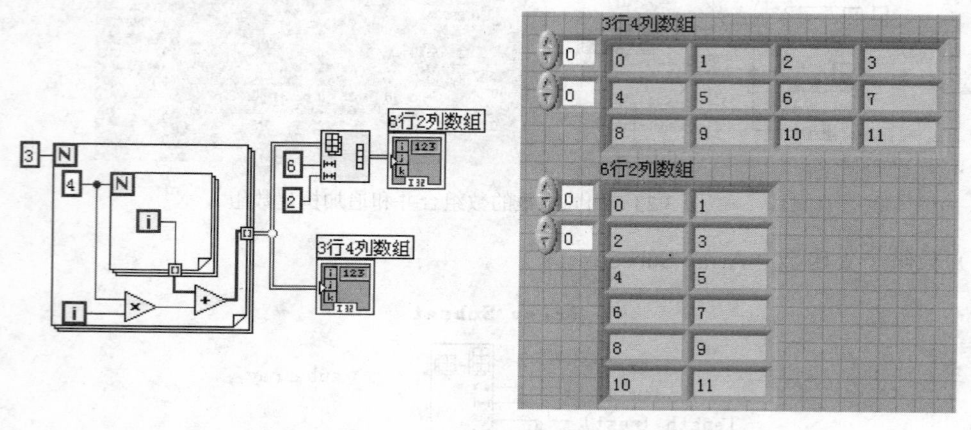

图 3.25（a） 3 行 4 列数组转换为 6 行 2 列数组

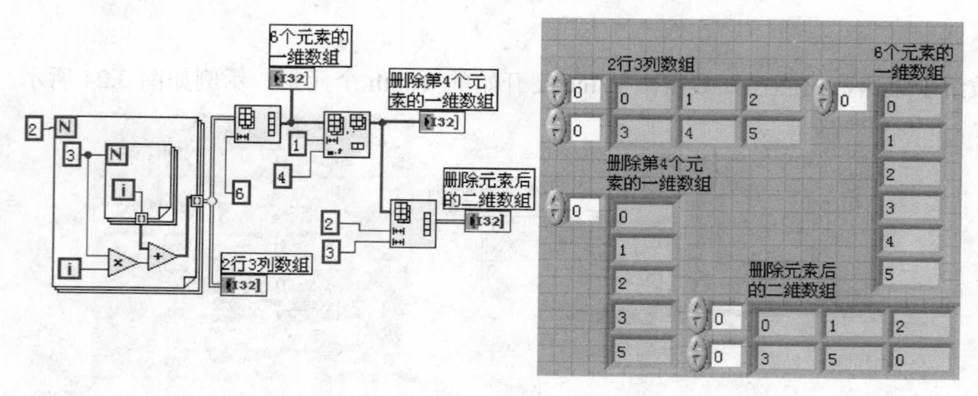

图 3.25（b） 二维数组变换成一维数组，删除一个元素后，又还原为二维数组

（11）一维数组排序函数（Sort 1D Array）

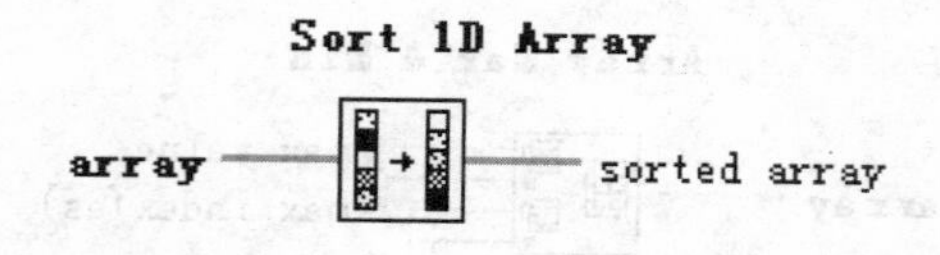

一维数组排序函数将一维数组按升序排序后输出。示例如图 3.26 所示。

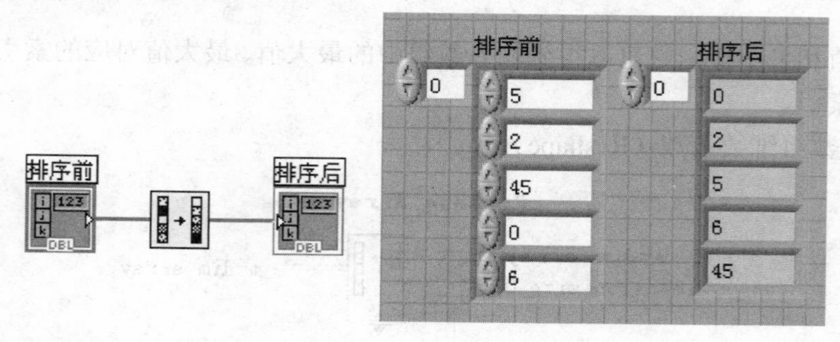

图 3.26 一维数组升序排序

（12）一维数组查找函数（Search 1D Array）

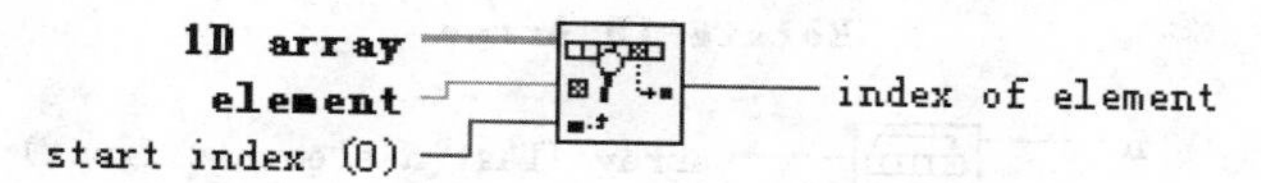

一维数组查找函数能从 start index（默认是 0）处开始查找指定的元素 element 第一次出现的位置，由于是逐个查找，故其先不用排序。如果找到该元素，则返回该元素的索引，若没有找到，则返回–1。示例如图 3.27 所示。

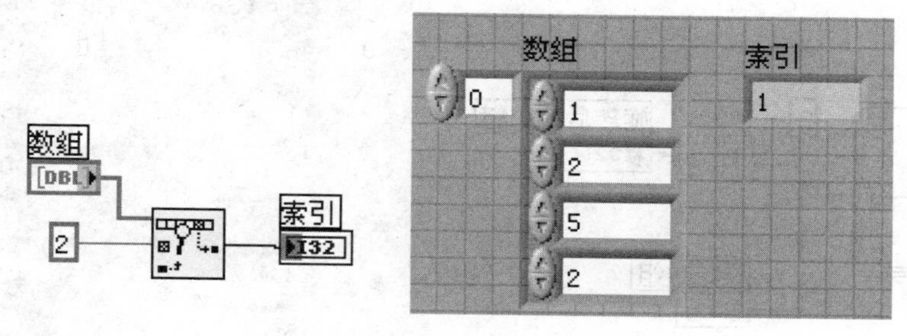

图 3.27　一维数组查找函数

（13）一维数组分割函数（Split 1D Array）

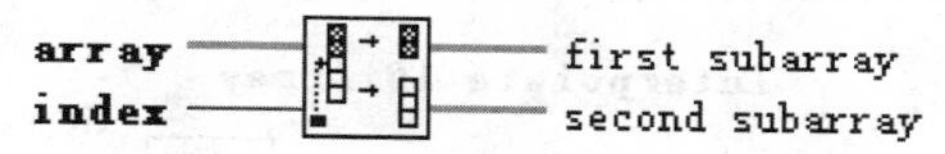

一维数组分割函数实现把一维数组从 index 指定的位置一分为二，分割为两个一维数组。示例如图 3.28 所示。

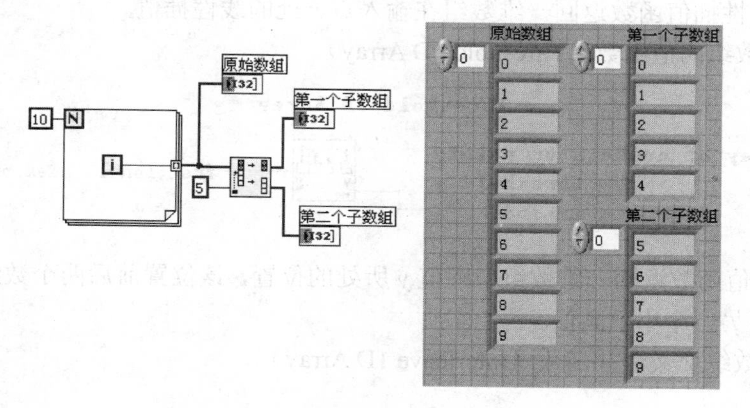

图 3.28　一维数组分割

（14）　一维数组反转函数（Reverse 1D Array）

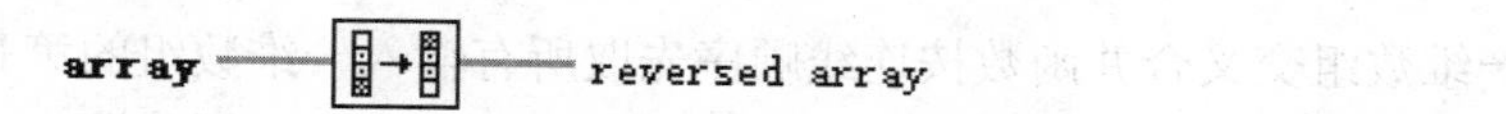

一维数组反转函数把输入的一维数组按照反向顺序排列输出。

（15）一维数组旋转函数（Rotate 1D Array）

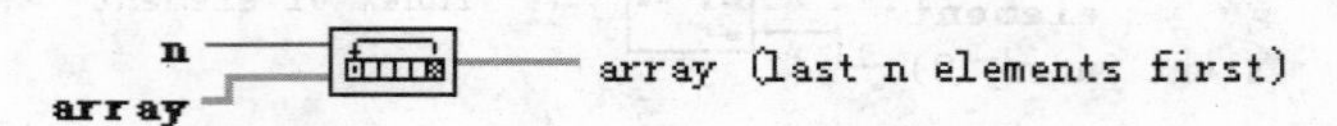

一维数组旋转函数把输入的一维数组的后 n 个元素搬移到数组的最前面去，类似于循环移位。示例如图 3.29 所示。

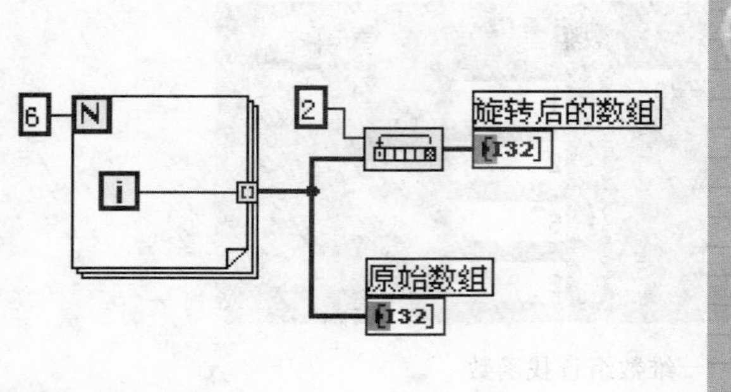

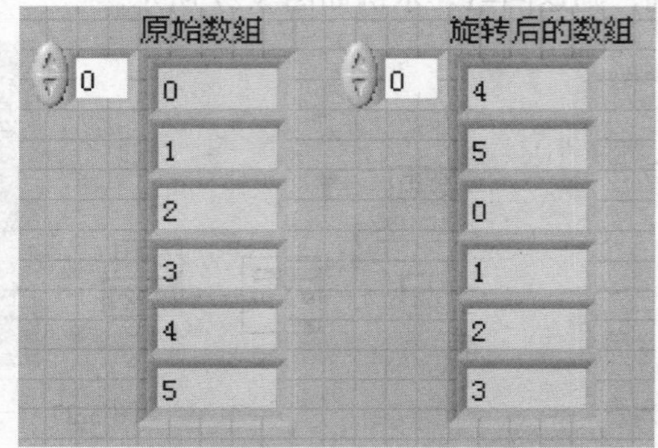

图 3.29　一维数组旋转

（16）一维数组线性插值函数（Interpolate 1D Array）

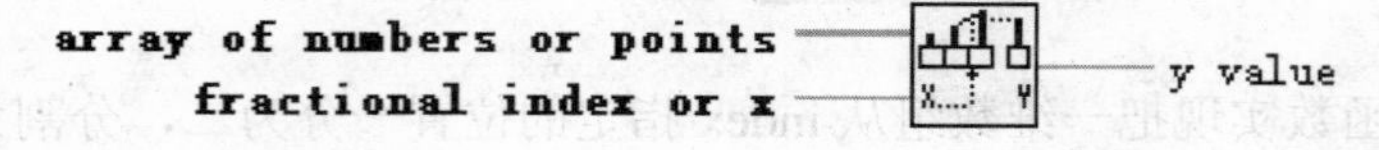

一维数组线性插值函数返回一维数组在输入点 x 处的线性插值。

（17）一维数组阈值函数（Threshold 1D Array）

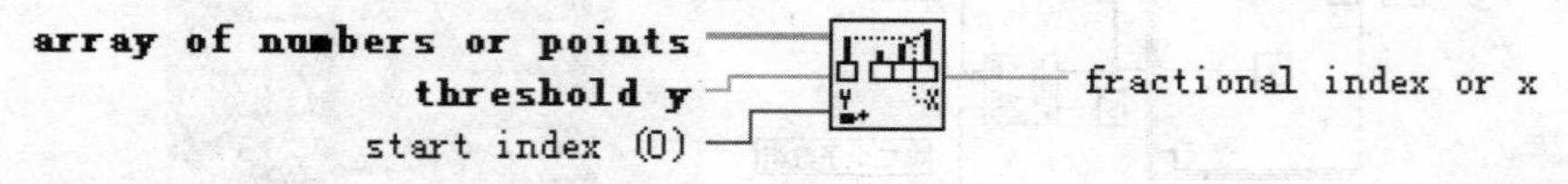

一维数组阈值函数返回一维数组中阈值 y 所处的位置，该位置前后两个数组元素的值，一个大于阈值，而另一个小于阈值。

（18）一维数组交叉合并函数（Interleave 1D Array）

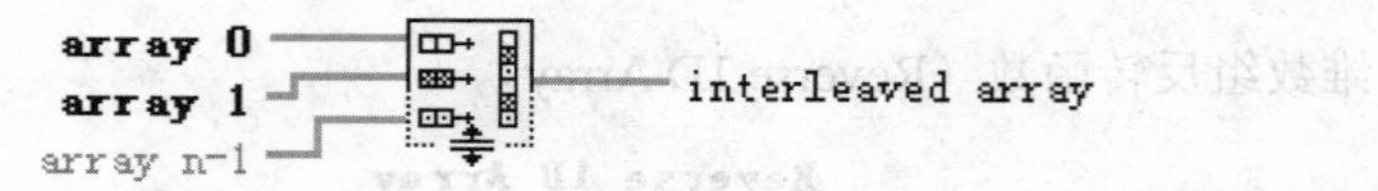

一维数组交叉合并函数按连线顺序先取所有输入一维数组的第 0 个元素，再取所有输入一维数组的第 1 个元素，…，以此类推，得到一维数组。示例如图 3.30 所示。

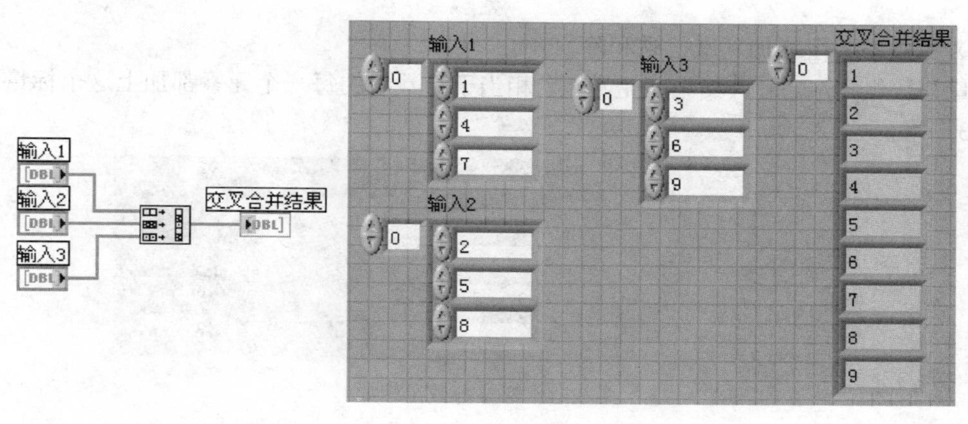

图 3.30　一维数组交叉合并

（19）一维数组交叉分割函数（Decimate 1D Array）

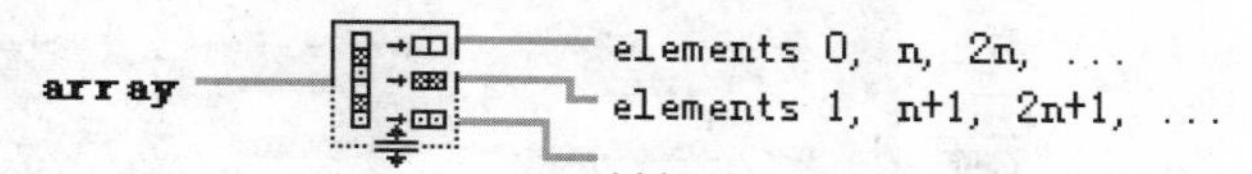

一维数组交叉分割函数把一维数组分割成多个一维数组。按输出端连接顺序，每个输出先分配到一个元素后，再进行第二轮次的分配，…，以此类推，最后得到多个一维数组。其功能与一维数组交叉合并相反。

（20）二维数组转置函数（Transpose 2D Array）

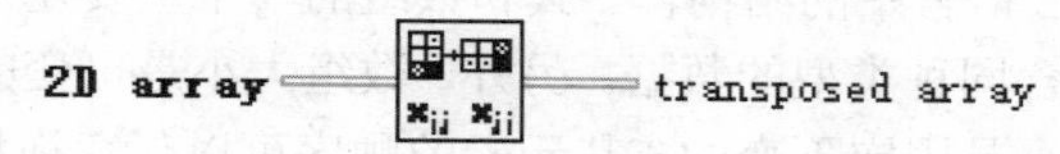

数组转置与矩阵转置概念相同，即行列互换。此处不再赘述。

（21）数组与簇相互转换函数

Array To Cluster

array　cluster

数组转换为簇

Cluster To Array

cluster　array

簇转换为数组

（22）数组与矩阵相互转换函数

Array To Matrix

Real 2D Array　Real Matrix

数组转换为矩阵

Matrix To Array

Real Matrix　Real 2D Array

矩阵转换为数组

【案例 3.1.6】　数组的多态性运算

多态性（Polymorphism）是 LabVIEW 的某些函数（例如，加、乘和除）接受不同维数和不同数据类型输入的能力。两个标量相加，其结果依然是标量，当一个标量与一个数组相加时，情况会如何呢？

（1）标量与数组相加（减、乘和除）

标量与数组相加时，其结果还是数组，相当于给数组的每一个元素都加上这个标量。示例如图 3.31 所示。

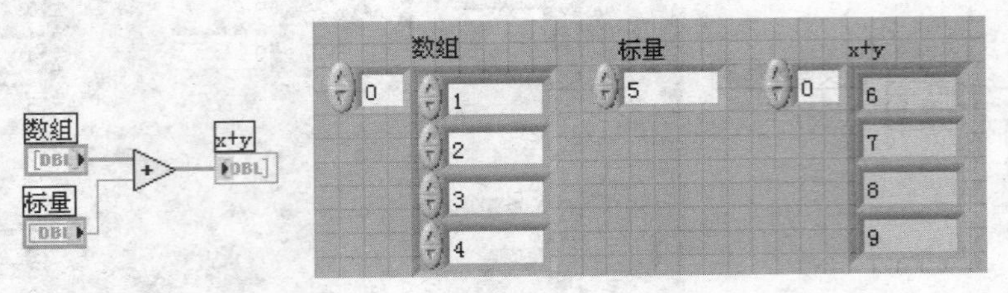

图 3.31　标量与数组相加

（2）数组与数组相加（减、乘和除）

当参与运算的两个数组维数、大小相同时，则对应元素相互运算可得结果。若数组大小不同时，则以较短的数组元素用完为准，较长数组的剩余元素将忽略不计。示例如图 3.32 所示。

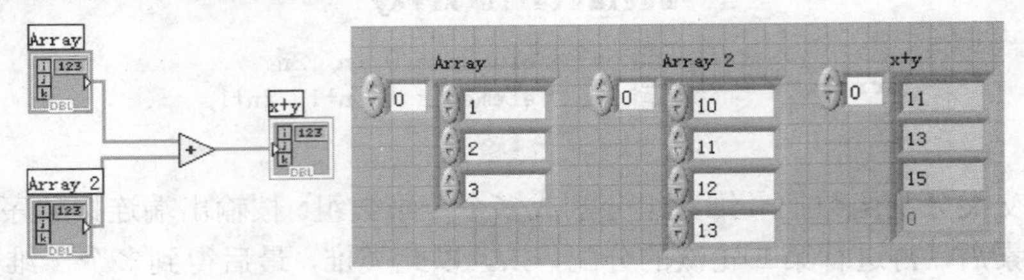

图 3.32　数组与数组运算

3.2　簇

簇（Cluster）类似于 C 语言中的结构体。簇和数组的一个重要差别是，簇可以包含不同类型的数据，而数组只能包含同种类型的数据。另外，数组大小是可变的，数组元素的顺序是不允许随意变动的，而簇大小是固定不变的，其元素的顺序可以任意拖拽改变。当然，簇和数组也有相同之处，比如，簇和数组中的元素要么是控件，要么是指示器，即簇和数组不能同时包含控件和指示器。

【案例 3.2.1】　簇控件和簇指示器

步骤 1：放置簇框架

在前面板创建簇控件或簇指示器的第一步是先放置簇框架，然后再放置控件或指示器。簇框架的选择路径及放置后的前面板如图 3.33 所示。

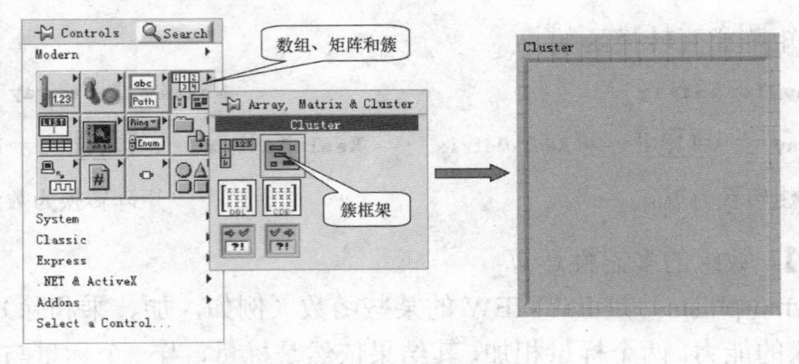

图 3.33　簇框架

步骤 2：创建簇控件

在簇框架中可以放置的控件包括数值型、布尔型、字符串、数组、图表等。与数组相同，一个簇是簇控件还是簇指示器，取决于放入簇框架中的第一个元素是控件还是指示器。此处，我们创建一个簇控件。本案例依次向簇框架中放置数值控件、布尔控件、字符串控件和数组控件。其前面板和程序框图结果如图 3.34 所示。

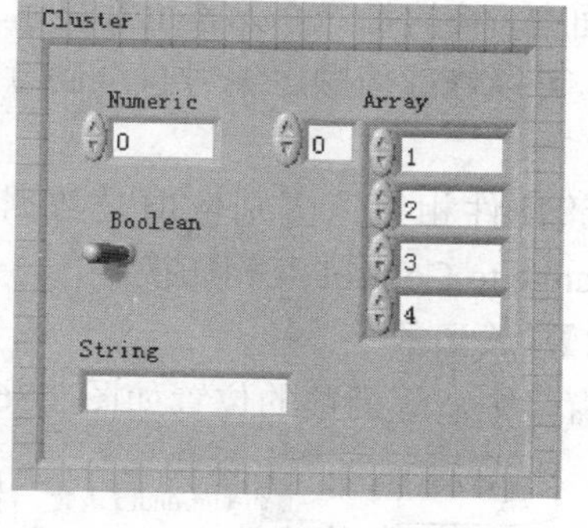

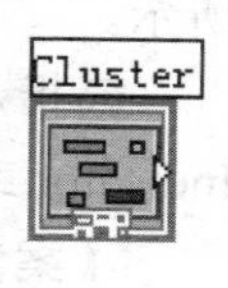

图 3.34　簇控件（包含 4 个元素）

步骤 3：簇元素顺序的改变

簇元素的顺序取决于簇的各个元素放入簇时的先后次序，先放入的元素排序靠前，后放入的元素排序靠后。要查看或者改变簇元素的顺序，首先在簇框架上右击，在弹出的快捷菜单中选择 Reorder Controls In Cluster…选项，则打开簇顺序编辑界面，如图 3.35 所示。

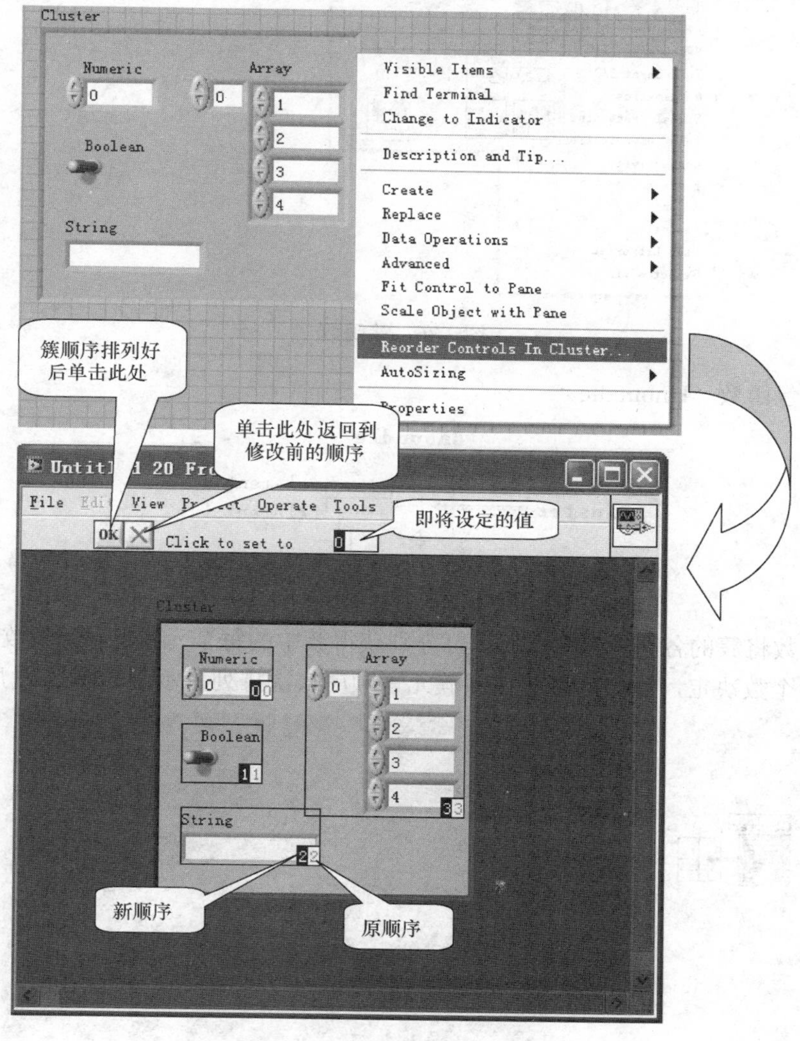

图 3.35　簇顺序的查看和修改

在此编辑界面中，簇的每一个元素上都显示了簇的原顺序编号和新顺序编号，如果对此新顺序编号不满意，可以修改新顺序编号直至满意，最后单击工具栏中的“OK”按钮，如图 3.35 所示。

簇指示器与簇控件相似，区别依旧是数据的方向。当然可以通过右击选择 Change to Indicator 或者 Change to Control 互相切换。

【案例 3.2.2】 簇函数

在程序框图窗口中，簇函数的位置如图 3.36 所示。

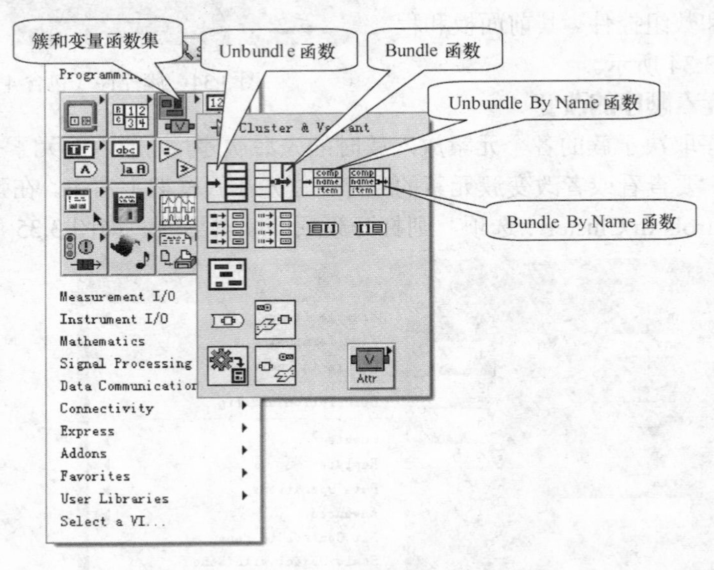

图 3.36　簇函数

（1）簇解包函数（Unbundle）

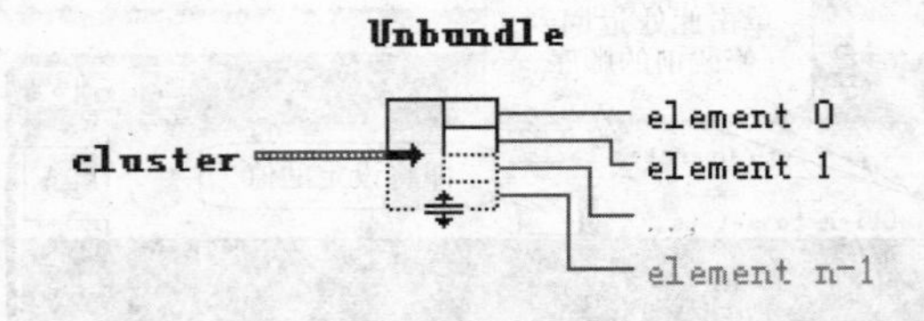

簇解包函数将簇的各个元素分解开，可分别获得簇中的每个元素的值。函数输出端子的个数由簇内元素个数决定，输出顺序是按照簇元素顺序依次排列。示例如图 3.37 所示。

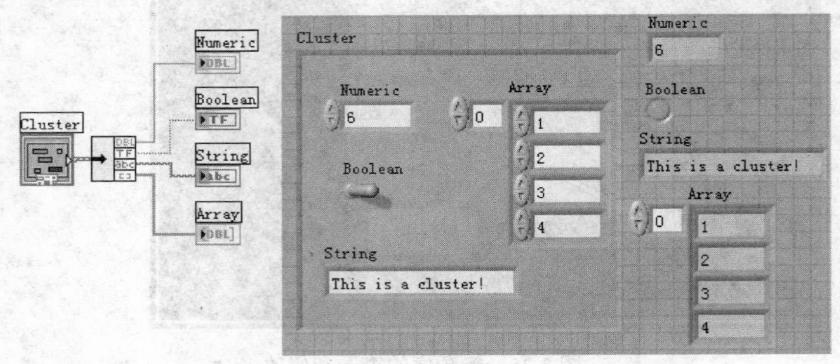

图 3.37　簇解包函数示例

（2）簇打包函数（Bundle）

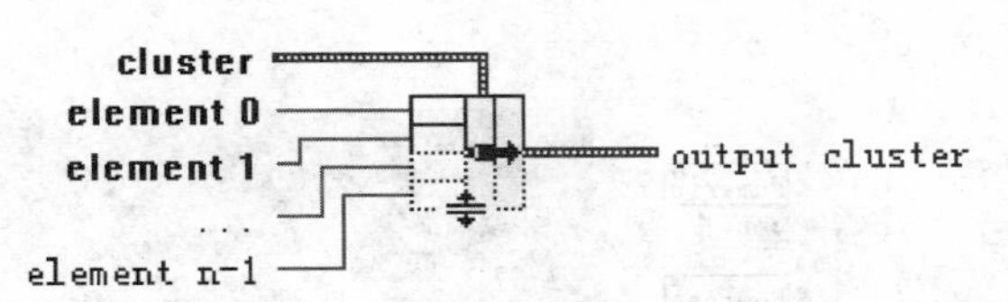

簇打包函数可将若干独立元素打包（或捆绑）到一个新的簇中，也可对簇中的元素赋值或替换现有簇中的元素。Bundle 函数左端的输入端子个数可以通过大小调节句柄作适当调整。

①将若干独立元素打包（或捆绑）到一个新簇中，示例如图 3.38 所示。

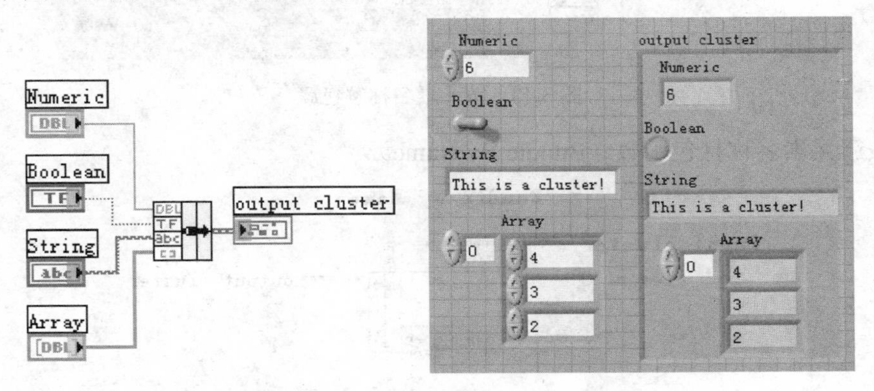

图 3.38　独立元素打包成一个新簇

②对簇中的元素赋值或替换现有簇中的元素值，示例如图 3.39 所示。

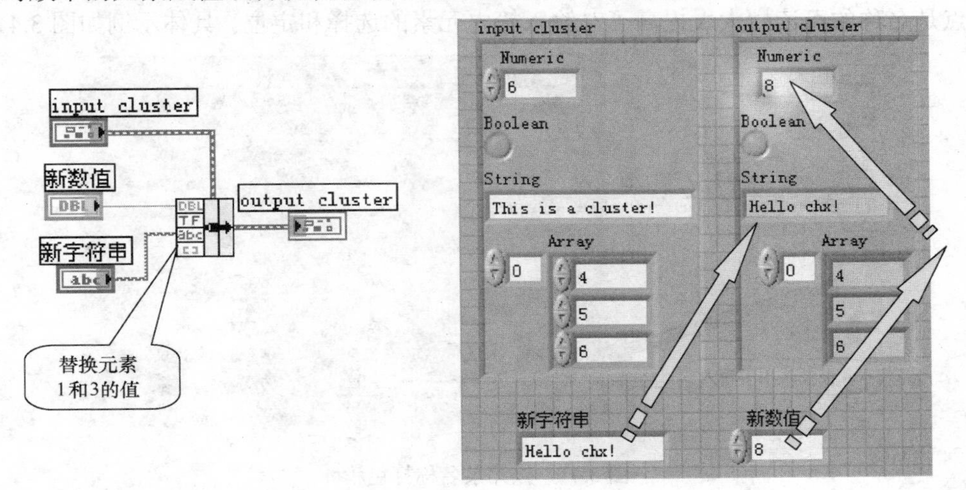

图 3.39　替换现有簇中元素的值

（3）按簇元素名称解包函数（Unbundle By Name）

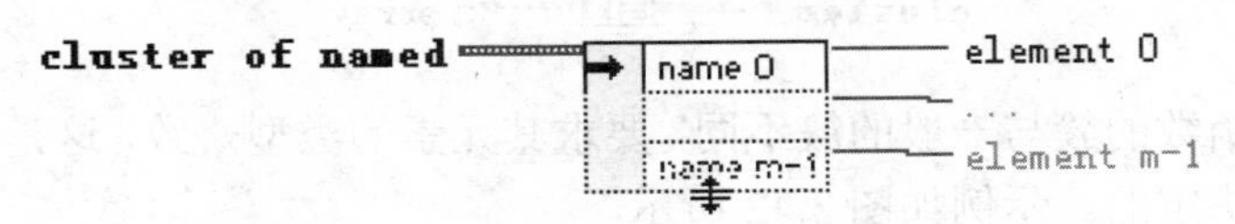

按簇元素名称解包函数在功能上与簇解包函数相同，可以获得簇的每一个元素值。其优点是，按名称解包函数的输出端按簇顺序列出了簇内各元素的标签名称，便于区别、定位和连线。具体示例如图 3.40 所示。

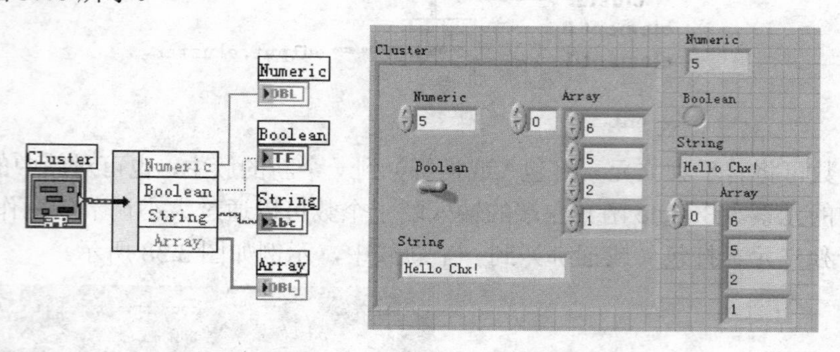

图 3.40　按元素名称解包簇

（4）按簇元素名称打包函数（Bundle By Name）

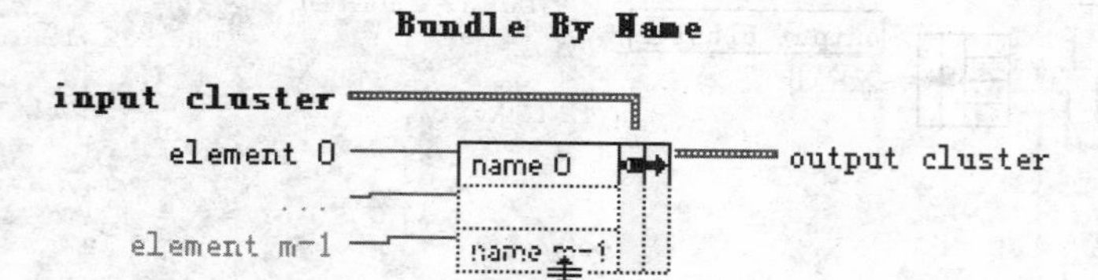

按簇元素名称打包函数中，输入簇端子 input cluster 是必须要连接的。在功能上，按名称打包函数可对输入簇中元素赋值或替换输入簇中元素的值，这与普通打包函数的第二功能相同，优点是名称的可读性大大提高了对输入簇内元素的选择和定位。具体示例如图 3.41 所示。

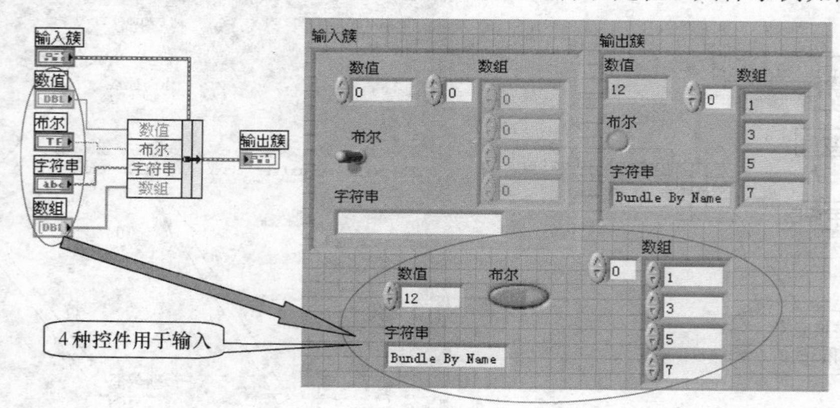

图 3.41　按元素名称打包簇

（5）簇转换为数组函数（Cluster To Array）

Cluster To Array

cluster —— array

可转换为数组函数的簇与一般的簇不同，要求其元素的类型一致，这是由数组是同种类型数据构成这一特点决定的。示例如图 3.42 所示。

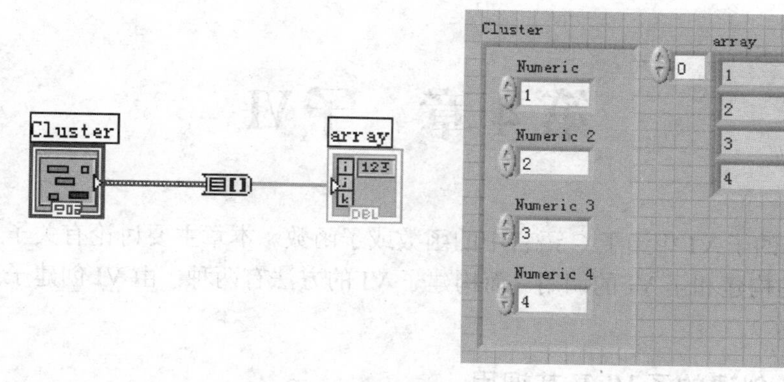

图 3.42　簇转换为数组

（6）数组转换为簇函数（Array To Cluster）

Array To Cluster

array　cluster

由于簇元素的位置相对不固定，所以可根据需要进行布局或排版。相反，数组元素的位置固定，所以在必要时需要将数组转换为簇（如图 3.43 所示）。

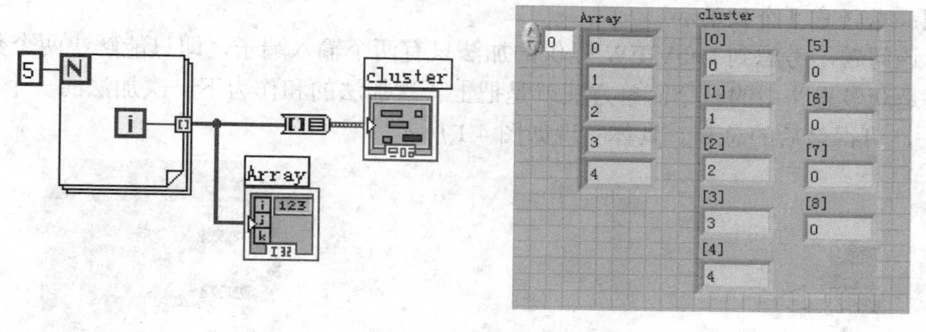

图 3.43　数组转换为簇

第 4 章　子 VI

LabVIEW 中的子 VI 相当于 C 语言中的函数或子函数。本章主要讨论有关子 VI 的两个基本问题：子 VI 的构建和子 VI 的调用。而构建子 VI 的方法有两种：由 VI 创建子 VI 和由选定内容创建子 VI。

4.1　由 VI 创建的子 VI 及其调用

一个 VI 或子 VI 主要有三部分：前面板、程序框图和图标/连接器。对于前面板和程序框图，通过前面几章的理论学习和示例实践，很多相关知识业已比较熟悉。相反对于图标/连接器却提及较少，故略显陌生。究其原因，前面几章的 VI 均是具有独立功能的 VI，即各个 VI 之间相互独立，彼此之间没有数据的交换，即没有数据流入流出 VI，而 VI 或子 VI 的图标/连接器定义了数据流入流出 VI 的路径，所以，前面几章的 VI 与图标/连接器几乎无关，因此很少提及。本章主要讨论子 VI，数据流入流出 VI 或子 VI 实属必然，要允许传递数据到子 VI，同时要从子 VI 发出数据，故在此处就图标/连接器作详细说明，有其重要意义。

问题：*求任意 9 个数的和*

对于该问题，考虑到 LabVIEW 提供的加法只有两个输入端子，即只能解决两个数的求和问题，但是众多思路中的一个简单方法就是把上一次加法的和作为下一次加法的一个加数，依次做下去，可得最后的总和。具体实现如图 4.1 所示。

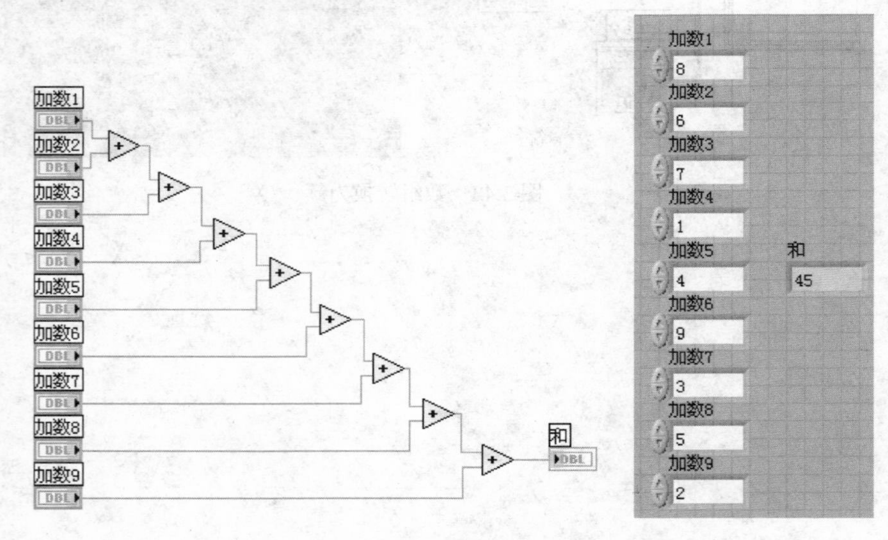

图 4.1　任意 9 个数的和

该问题的另外一种实现方法就是使用子 VI，具体步骤如下：

步骤 1：创建求任意 3 个数之和的 VI

新建一个 Blank VI，用于实现任意 3 个数的求和运算。具体实现细节参见第 1 章知识，此处直接给出结果，如图 4.2 所示。

至此，这个求任意 3 个数之和 VI 创建完毕。但是这个 VI 还不能被当作子 VI 使用，原因是还没有定义数据进出这个 VI 的路径，即还没有定义图标/连接器。下面先就图标和连接器作简单说明。

步骤 1.1：图标及其编辑

每个 VI 都有一个默认的图标，图标显示在前面板和程序框图窗口的右上角。如图 4.2 所示。默认图标是 LabVIEW 徽标和一个数字构成的图片，数字是启动 LabVIEW 后打开 VI 的个数。

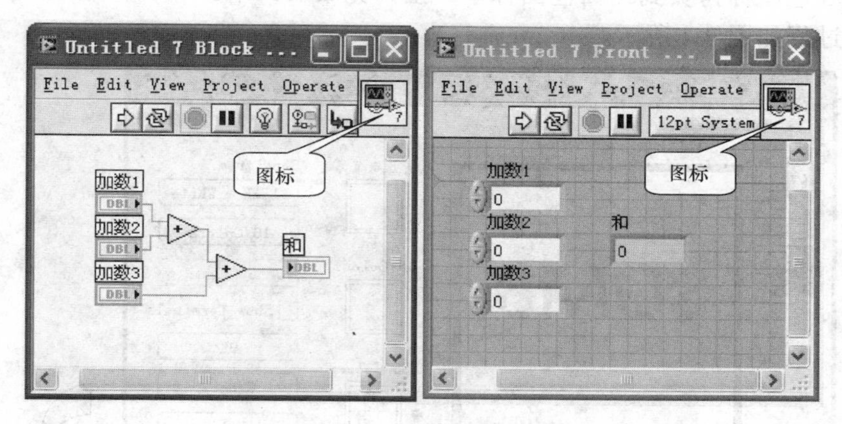

图 4.2　任意 3 个数的求和 VI

对默认图标进行编辑，为当前 VI 设计一个个性化的图标，如同给变量起一个恰当的名字，使其功能、特点一目了然，为以后的调用带来极大的方便。要编辑图标，首先在前面板(或程序框图)窗口中的图标上右击，在弹出的快捷菜单中选择 Edit Icon...，从而打开图标编辑器 Icon Editor。本案例中，打开图标编辑器的具体过程如图 4.3 所示。

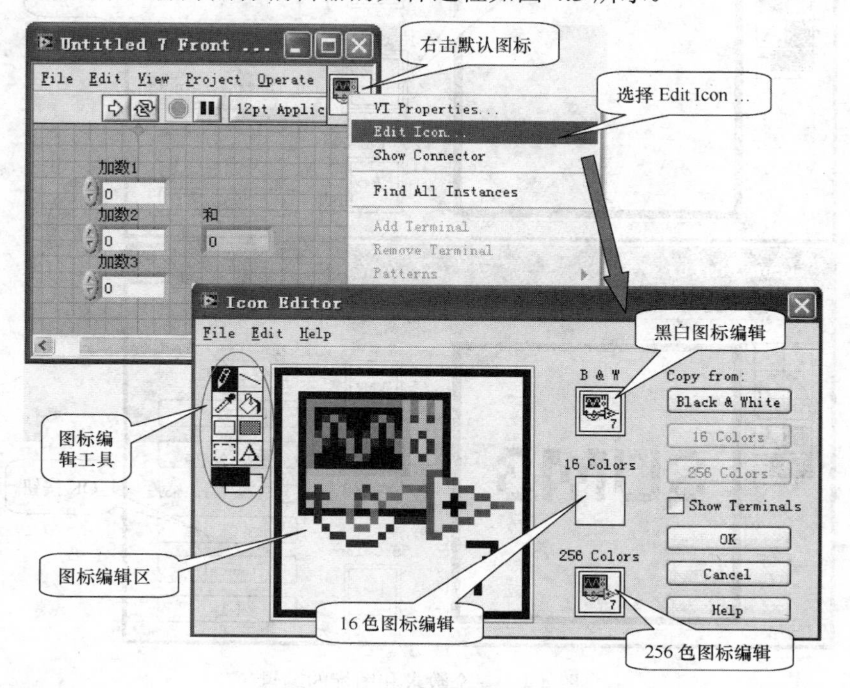

图 4.3　图标编辑器

图标编辑器的使用方法与 Windows 下的画图板相似，也是以像素为单位进行编辑。其中的黑白图标编辑、16 色图标编辑和 256 色图标编辑可分别编辑和保存黑白、16 色和 256 色图标。单击选中后就可在图标编辑区中进行编辑。一般是编辑三种中的一种，然后拷贝给其他两种。对于本例，首先单击 256 色图标编辑，在图标编辑区中删除默认图标，然后编辑红色文字“SUM3”，并放置在编辑区的中央；再单击 16 色编辑，使其处于选中状态，然后单击拷贝来自 256 色按钮，将编辑完成的 256 色图标复制到 16 色图标中。类似操作将 256 色图标拷贝到黑白色图标中。全部完成后，单击“OK”按钮，则图标编辑完成。相关过程如图 4.4 所示。

图 4.4　三个数求和图标的编辑

完成后的前面板如图 4.5 所示。

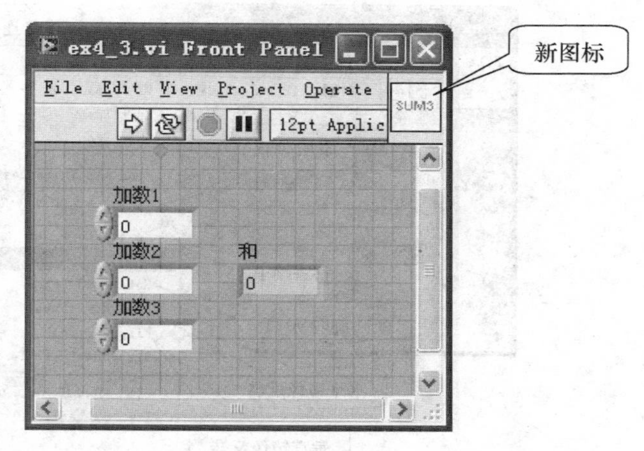

图 4.5 带有新图标的前面板

步骤 1.2：连接器及其端子指定

连接器为 VI 定义了数据流入流出 VI 的输入和输出口，它从输入端子接收数据，并在 VI 执行完成时将数据传送给输出端子。连接器的每一个端子都与具体的控件或指示器相对应，输入端子对应 VI 的控件，输出端子对应 VI 的指示器。

前面讲解的图标编辑只是为 VI 定义了外观，要使该 VI 成为能被其他 VI 调用的子 VI，核心问题是如何定义数据的输入和输出口，也就是如何为控件和指示器指定连接器的端子。下面就本案例具体说明连接器端子的指定问题。需要注意的是，连接器端子的指定只能在前面板窗口中完成，程序框图窗口不能用于指定连接器端子。

首先，右击本案例前面板窗口右上角的图标，在弹出的快捷菜单中选择 Show Connector 以显示 VI 的连接器端子，则窗口右上角的图标消失，取而代之的是没有与任何控件和指示器建立连接的默认连接器端子▦，其中的每一个小方格代表一个端子。默认端子是空白的，没有颜色，表示还没有建立连接。一旦建立了连接，则端子的颜色将与连接对象的数据类型颜色相一致。前面两步操作及其结果如图 4.6 所示。显然，本案例不需要这么多的端子，三个"加数"对应三个输入，一个"和"对应一个输出端子，共需要四个端子。LabVIEW 对于端子的多少和形状，提供了一个端子模板（Patterns），便于根据不同情况灵活选择。右击前面板窗口右上角的默认连接器端子，在弹出的快捷菜单中选择 Patterns，打开的下一级菜单显示 LabVIEW 提供的可供直接选用的端子模型。本例中选择如图 4.7 所示连接器端子模型⊞。如果模板中没有直接可以使用的连接器端子模型，可以修改相近的模型。方法是在弹出的快捷菜单中选择 Add Terminal（添加端子），Remove Terminal（移去端子），Rotate 90 Degrees（旋转 90 度），Flip Horizontal（水平镜像反转），Flip Vertical（垂直镜像反转）来修改端子模型，直到满意为止。相关选项如图 4.7 所示。

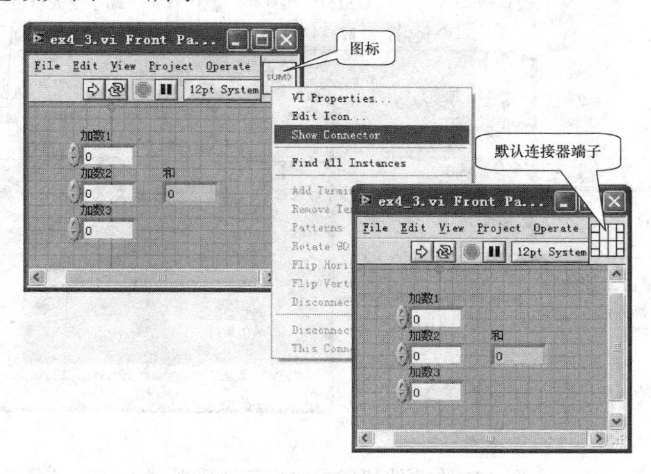

图 4.6 显示默认连接器端子

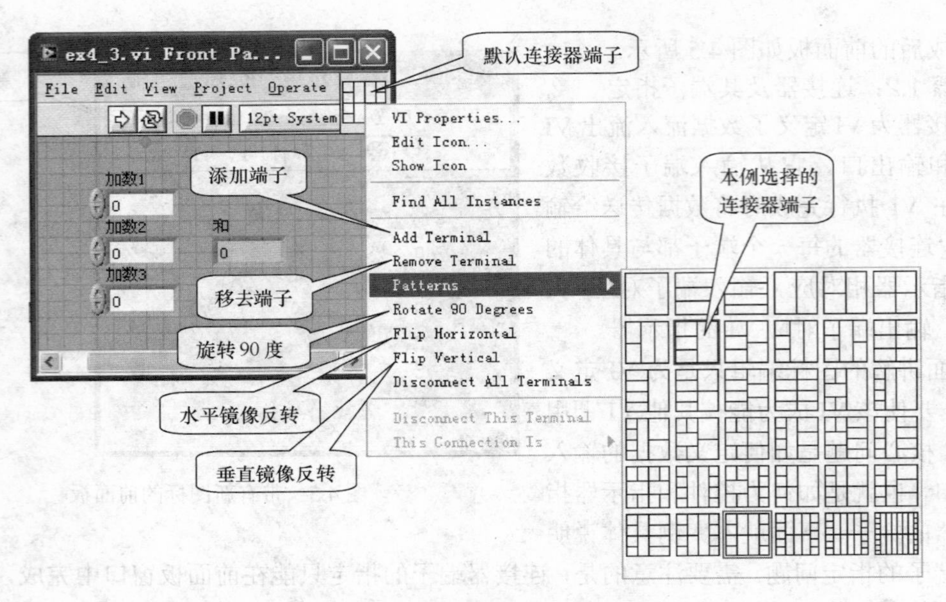

图 4.7　本例连接器端子的选择

选择好端子模型后，紧接着就要给控件和指示器指定端子。具体步骤如下：

①当鼠标指向前面板窗口右上角的连接器端子时，鼠标形状变成连线工具，用此连线工具单击连接器端子，如图 4.8（a）所示，连接器端子变成黑色。

②在前面板中，单击“加数 1”控件，如图 4.8（b）所示，则蚂蚁线选取框选中了“加数 1”控件。

③在前面板空白处单击，“加数 1”上的蚂蚁线选取框消失，连接器上所选端子变成橙色（“加数 1”是浮点型数值控件），表明该端子已经指定完成，如图 4.8（c）所示。

④重复步骤①~步骤③，完成其他三个控件或指示器的端子指定。结果如图 4.9 所示。

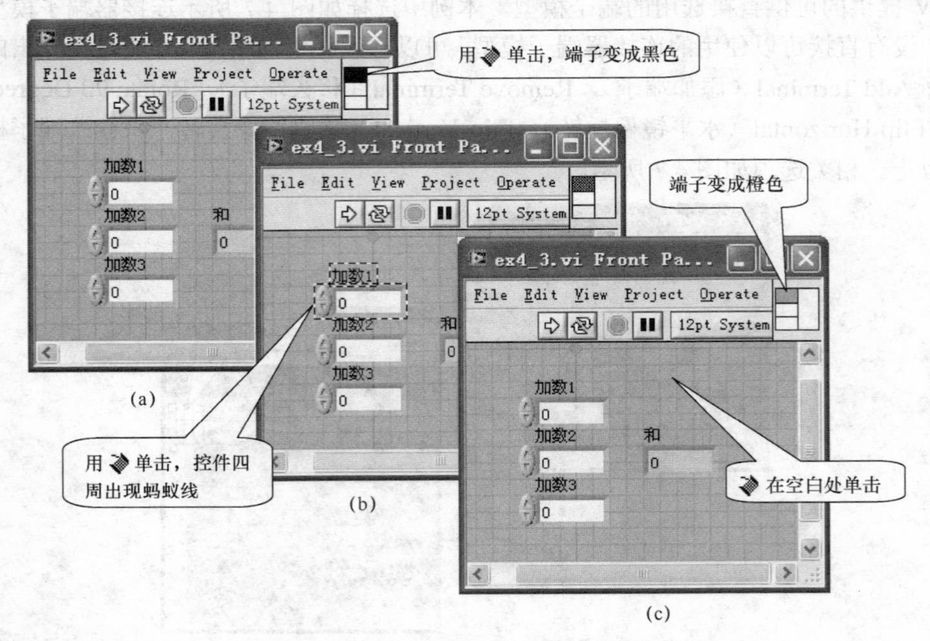

图 4.8　给控件和指示器指定连接器端子

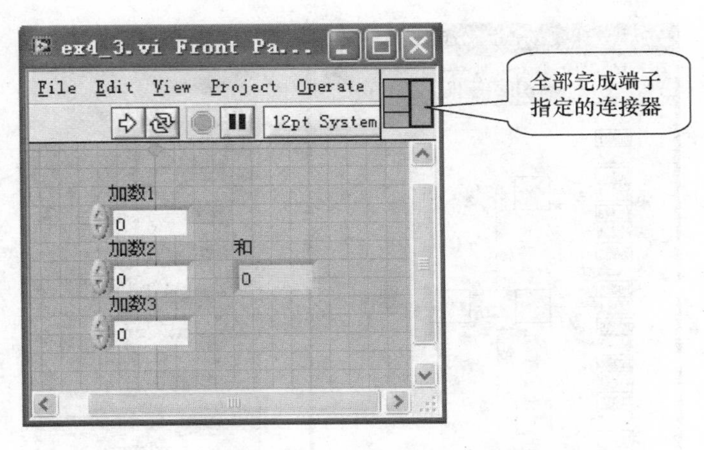

图 4.9　全部完成端子指定的连接器

步骤 1.3：保存此 VI

此 VI 命名为 sum3.vi，保存此 VI。注意保存路径。

步骤 2：调用求任意 3 个数之和的 VI，求 9 个任意数之和

步骤 2.1：新建一个 Blank VI，编辑前面板

在前面板窗口创建 9 个数值控件和一个数值指示器。

步骤 2.2：编辑程序框图

在程序框图窗口的空白处右击，在弹出的函数功能选板中选择 Select a VI...，随即打开选择 VI 的窗口，从中选择刚才保存的名为 sum3.vi 的 VI，单击“OK”按钮，将该 VI 放置到程序框图中，主要操作及结果如图 4.10 所示。可以看到，所选及放置的 VI，其图标正是先前编辑的文字 SUM3 字样，图标上有四个端子可供连线，左边三个表示输入，右边一个表示输出。再放置或复制两个该 VI，并连线，最后的程序框图窗口如图 4.11 所示。

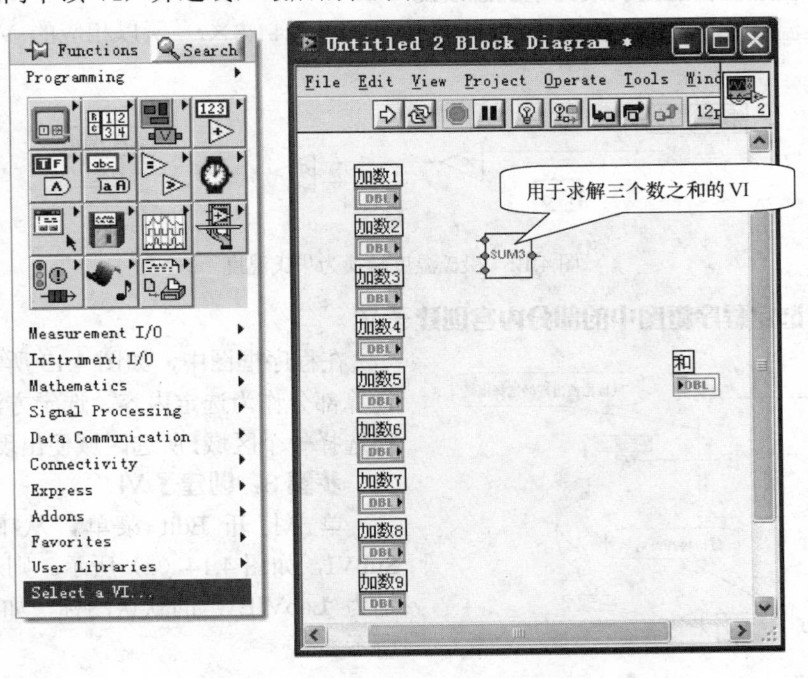

图 4.10　调用求解三个数之和的 VI

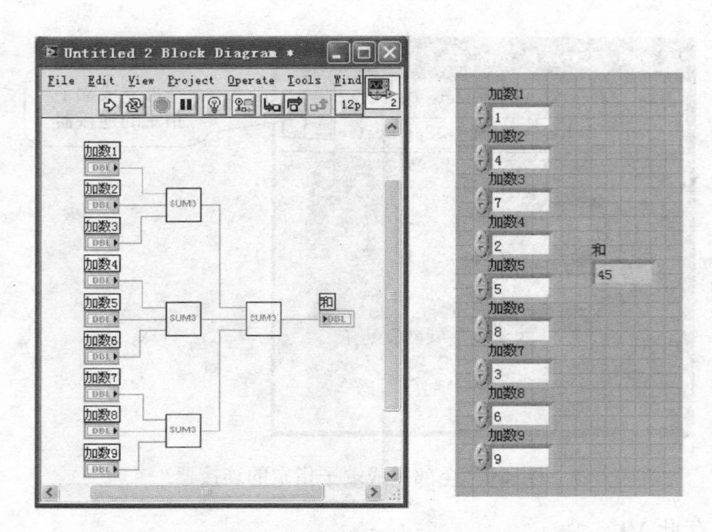

图 4.11　调用求 3 个数之和的 VI 实现求 9 个数的和

由此可见，由 VI 创建子 VI 的方法其实很简单，只需要在普通 VI 的基础上完成图标编辑和连接器端子的指定，就可让普通 VI 成为能被调用的子 VI。

4.2　由选定内容创建的子 VI 及其调用

创建子 VI 的第二种方法是由选定内容创建，即选择 VI 的一部分并将其组合，而后创建为子 VI。这种方法与由 VI 创建子 VI 方法相比较，默认图标一般还是根据需要进行必要的编辑，但不需要指定连接器端子，原因是将选定内容创建成子 VI 时，系统会自动指定连接器端子。以下以摄氏温度和华氏温度的相互转换为例，说明由选定内容创建子 VI 的方法。

步骤 1：创建摄氏温度转换为华氏温度的 VI

已知摄氏温度 t，求华氏温度 F 的计算公式：$F=32+1.8\times t$。所以相应的 VI 程序框图如图 4.12 所示。

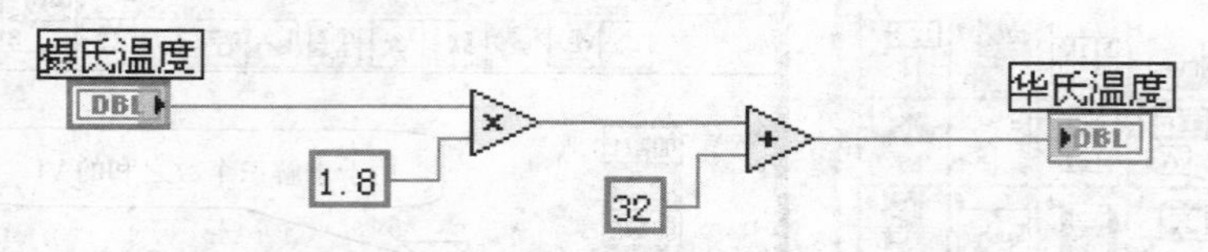

图 4.12　摄氏温度转换为华氏温度

步骤 2：选定程序框图中的部分内容创建子 VI

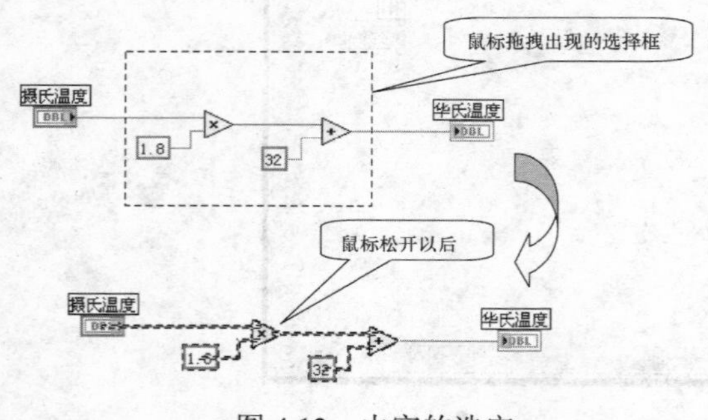

图 4.13　内容的选定

在程序框图中，如图 4.13 所示，选定乘加运算部分作为选定内容。选定方法是用鼠标拖拽选择一个区域，所选区域便出现在虚线框内。

步骤 3：创建子 VI

单击打开 Edit 菜单，从中选择 Create SubVI，如图 4.14（a）所示。则选定的内容收缩为 LabVIEW 的默认图标，如图 4.14（b）所示。

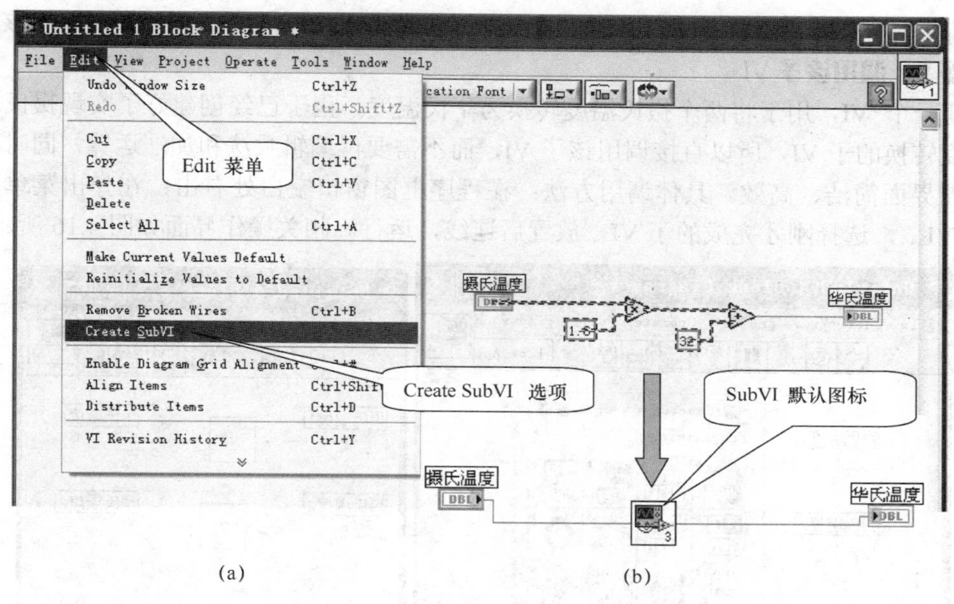

(a) (b)

图 4.14 创建子 VI

步骤 4：编辑子 VI 的图标

子 VI 创建完成后，一般需要编辑其图标，使图标能体现该子 VI 的功能。双击已经创建好的子 VI 默认图标，将打开该子 VI 的前面板，如图 4.15 所示。下面把前面板中的 Numeric 更名为：华氏温度，再编辑图标为C→F。图标的编辑方法请参看本章的第一个案例中图标编辑部分，此处不再赘述。

步骤 5：保存该子 VI

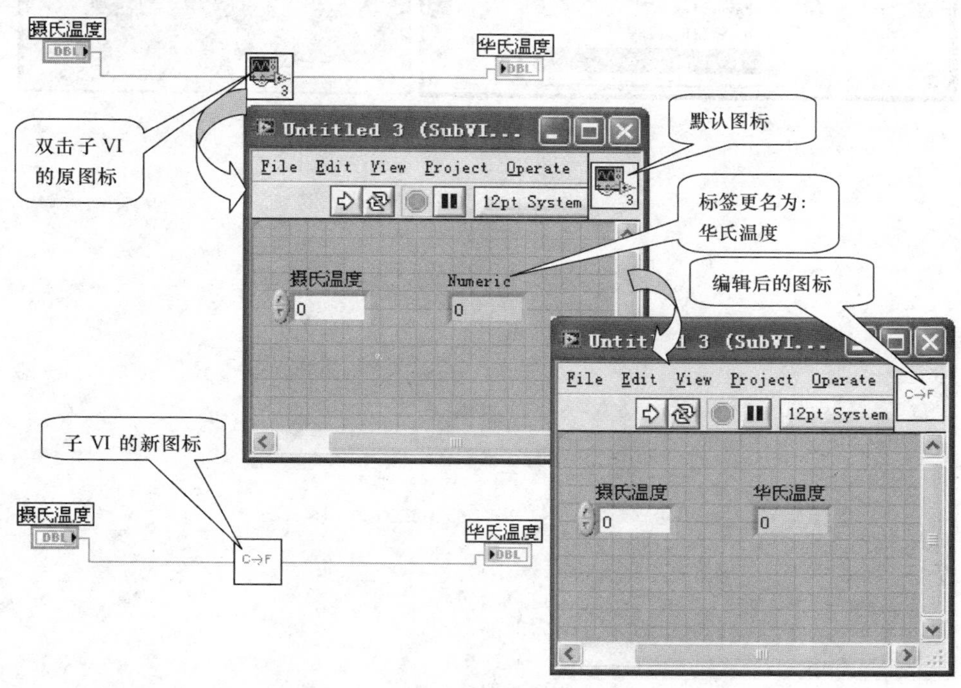

图 4.15 编辑图标

保存好该子 VI 后，以后任何需要将摄氏温度转换为华氏温度的场合，都可调用该子 VI。

步骤 6：调用该子 VI

新建一个 VI，用于将两个摄氏温度转换为华氏温度，由于已经创建好了实现摄氏温度到华氏温度转换的子 VI，所以直接调用该子 VI，而不需要再编辑乘法和加法运算，同时也使得程序框图界面简洁、高效。具体调用方法：在程序框图窗口空白处右击，在弹出菜单中选择 Select a VI...，选择刚才完成的子 VI，放置后连线，运行。相关操作界面如图 4.16 所示。

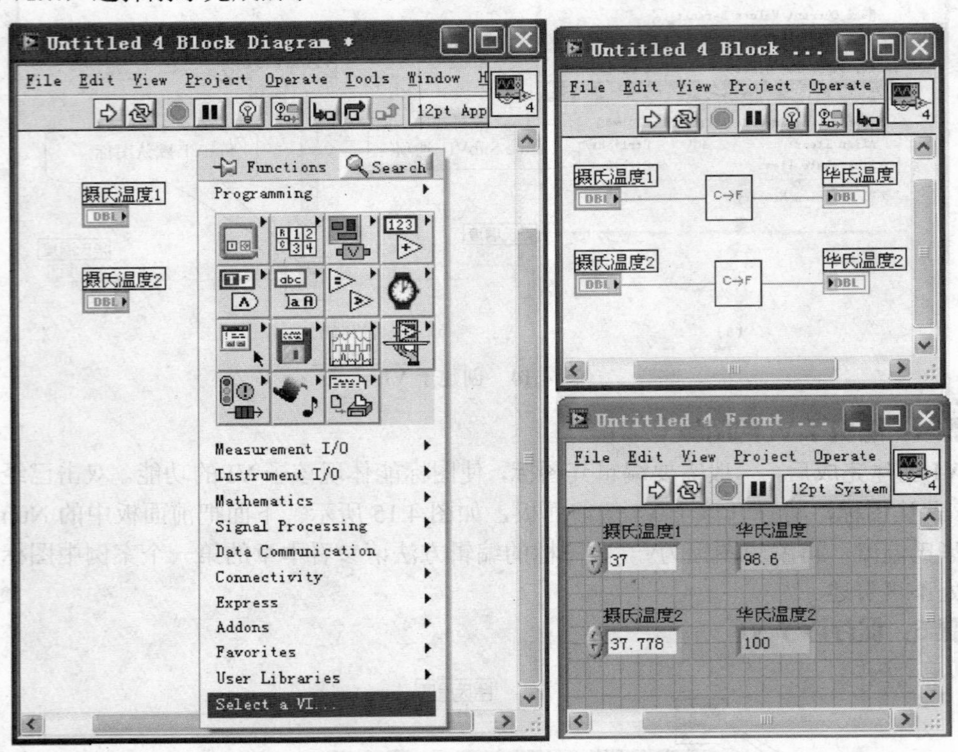

图 4.16　子 VI 的调用

第 5 章 数据的图形化显示

LabVIEW 丰富的数据图形化显示功能是 LabVIEW 众多优秀特性之一，也是众多工程人员青睐和选择使用 LabVIEW 的重要原因之一。由于是数据的图形化显示，从控件和指示器的角度来分类，应隶属指示器范畴。在前面板中，数据图形化显示指示器所在的 Graph 面板如图 5.1 所示。

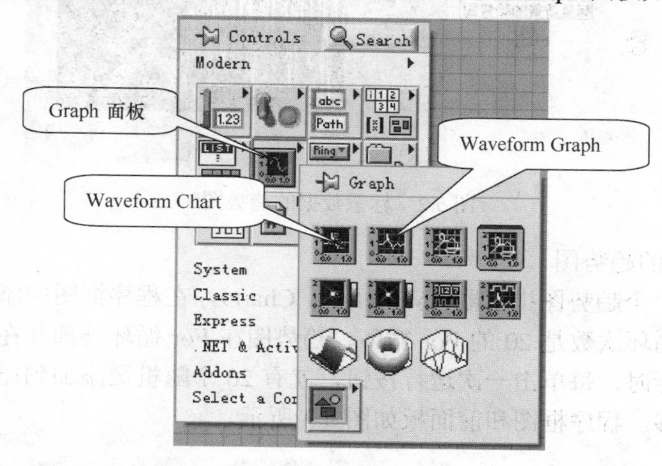

图 5.1 Graph 面板

LabVIEW 提供的数据图形化显示指示器主要分为两类：一类是趋势图（Waveform Chart），另一类是图表（Waveform Graph）。这也是实际使用频率最多的两类数据图形化显示指示器。

趋势图主要用来显示实时数据，它可以将新的数据添加到曲线的尾部。由于趋势图的显示屏是滚动的，所以当新的数据点到达时，整个曲线向左移动——最原始的数据点移出显示屏，新的数据点添加到曲线的最右端。这样的动态显示过程与实验室纸带记录仪的工作方式相似。在图 5.1 所示 Graph 面板中，趋势图有两种：波形趋势图（Waveform Chart）和强度趋势图（Intensity Chart）。

图表是显示一组或多组数据的指示器。在绘图前，图表首先把显示屏清空，然后把现有的一组或多组数据一次性绘图，这也是图表与趋势图的不同之处。在图 5.1 所示 Graph 面板中，图表有曲线图、XY 曲线图、强度图、数字时序图、三维图等。

本章主要介绍趋势图、波形图、XY 图、三维图形及波形数据。

5.1 趋势图

5.1.1 趋势图

趋势图指示器可以接收的数据包括标量、一维数组、二维数组、波形数据。另外，事先用 Bundle 函数捆绑在一起的多个标量数据在趋势图中将显示为多条曲线。以下是趋势图的示例及说明，有关波形数据及其显示的知识在本章后面讲解说明。

（1）标量数据的趋势图

在前面板放置一个趋势图指示器（Waveform Chart），在程序框图中添加一个（0，1）随机数，然后连线。运行时，连续多次单击运行按钮或者在高亮状态下单击连续运行按钮，可以看到，随机数逐个添加到曲线的尾部，满一屏时，随着数据从右边的逐步添加，显示屏向左逐步滚动。程序框图和前面板如图 5.2 所示。

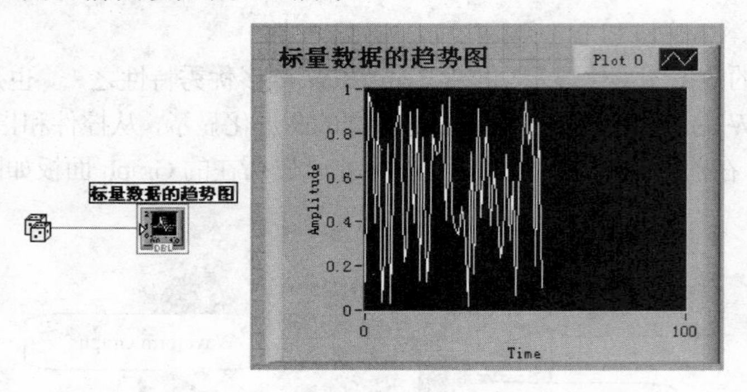

图 5.2　标量数据的趋势图

（2）一维数组的趋势图

在前面板放置一个趋势图指示器（Waveform Chart），在程序框图中添加一个（0，1）随机数，再放置一个循环次数是 20 的 For 循环，趋势图在 For 循环外部（在内部等同于标量情形）完成连线。运行时，每单击一次运行按钮，就有 20 个随机数添加到原有数据的后面，满屏后显示屏开始左移。程序框图和前面板如图 5.3 所示。

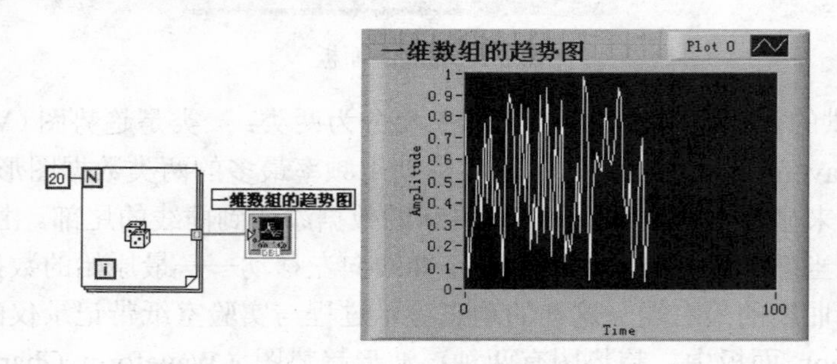

图 5.3　一维数组的趋势图

（3）二维数组的趋势图

二维数组的趋势图是先把二维数组转置，然后将转置数组的每一行看作一个一维数组，即把原始二维数组的每一列看作一个一维数组，而每个一维数组对应一条曲线，这样可绘制出多条曲线。本例中为了使各条曲线彼此分开便于观察，随机数与内层循环的循环次数相加，得到阶梯式的四列数据，程序框图和前面板几次运行后的结果如图 5.4 所示。

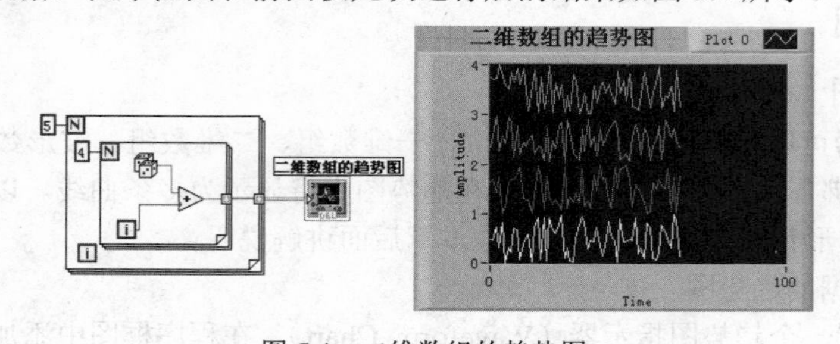

图 5.4　二维数组的趋势图

（4）用 Bundle 函数捆绑多个标量数据的趋势图

如果用多条曲线同时显示多组标量数据，则使用 Bundle 函数打包这些数据即可。示例如图 5.5 所示。

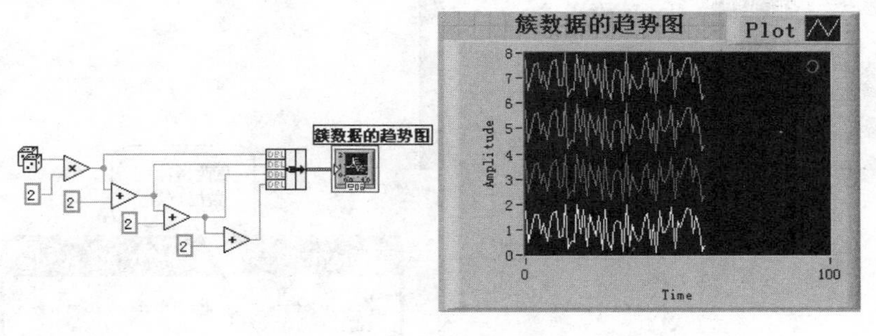

图 5.5　簇数据的趋势图

右击前面板中的 Waveform Chart，在弹出的快捷菜单中选择 Stack Plots（Stack Plots 可译为堆栈图；默认是 Overlay Plots，即平铺图），则数据分栏显示。本例的分栏显示如图 5.6 所示。若右击 Waveform Chart 后再次选择 Overlay Plots，则显示又会返回到图 5.5 所示平铺图界面。

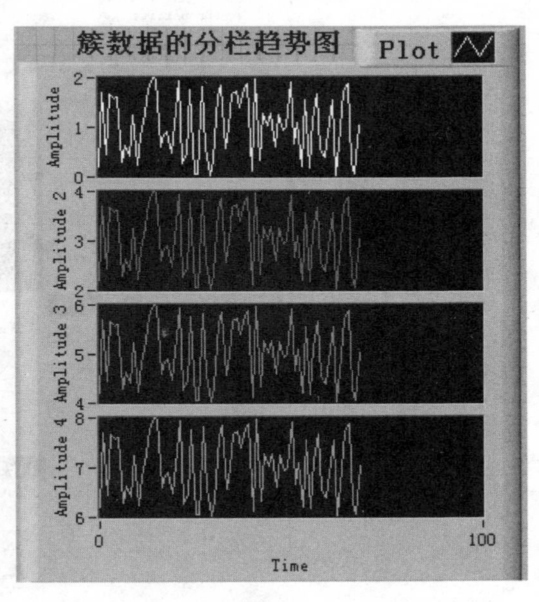

图 5.6　簇数据的分栏趋势图

5.1.2　趋势图历史缓冲区数据点数

趋势图在显示实时数据时，新的数据会添加到原有数据的尾部，可见趋势图保存了部分已有的数据，这些数据被保存在趋势图的历史数据缓冲区中，数据缓冲区大小即数据的点数默认值是 1024 点，更改数据缓冲区大小的方法是在 Waveform Chart 上右击，在弹出的快捷菜单中选择 Chart History Length...选项，即刻打开更改趋势图历史数据缓冲区大小窗口，如图 5.7 所示。默认值可以更改为 10～2147483647 范围内的任何值。

5.1.3　趋势图的三种更新模式

趋势图在显示实时数据时共有三种更新模式：条形趋势图（Strip Chart）、示波器趋势图（Scope Chart）、扫描趋势图（Sweep Chart）。更新模式的选择方式：在 Waveform Chart 上右击，在弹出的快捷菜单中选择 Advanced | Update Mode | Strip Chart、Scope Chart 或 Sweep Chart 选项。具体选取路径如图 5.8 所示。

条形趋势图是默认模式，其运行方式类似于纸带记录仪，新的数据添加到已有数据的尾部，并且显示屏是可以滚动的。当数据填满整个显示屏后，新数据从显示屏右端逐步添加，旧数据从显示屏左侧逐步移出显示屏。

示波器模式与实际示波器的工作方式十分相似。数据从显示屏的左侧开始显示，新数据添加到已有曲线的尾部。当数据曲线填满整个显示屏时，将擦除整屏曲线，即清屏，然后又从绘图区域的左侧开始新一屏数据的绘制。

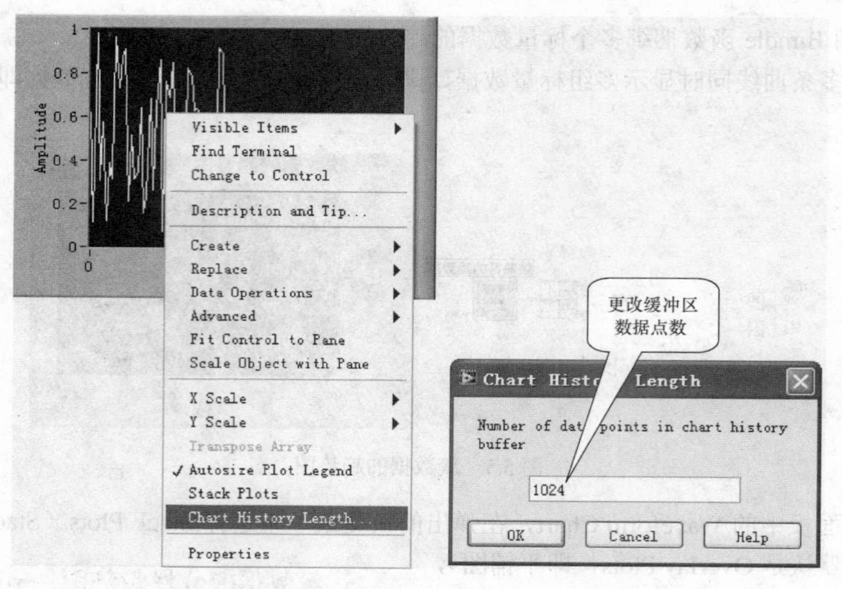

图 5.7　趋势图历史数据缓冲区大小的指定

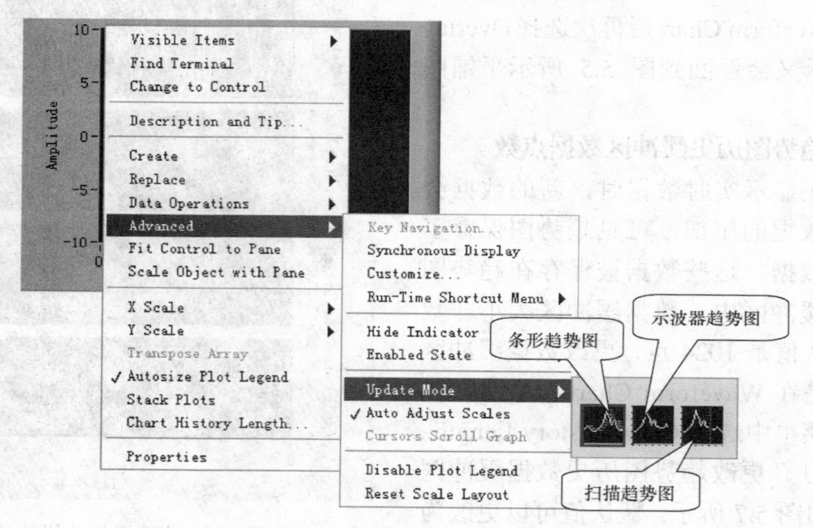

图 5.8　趋势图的三种更新模式

扫描趋势图与示波器趋势图的更新方式基本相同，不同之处在于当曲线到达绘图区的右侧时，不是将已有曲线擦除，而是用一条移动的竖线标记新数据的位置，并随着新数据的不断添加，标记竖线会在绘图区逐渐向右移动。

图 5.9 是趋势图三种更新模式的比较示例。

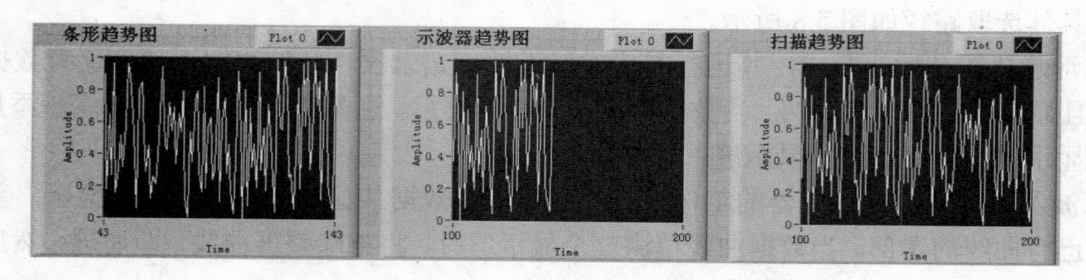

图 5.9　趋势图的三种更新模式示例

5.1.4 趋势图的外观及属性设置

在前面板放置一个趋势图时，其默认的外观及属性如图 5.10 所示。

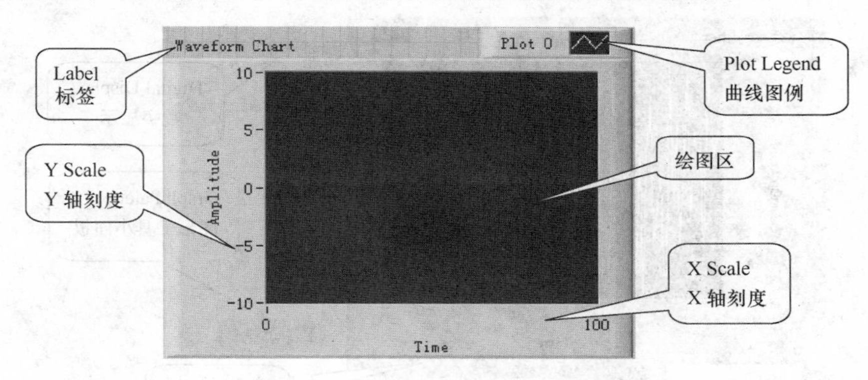

图 5.10 趋势图的默认外观及属性

下面以图 5.10 所示一维数组的趋势图为例，说明趋势图外观及属性的设置。

在 Waveform Chart 上右击，在弹出的快捷菜单中，第一项便是 Visible Items 子菜单。趋势图外观和属性设置的多种选项就包含在此子菜单中。其内容如图 5.11 所示。

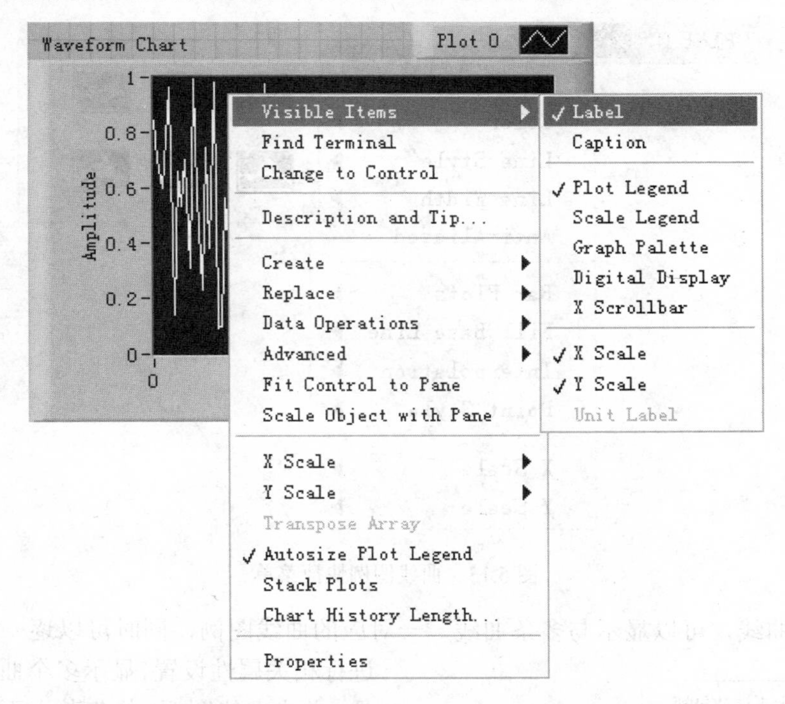

图 5.11 趋势图外观及属性设置选项 Visible Items 及其子菜单项

在图 5.11 所示 Visible Items 子菜单中，默认的只有 Label（标签）、Plot Legend（曲线图例）、X Scale（X 轴刻度）和 Y Scale（Y 轴刻度）四个选项被打对勾选中，这四个选项选中的效果如图 5.10 所示。除 Caption 选项外，其余选项都选中的趋势图如图 5.12 所示。

以下就图 5.10 和图 5.12 所示主要选项作详细说明。

（1）曲线图例（Plot Legend）

曲线图例主要用来设置曲线的线型、颜色、显示风格等属性。具体操作方法是：在曲线图例上右击（注意：不是在趋势图上右击），在弹出的曲线图例快捷菜单中可以看到相应的设置选项，如图 5.13 所示。

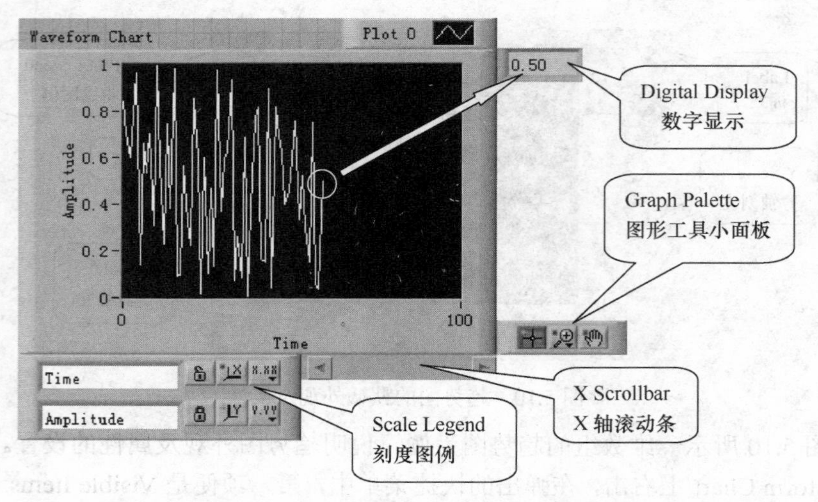

图 5.12　Visible Items 的各个菜单项选中效果

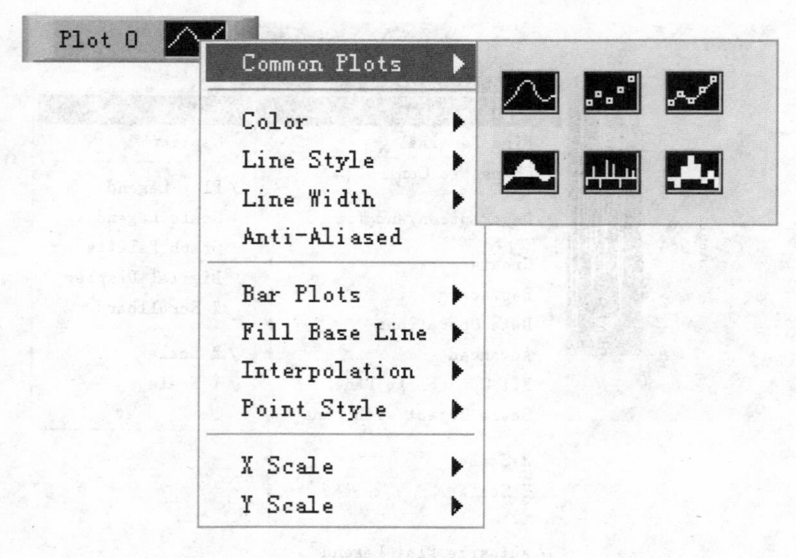

图 5.13　曲线图例快捷菜单

针对多条曲线，可以显示与多条曲线一一对应的曲线图例，同时可以逐一对每一条曲线进行相关属性设置。显示多个曲线图例的方法是：单击曲线图例，拖曳其上下边缘的大小调节句柄就可以添加或减少图例的个数。如图 5.14（a）所示。

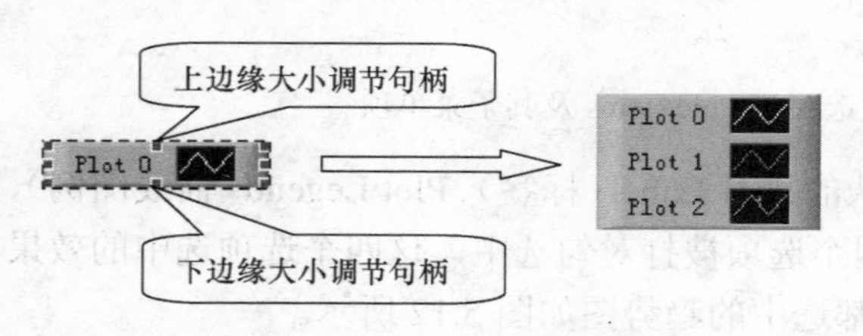

图 5.14　（a）　添加曲线图例

曲线图例中曲线的默认名称是 Plot 0、Plot 1...，其名称也可以更改为实际数据的具体名称。方法是双击曲线图例中的默认名称，例如 Plot 0，当其反色显示处于编辑状态时，输入要更改的名称即可。如图 5.14（b）所示将 Plot 0 更改为“温度 1”。

图 5.14 （b） 图例名称的更改

（2）刻度图例（Scale Legend）

刻度图例的面板如图 5.15 所示。通过该面板可以对趋势图中的坐标轴名称、坐标轴的自动缩放、刻度格式等属性进行设置。此处不再详述，请读者自行体验。

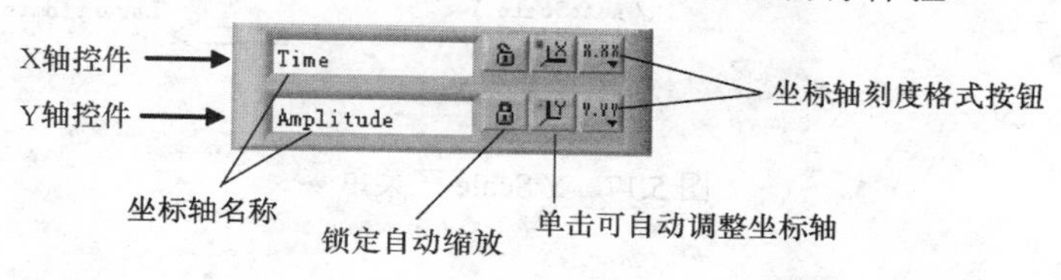

图 5.15 刻度图例面板

（3）图形工具小面板（Graph Palette）

图形工具小面板如图 5.16 所示。其中的标准模式和手动平移模式可以相互切换。标准模式是默认或缺省模式。手动平移模式中可以拖曳曲线移动。缩放按钮的细节如图 5.16 所示。

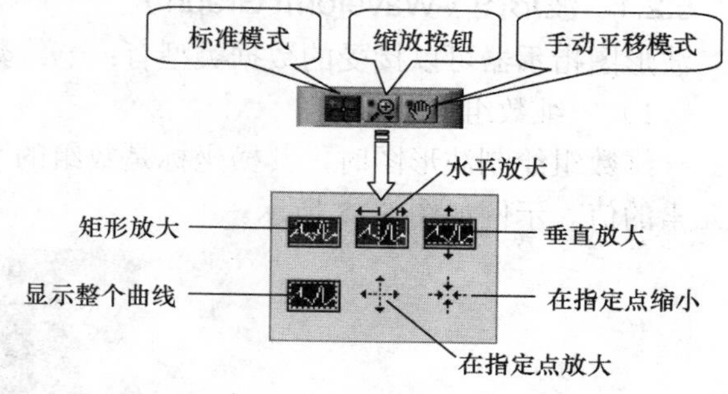

图 5.16 图形工具小面板

（4）数值显示

数字显示指示器以数值形式显示当前最新的数据值。如图 5.12 所示的最新数值是 0.50。

（5）X 轴滚动条

趋势图的数据缓冲区保存了部分已有的数据，在显示屏 X 轴范围小于缓冲区大小的情况下，可以通过 X 轴滚动条查看已经移出显示屏但仍然保存在缓冲区中的数据。这与许多窗口的滚动条功能相同。

趋势图除以上所述外观和属性设置外，还有一些重要的属性设置项目，相关主要属性分述如下。

①清屏操作。趋势图是连续向左滚动输出的，当已有数据可以抛弃并需要清屏时，右击 Waveform Chart，选择 Data Operations | Clear Chart 选项，即可实现清屏。

②X 轴、Y 轴刻度操作。关于坐标轴的属性设置在刻度图例中已有讲解，此处仅就 X Scale 和 Y Scale 两个子菜单中的相关选项加以说明。X Scale 和 Y Scale 两个子菜单中的选项基本相同。此处以 Y Scale 为例，如图 5.17 所示。

Mapping 子菜单有两项可选，默认是 Linear，即线性坐标，而 Logarithmic 则用于选择对数坐标。

AutoScale Y 选项用于设置或取消自动调整 Y 轴坐标刻度区间的功能。

Loose Fit 选项的使用可以把坐标刻度调整为正在使用的刻度增量的整数倍。例如，如果刻度增量为 5，那么使用 Loose Fit 后，坐标刻度的最小值和最大值都被设置为 5 的倍数。

Formatting...对话框可用于设置坐标轴的主次刻度，栅格的有无及栅格线条样式，X 轴、Y

轴的起始点、增量以及刻度精度、格式等。请读者自行实践。

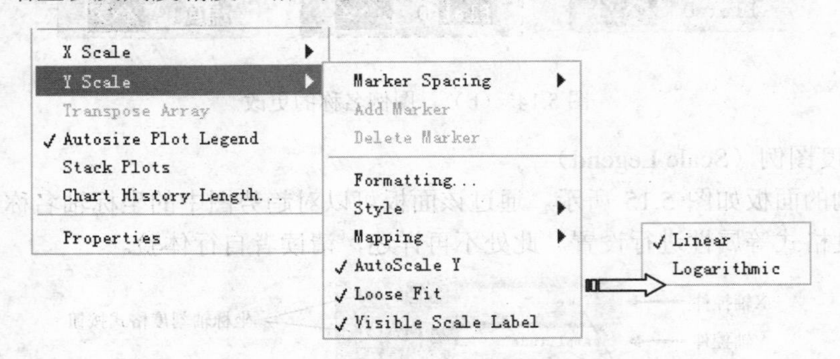

图 5.17　Y Scale 子菜单

5.2　图表

图表不同于趋势图，它是在绘图前先清屏，然后一次性绘制一串数据的图形。图表绘图的方法相当于在直角坐标系中绘制二维平面图形，所以一般需要指定图形数据的横坐标和纵坐标。图表又分为波形图、XY 图、强度图、数字波形图和三维图等。

5.2.1　波形图（Waveform Graph）

波形图指示器可以接受的数据类型有：一维数组、二维数组、簇、簇数组和波形数据。

（1）一维数组的波形图

一维数组绘制波形图时，其横坐标是数组的下标（从 0 开始,增量Δt 是 1），纵坐标是数组元素的值。示例如图 5.18 所示。

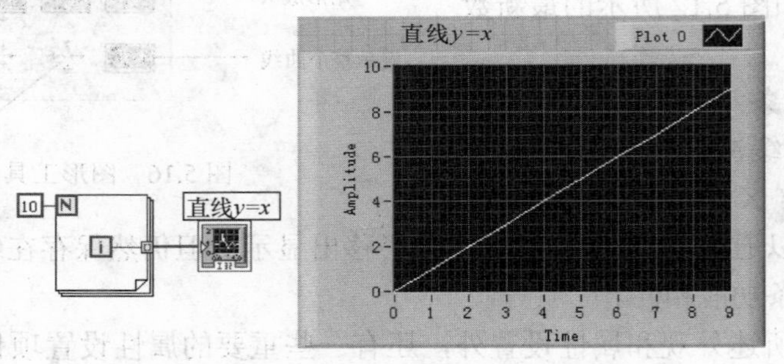

图 5.18　一维数组的波形图（直线 $y=x$）

另一个示例是绘制正弦曲线 $y=\sin\left(\frac{\pi}{100}t\right)$，当 t 在[0，200]范围取值时，恰好对应正弦函数在[0，2π]范围内的自变量取值，即一个完整周期。程序框图和前面板如图 5.19 所示。其中，正弦函数 sin 的选取路径为：功能和函数选板 | Mathematics | Elementary & Special Functions | Trigonometric Function | Sine。

（2）二维数组的波形图

在绘制二维数组的波形图时，默认情况下，数组的每一行对应一条曲线（右击选择 Transpose Array，则每一列对应一条曲线），这样二维数组有几行就对应几条曲线，每一条曲线的绘制方法与一维数组的波形图绘制方法相同。以下示例中是直线 $y=x$ 的曲线与正弦曲线 $y=200\sin\left(\frac{\pi}{100}t\right)$ 的曲线，其程序框图与前面板如图 5.20 所示。

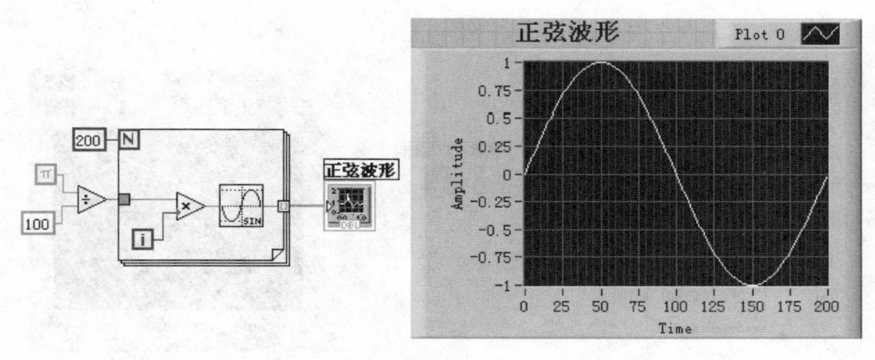

图 5.19　一维数组的波形图（正弦波）

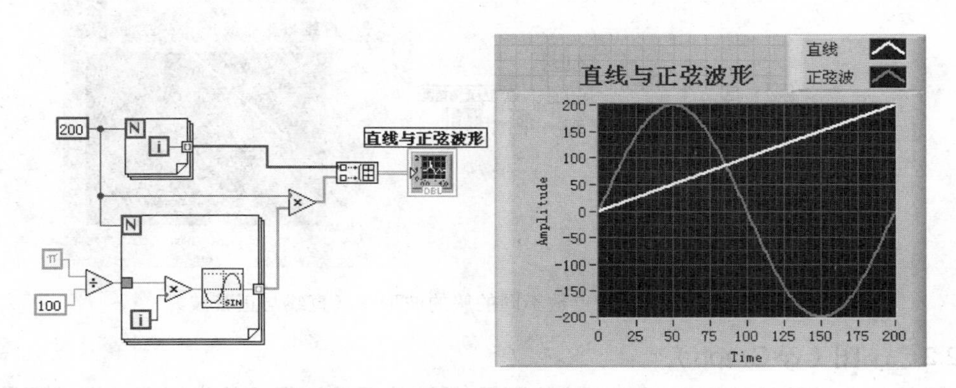

图 5.20　二维数组的波形图（直线与正弦波）

注意：本例中在使用构建数组函数（Build Array）时，请去掉其快捷菜单中 Concatenate Inputs 前的对勾，否则会把正弦曲线追加在直线的后面，变成一维数组的波形图，程序框图中构建数组函数与波形图指示器间的连线将变成粗的单根实线，而非双实线形式，出现如图 5.21 所示前面板结果。

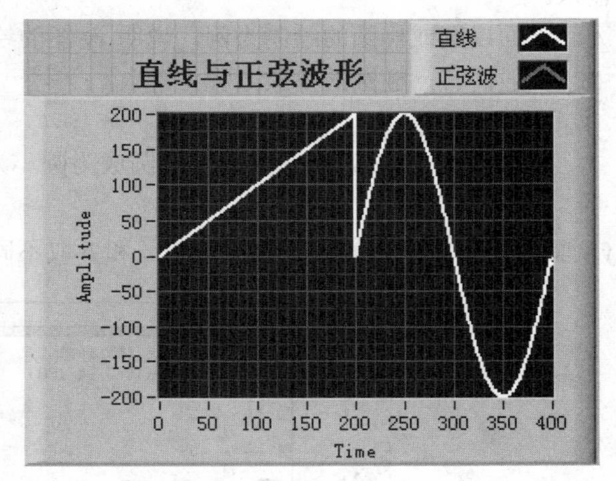

图 5.21　一维数组的波形图（直线与正弦波相连接）

（3）簇数据的波形图

簇数据作为波形图的输入时，其横坐标是从 x_0 开始，数据点间隔是 dx，纵坐标是数组元素值。而 x_0，dx 和数组元素值正好是构建簇的三个元素。依然以上一示例中的直线与正弦波为例，说明簇的波形图。

此处构建簇时，x_0=400，dx=10，数组元素是直线与正弦波的二维数组，其程序框图和前面板如图 5.22 所示。可以设想，如果选择 x_0=0，dx=1，则簇数据的波形图将与上一例的二维数组波形图相同。

当两条曲线的点数不同时，则需要先将点数不同的两个数组分别捆绑成簇，再把两个簇运用 Build Array 函数构建成簇数组，最后再构建成簇通过波形图显示。其中的 x_0=400，dx=10，直线函数的点数是 100，正弦函数的点数是 200。程序框图和前面板如图 5.23 所示。

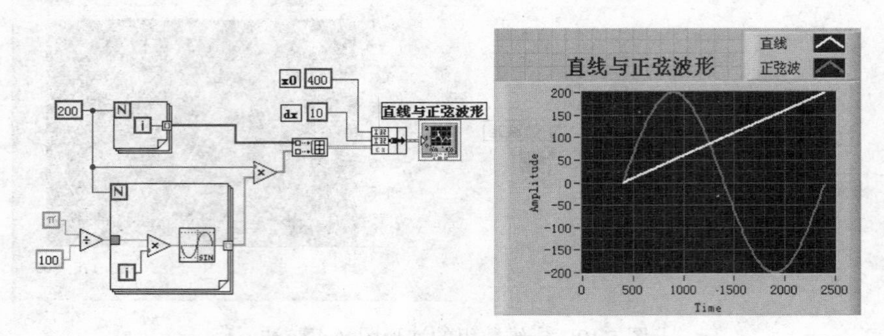

图 5.22　簇的波形图（直线与正弦波）

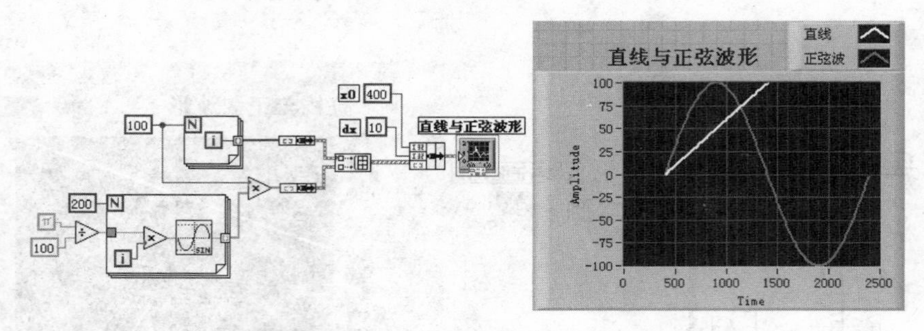

图 5.23　数组元素点数不同的簇的波形图（直线与正弦波）

5.2.2　*xy* 图（*xy* Graph）

xy 图就是非常熟知的坐标图，而波形图是 *x* 轴数据等间隔时的坐标图，即波形图是坐标图在数据等间隔时的一个特例。绘制 *xy* 图时，需要把 *x* 轴数据和 *y* 轴数据捆绑后作为 *xy* 图的输入。

下面以圆或椭圆的绘制为例，说明 *xy* 图的绘制方法。

一般而言，椭圆的参数方程为：

$$\begin{cases} x = a\cos(t) \\ y = b\sin(t) \end{cases}$$

，当 $a=b$ 时，椭圆成为圆。为了便于计算，此处运用公式节点来求解 *x* 和 *y*。具体的程序框图如图 5.24 所示，*a* 和 *b* 取不同值时前面板运行结果如图 5.25 所示。

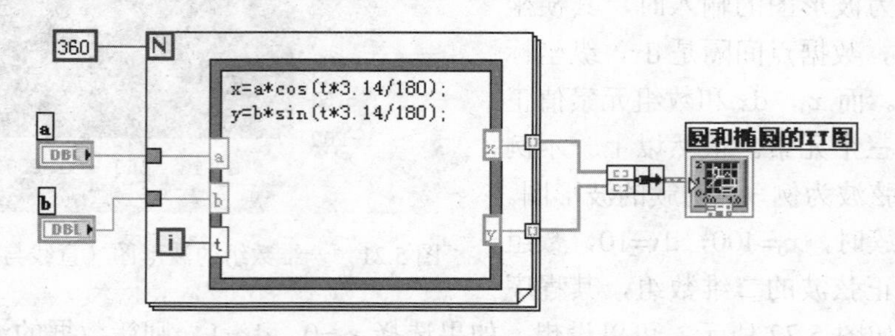

图 5.24　圆和椭圆 *xy* 图的程序框图

注意：为了使圆与椭圆的显示直观和便于比较，此处取消了 *xy* 图中的 *x* 轴和 *y* 轴刻度的自动调整功能。具体方法是：右击 *xy* 图，在弹出的快捷菜单中将 *x* Scale 和 *y* Scale 子菜单中的 AutoScale *x* 和 AutoScale *y* 前面的对勾去掉；或者是右击 *x* 轴刻度，去掉快捷菜单中

AutoScale x 选项前面的对勾；y 轴操作相同。另外，直接修改 x 轴和 y 轴刻度的最大值、最小值分别为 2 和-2。

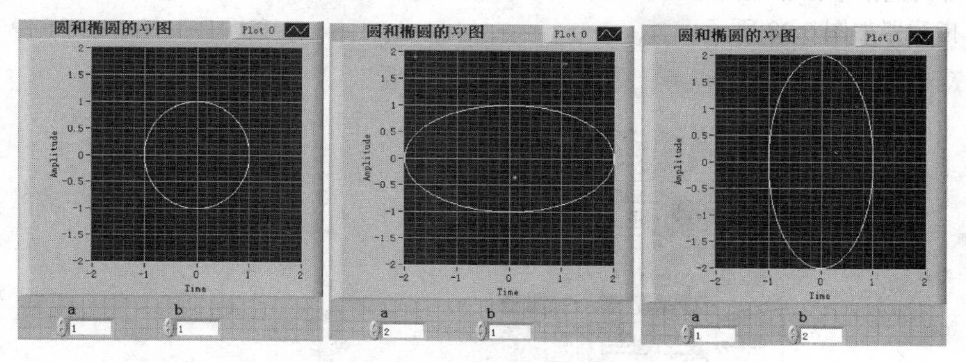

图 5.25　圆和椭圆 xy 图的前面板

5.2.3　三维图（3D Graph）

LabVIEW 提供的三维图主要有：三维曲面图（3D Surface Graph）、三维参数曲面图（3D Parametric Graph）和三维曲线图（3D Curve Graph）。此处仅就三维曲面图举一个简单示例，其余三维图请读者自己尝试或参阅其他资料。

本例中用到了 Sine Pattern.vi，此 VI 的选取路径：功能和函数选板 | Signal Processing | Signal Generation | Sine Pattern.vi。对于三维曲面图，当 x vector 和 y vector 没有连接时，从 z matrix 输入的二维数组中，行索引为 x 轴坐标，列索引为 y 轴坐标。完成的程序框图及前面板如图 5.26 所示。

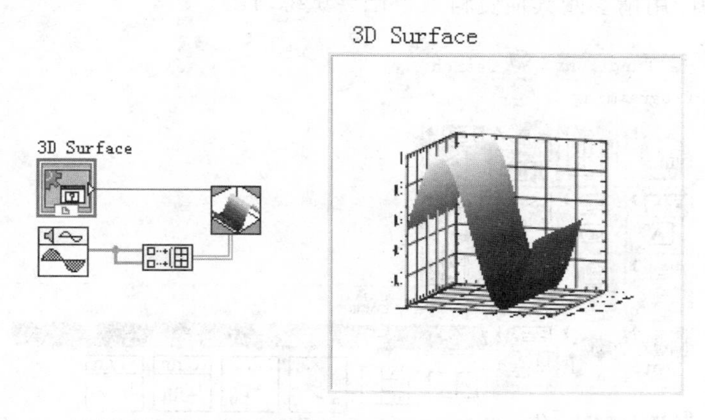

图 5.26　三维正弦曲面图

5.3　波形数据（Waveform）

5.3.1　波形数据基础

波形数据是 LabVIEW 按一定格式定义的簇。构成波形数据簇的元素有四个，它们是：t_0、dt、Y 和 attributes。其中，t_0 表示波形的起始时间，数据类型为 Time Stamp；dt 代表波形数据中相邻数据点的时间间隔，单位是秒，数据类型是双精度浮点型；Y 代表数据，默认类型为双精度浮点型数组；attributes 是注释信息，数据类型为变量类型。默认的波形数据控件中一般不显示 attributes 元素，用户可以右击该控件后，在弹出的 Visible Items 子菜单中选择 attributes 选项以显示该元素。

在前面板中，波形数据默认为指示器，其选取路径：Controls | I/O | Waveform，如图 5.27 所示。与其他指示器相同，通过右击选择 Change to Control 可改为控件。放置到前面板上的波形数据指示器如图 5.28 所示。

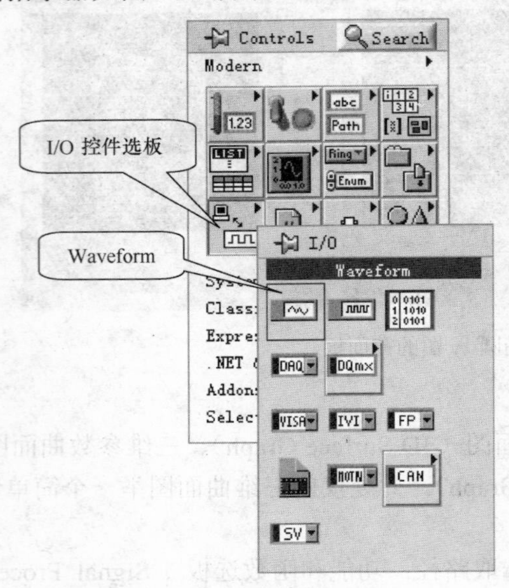

图 5.27 波形数据的选取路径

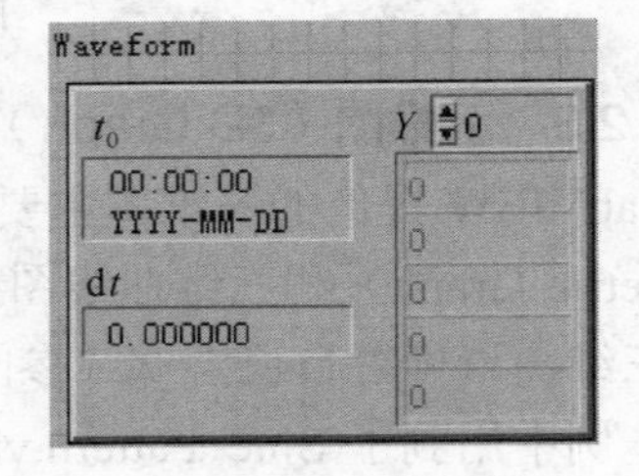

图 5.28 波形数据指示器

在程序框图界面，与波形数据相关的函数如图 5.29 所示，下面就其中的几个函数作简单介绍。其他函数的应用请参阅其他资料或自己尝试练习。

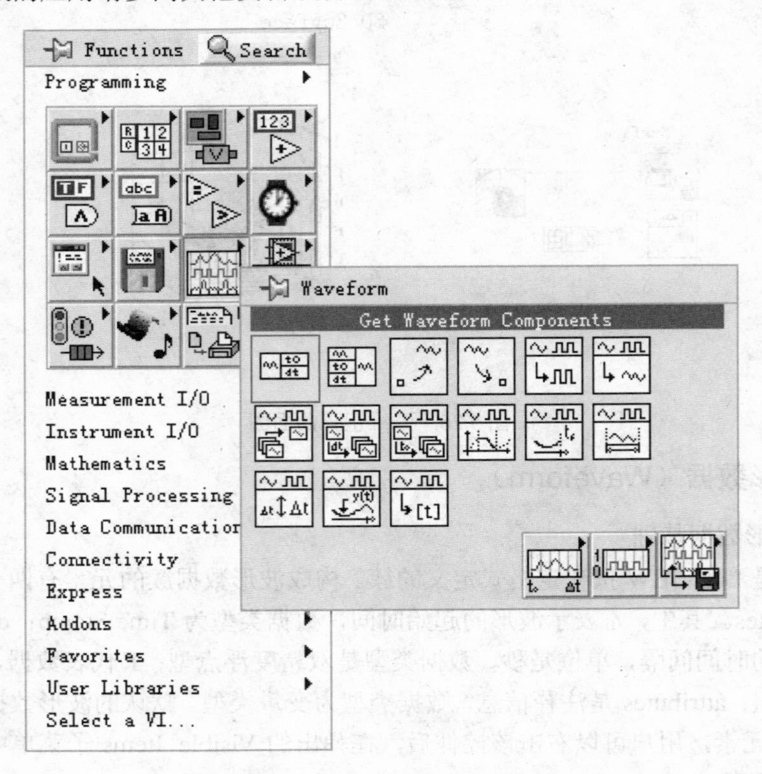

图 5.29 波形数据操作函数集

（1）获得波形数据内部元素函数（Get waveform Components）

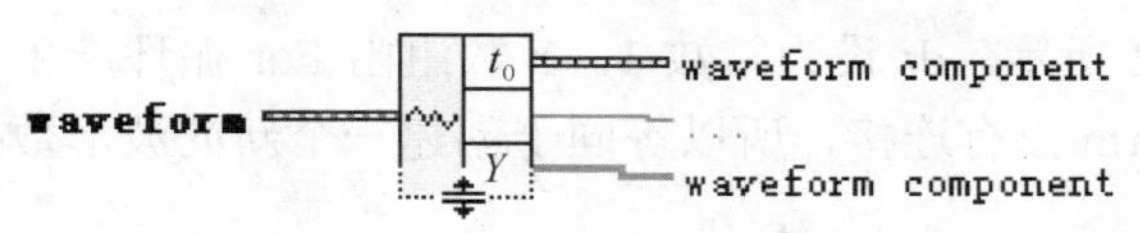

该函数类似簇元素按名称解包函数，通过该函数可以得到波形数据的各个元素。示例如下。

在前面板放置一个波形数据，默认是指示器，右击选择 Change to Control，将其转换为控件。波形数据控件与波形数据指示器在前面板中的一个不同之处是：波形数据控件中有设置起始时间 t_0 的按钮，如图 5.30（a）所示。单击该按钮，打开设置起始时间窗口，如图 5.30（b）所示。可以看到，它与 Windows 系统当前的日期和时间一致，单击 Set Time to Now 按钮，再单击“OK”按钮，可将系统当前时间设置为起始时间，如图 5.30（c）所示。本例中设置系统当前时间为起始时间，时间间隔设为 1s，Y 只设为 1、2、3、4、5 五个元素。使用获得波形数据内部元素函数可得到相应的元素值。具体如图 5.31 所示。

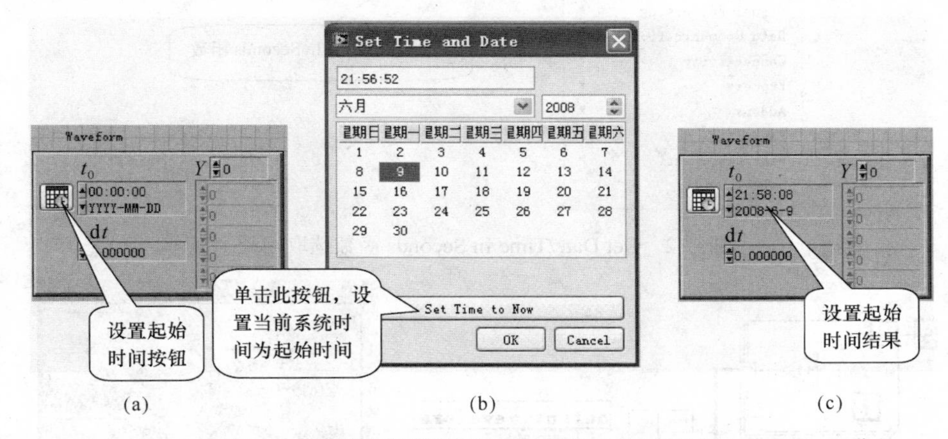

图 5.30　设置波形数据起始时间为当前系统时间

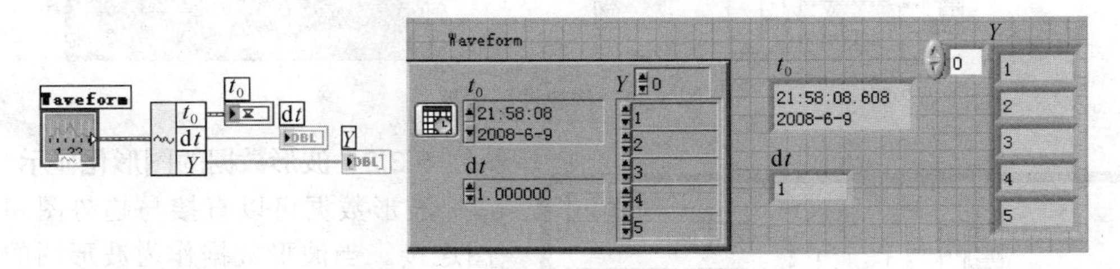

图 5.31　获得波形数据内部元素

（2）构建波形数据函数（Build waveform）

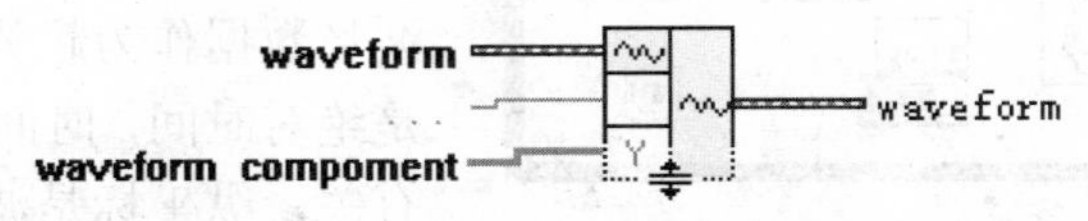

构建波形数据函数类似于簇元素按名称打包函数。在已知各元素的前提下，通过该函数可以构建波形数据。示例如下：

本例中，波形数据的起始时间由获得当前系统日期和时间的函数 Get Date/Time In Seconds 提供，该函数在函数与功能选板中的选取路径：函数与功能选板 | Timing | Get Date/Time In Seconds，具体如图 5.32 所示。d*t* 设为常数 1。*Y* 数组由 For 循环产生。由于构建波形数据函数上的输入端子 waveform 没有连接，所以等同于创建一个新的波形数据，最后的程序框图及前面板如图 5.33 所示。

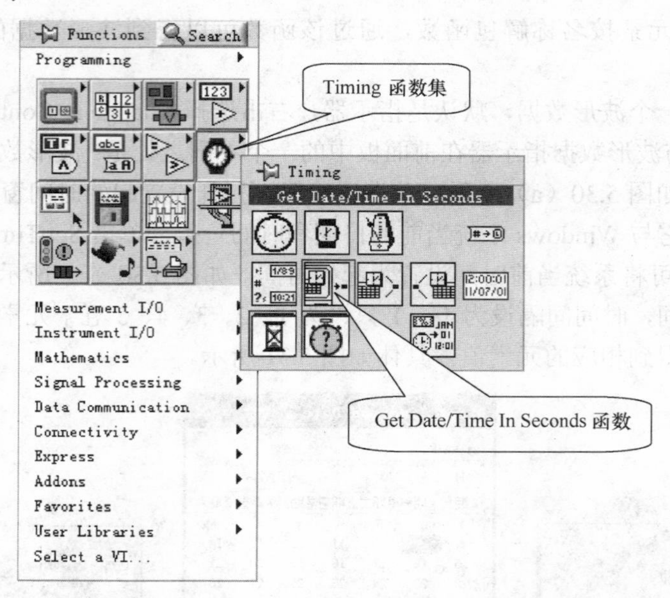

图 5.32　Get Date/Time In Seconds 函数选取路径

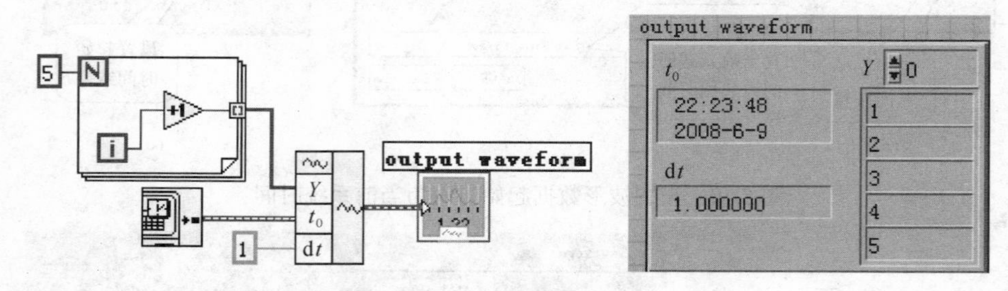

图 5.33　构建波形数据

5.3.2　波形数据的图形化显示

波形数据可以直接与趋势图和波形图连接。当波形数据作为波形图的输入时，相当于把波形数据中的数组数值 *Y* 通过波形图图形化显示，其横坐标从 0 开始，间隔是波形数据中的数据时间间隔 d*t*。当波形数据作为趋势图的输入时，其横坐标是绝对时间，时间范围与数据的采样频率有关，纵坐标是波形数据的数组数值 *Y*。一个简单示例程序框图和前面板如图 5.34 和图 5.35 所示。

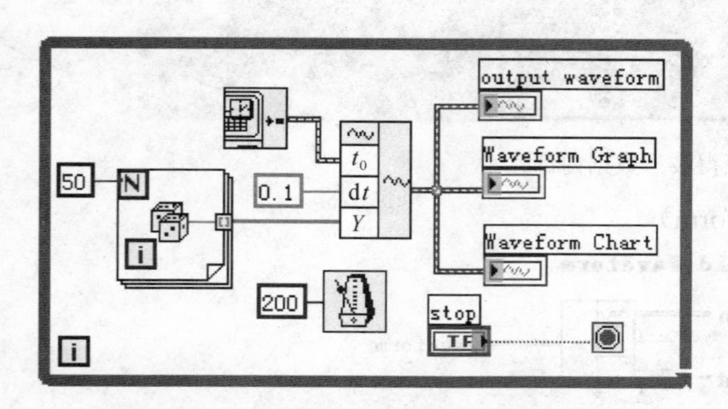

图 5.34　波形数据图形化显示程序框图

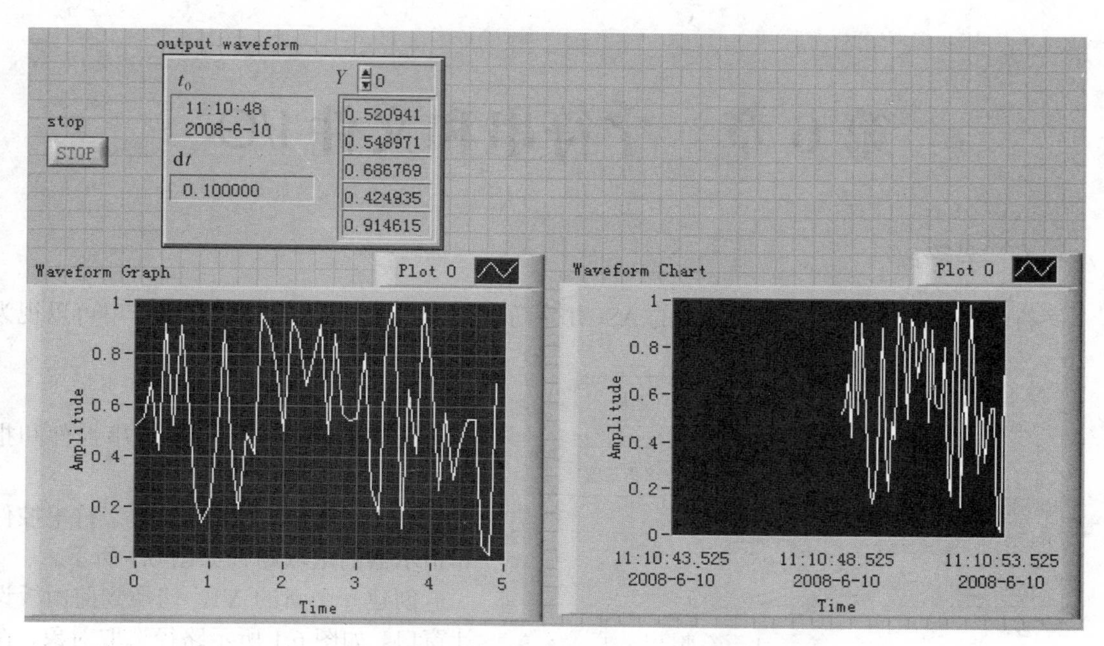

图 5.35　波形数据图形化显示前面板

第 6 章　字符串和文件 I/O

6.1　字符串

字符串是可以显示或不可以显示的 ASCII 字符的集合。在 LabVIEW 中，字符串可以视为一种特殊的数据结构。

6.1.1　字符串

【案例 6.1.1.1】 字符串控件和指示器

在 LabVIEW 前面板中，字符串控件和指示器的选取路径如图 6.1 所示。

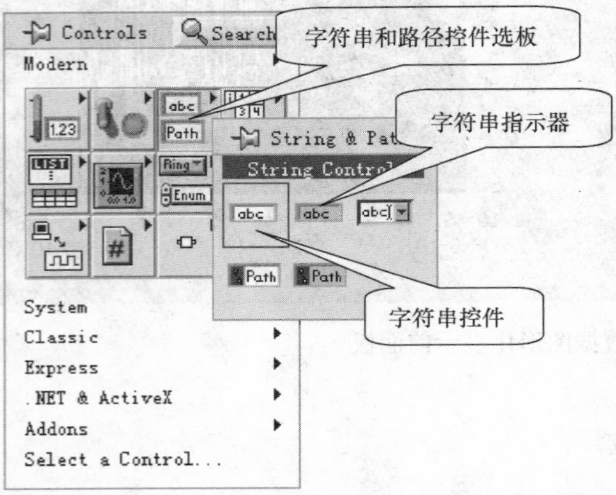

图 6.1　字符串控件和指示器选取路径

创建一个新的 VI，切换到前面板设计窗口。如图 6.1 所示路径选取对象，在前面板分别放置一个字符串控件和一个字符串指示器，其中字符串控件用于字符串的输入，字符串指示器用于字符串输出和显示。

在程序框图窗口中将字符串控件和字符串指示器连线。返回前面板后，在字符串控件中输入任意字符串，运行该 VI，可以看到，刚才输入的字符串在字符串指示器中显示出来。结果如图 6.2 所示。

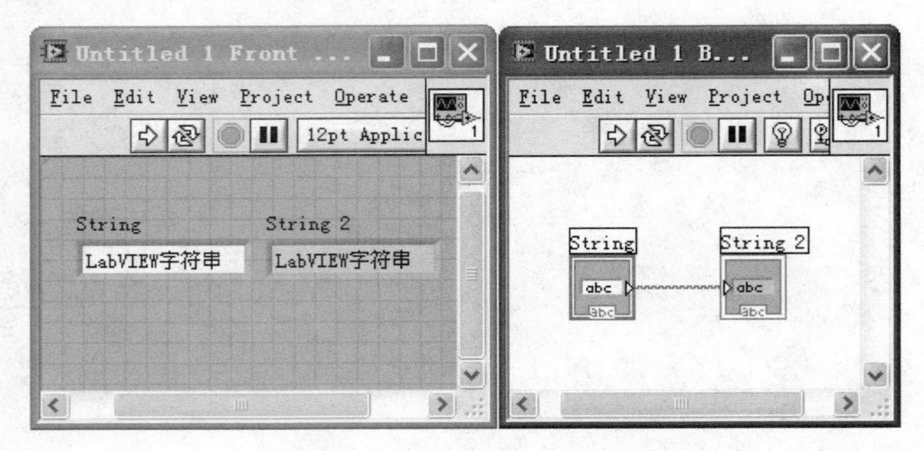

图 6.2　字符串控件和指示器显示示例

【案例 6.1.1.2】 特殊字符（串）及字符串常量

在计算机中，空格、回车、数字、标点符号等均被看成是字符，它们与狭义上的字符（字母）组合，共同构成各式和多样的字符串。LabVIEW 中，与字符串相关的功能操作和处理函数非常丰富，在功能与函数面板中的位置如图 6.3 所示。可以看到，字符串子面板不仅提供了字符串常量和特殊的字符串，同时提供功能强大的多个函数。

对于字符串常量，单击选中并拖曳放置后，光标在其中闪烁，可直接输入字符，成为字符串常量。

通过本例可以发现，字符串数据的放置和相应操作方法与数值型数据或布尔型数据相类似。至于字符串控件或指示器的大小，可通过对象大小调节句柄来调整。

6.1.2 字符串函数

LabVIEW 为用户提供了大量的字符串处理函数，极大地方便了用户的设计。如图 6.3 所示，该函数选板集成了大量的字符串处理函数，如字符串长度函数、字符串拼接函数、字符串抽取函数、字符串匹配函数等。以下就常用的字符串处理函数进行举例说明。

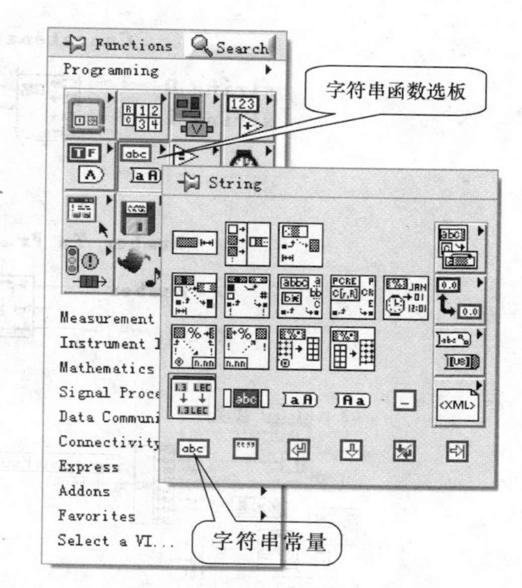

图 6.3 字符串函数选板

（1）字符串长度函数（String Length）

该函数返回字符串的字节数，即长度（对于汉字，一个汉字的长度是 2 个字节）。

具体示例如图 6.4 所示。

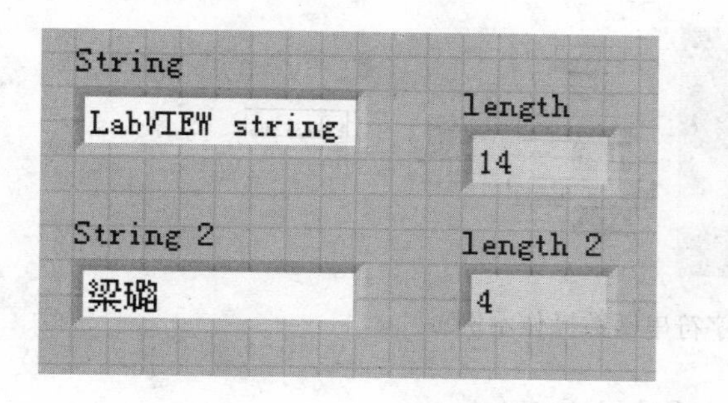

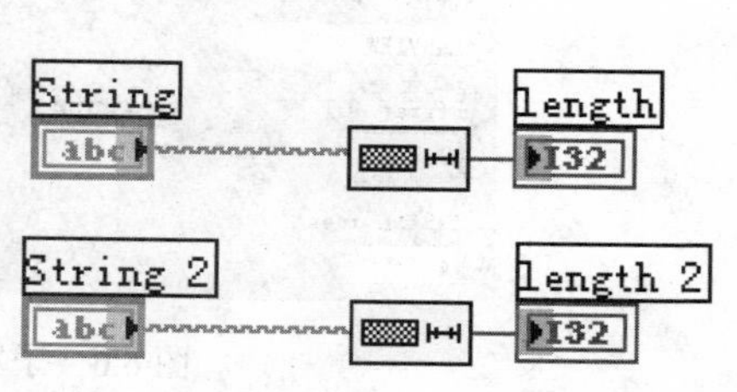

图 6.4 字符串长度函数操作示例

（2）字符串拼接函数（Concatenate Strings）

该函数用于将多个字符串按顺序拼接成一个新的字符串。具体示例如图 6.5 所示。

此例中使用了字符串常量（“我是”，“版本是”和感叹号“！”），回车符，另外，还使用了数值和字符串转换函数 Number To Fractional String，该函数将输入的数值转换为小数形式的字符串，小数点后保留的位数由输入端子 precision（6）决定。

（3）子字符串函数（String Subset）

该函数用于得到字符串中的子字符串。子字符串的起始位置由输入的 offset（从 0 起计数）决定，子字符串的长度由输入参数 length 决定。具体示例如图 6.6 所示。

（4）替换子字符串函数（Replace Substring）

插入、删除或替换原字符串的一部分，位置和长度由输入参数 offset 和 length 决定。

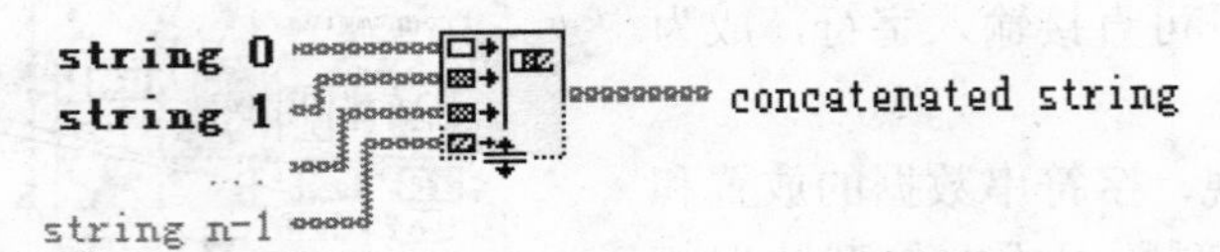

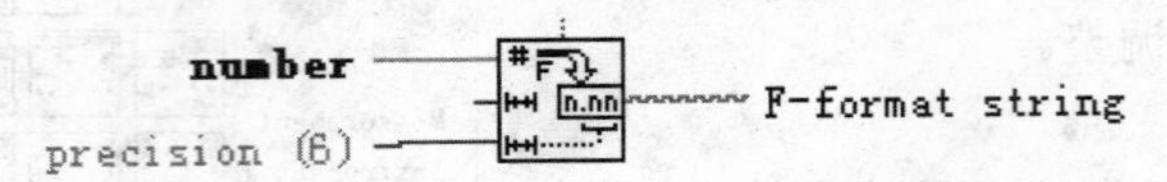

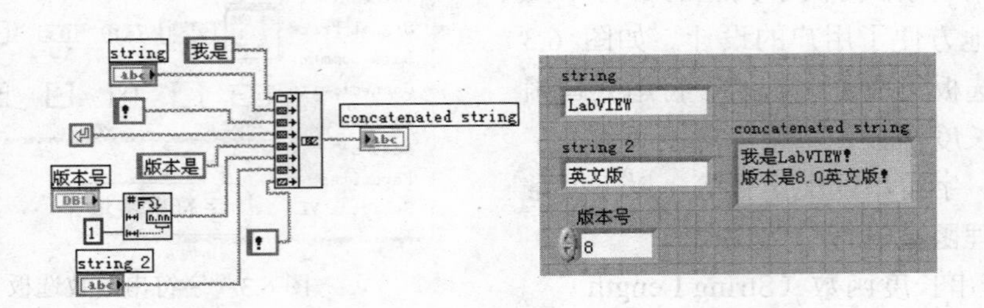

图 6.5　字符串拼接函数操作示例

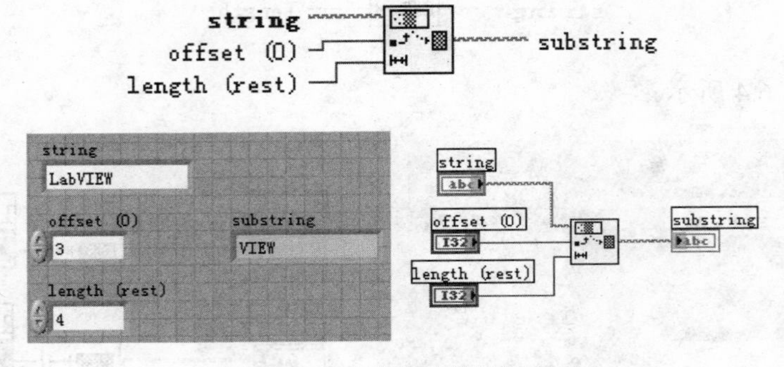

图 6.6　子字符串函数操作示例

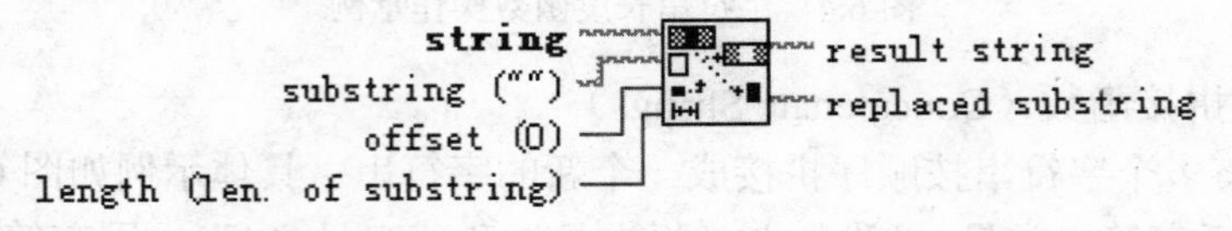

① 插入。当输入端子 length 的值为 0 时，可实现字符串插入操作。从原字符串的 offset 处插入由 substring 指定的字符串。具体示例如图 6.7 所示。

② 删除。当输入端子 substring 的值为空字符串时，可实现删除操作。删除从原字符串的 offset 处由 length 指定长度的字符串。具体示例前面板如图 6.8 所示。

③ 替换。当输入端子 substring 的值不是空字符串，且输入端子 length 指定长度大于 0 时，可实现替换操作。替换从原字符串的 offset 处由 length 指定长度的字符串。具体示例前面板如图 6.9 所示。

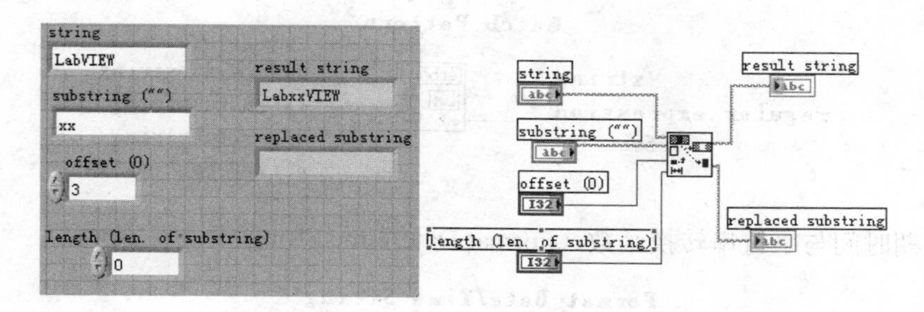

图 6.7　插入字符串操作示例

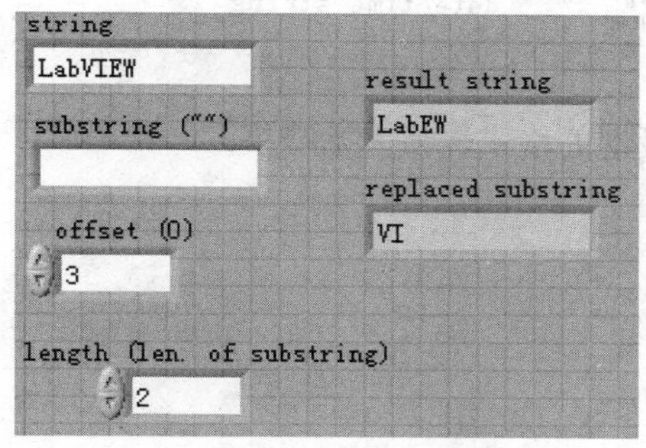

图 6.8　删除字符串操作前面板

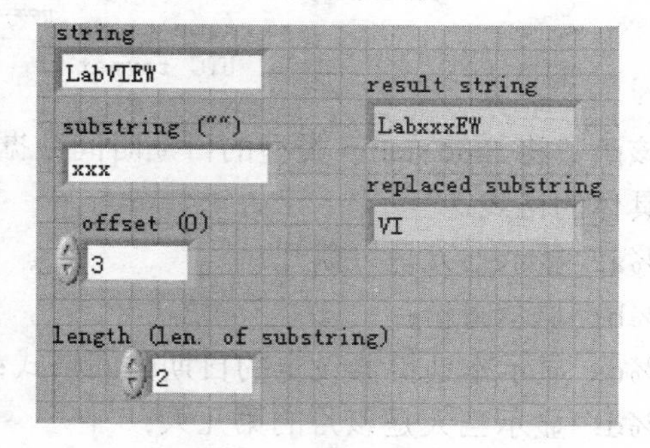

图 6.9　字符串替换操作前面板

（5）查找和替换字符串函数（Search and Replace String）

将一个或所有指定的子字符串替换为另一个子字符串。该函数从 offset 端口指定的位置开始搜索由 search string 端口指定的子字符串，然后将搜索到的第一个（或全部，如果 replace all? 端口的输入值为 True）子字符串替换为由 replace string（“ ”）端口指定的字符串。其中搜索可以设置字母的大小写是否要求匹配。具体示例如图 6.10 所示。

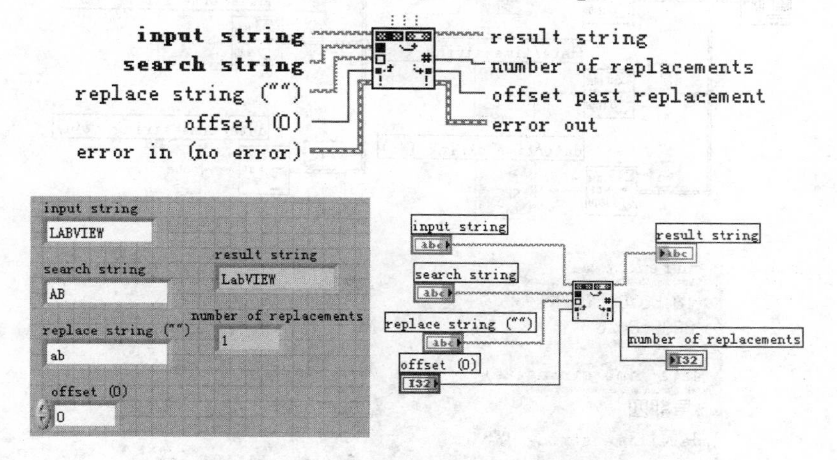

图 6.10　查找和替换字符串函数操作示例

（6）模式匹配函数（Match Pattern）

匹配字符串函数，用于从指定的偏移处搜索表达式，并将原字符串分为 3 部分后进行输出，即匹配子字符串之前的字符串、匹配字符串和匹配子字符串之后的字符串，同时输出匹配后的偏移量。

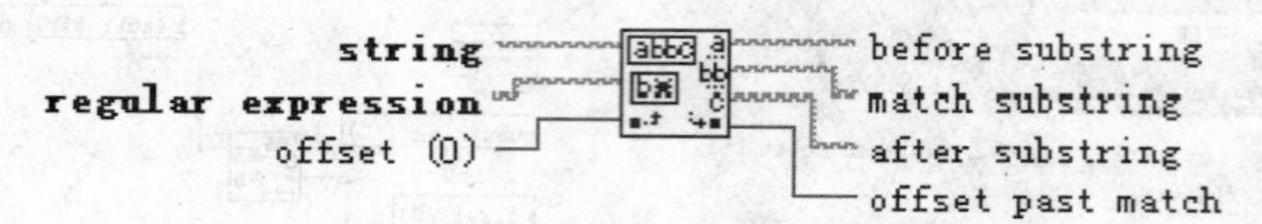

（7）日期时间与字符串转换函数（Format Date/Time String）

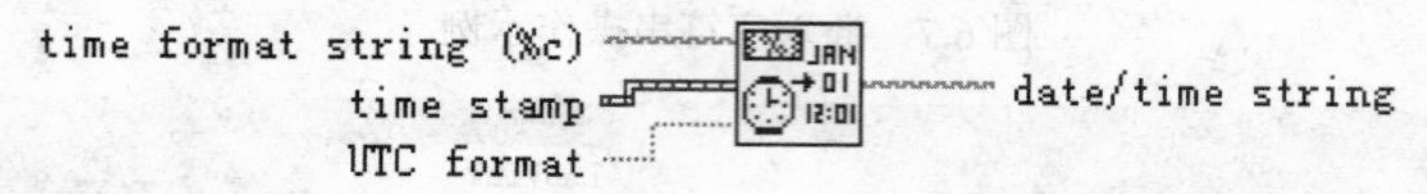

该函数将 time stamp 类型的日期时间数据按设定的格式转换为字符串。

具体的格式：

%a：显示当天是星期几；

%b：显示月份；

%c：显示本地机器设定的日期时间格式；

%d：显示当天是该月的第几天；

%H：显示小时（24 小时制）；

%I：显示小时（12 小时制）；

%m：显示月；

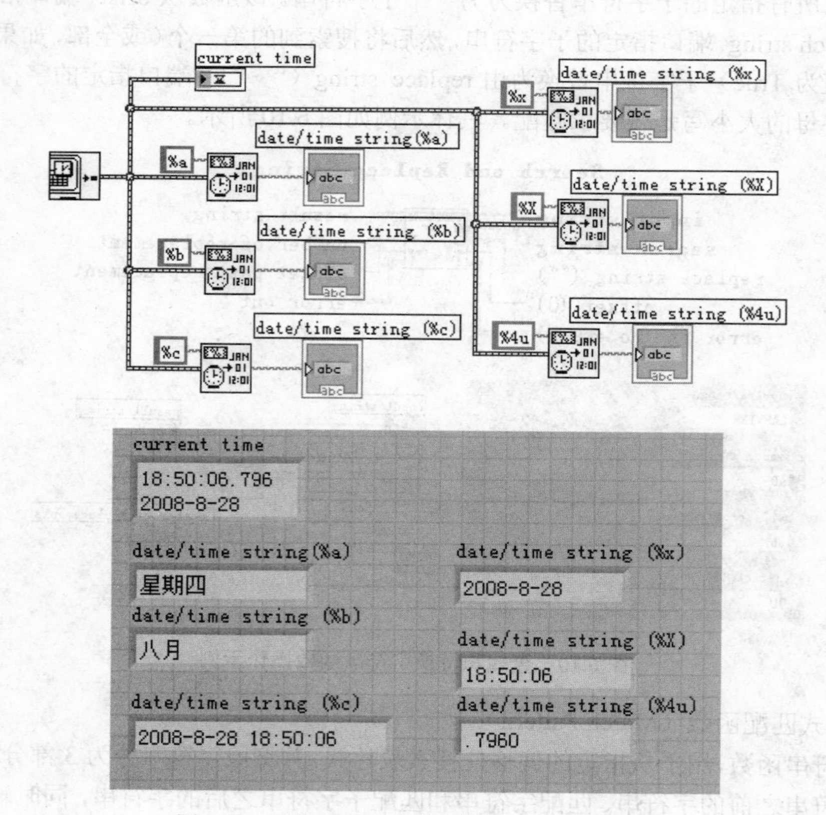

图 6.11　日期时间与字符串转换函数操作示例

%M：显示分钟数；

%p：显示上午 a.m 或下午 p.m 标志；

%S：显示秒；

%x：显示本地机器格式的日期；

%X：显示本地机器格式的时间；

%y：显示本世纪的年份（2 位）；

%Y：显示包括世纪的年份（4 位）；

%<digital>u：按一定的精度（digital 指定）显示秒的小数部分。

具体示例如图 6.11 所示。

6.2　文件 I/O

文件 I/O 操作主要是指文件的输入和输出操作，文件操作是程序设计的重要内容。LabVIEW 通过各种不同的文件操作函数节点，实现了功能强大的文件操作。这些节点可以对多种类型的文件格式进行操作，既可对程序产生的数据进行记录（数据输入到文件），以便对这些数据进行存储；也可以从文件中读出数据，继而利用 LabVIEW 强大的数据分析功能对文件中的数据进行分析和处理。LabVIEW 提供的文件操作函数在程序框图窗口中的选取路径如图 6.12 所示。

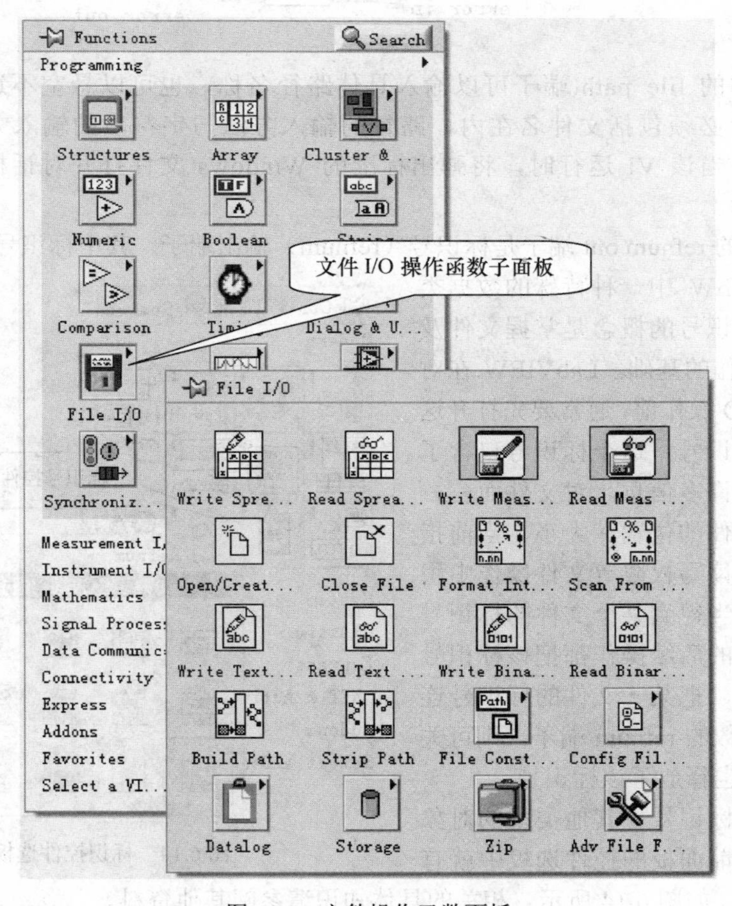

图 6.12　文件操作函数面板

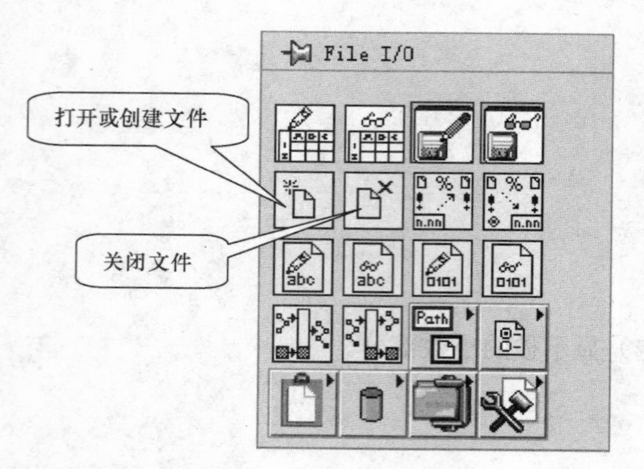

图 6.13　打开/创建和关闭文件在文件 I/O 函数选板中的位置

对文件的操作主要有写文件（Write）、读文件（Read）两种。无论哪种操作，都包含 3 个顺序不变的具体步骤，即首先是打开或创建一个文件（Open/Create），然后对该文件进行读或写操作，最后是关闭该文件（Close）。

LabVIEW 提供的文件类型，一般常用的有：文本文件、表单文件、二进制文件和波形文件。

6.2.1　打开/创建和关闭文件

打开/创建和关闭文件在文件 I/O 函数选板中的位置如图 6.13 所示。

（1）打开或创建文件

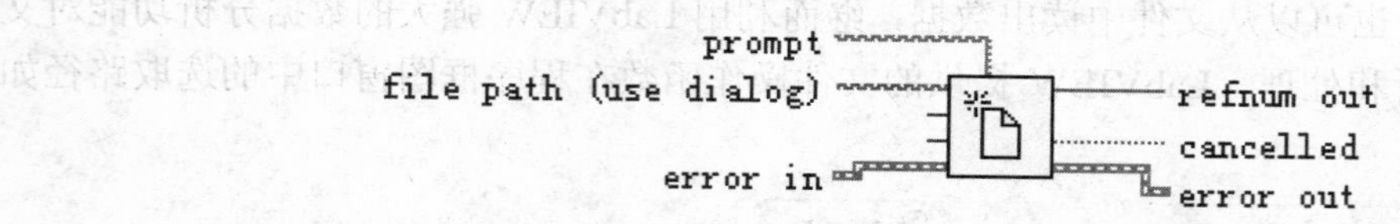

输入端子中的 file path 端子可以输入具体路径名称，也可以悬空不连接。当输入具体路径名称时，必须包括文件名在内，路径的输入方法与字符串的输入方法完全相同；若悬空不连接，当该 VI 运行时，将弹出标准的 Windows 文件打开对话框，可从中选择需要操作的文件。

输出端子中的 refnum out 端子是标识号（refnum）输出端子，其中标识号也称为引用号。标识号是 LabVIEW 中一种特殊的数据类型，正确理解标识号的概念是掌握文件及其他对象 I/O 操作的基础。LabVIEW 在对一个对象进行 I/O 操作前，通常要先打开这个对象的一个标识号，这个标识号包含了这个特定对象的许多信息。对文件而言，它包含了这个文件的位置、大小、当前指针位置、类型、读写权限等文件操作中用到的重要信息。当得到某个文件的标识号以后，对该文件的后续操作都把该标识号作为输入，例如，把某一文件的标识号连线到关闭文件函数的 refnum 端子，则可关闭该文件，同时也释放了该标识号。

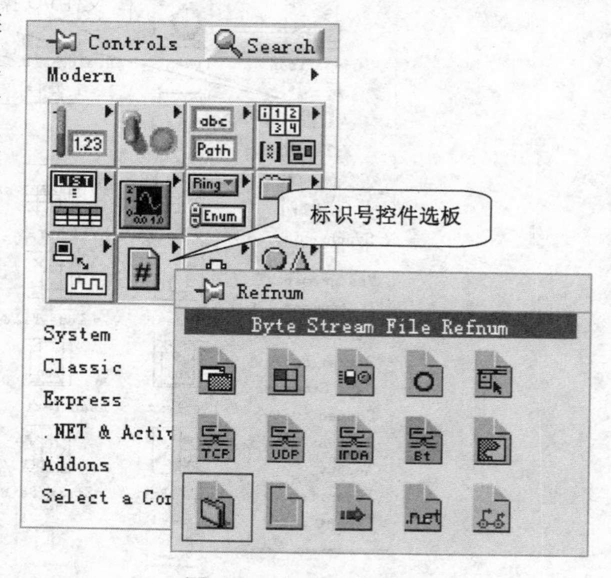

图 6.14　标识控件选板

不仅文件有标识号，其他类型的对象也有标识号。在前面板的控件选板中就有标识号控件选板，如图 6.14 所示。相关的具体知识请参阅其他资料。

（2）关闭文件

Close File

refnum
error in　　error out

关闭文件函数的一个输入就是前述的标识号输入端子。执行该函数可关闭文件。任何文件执行完读写操作后，必须要关闭。

6.2.2　文本文件的读写操作

文本文件就是把字符串以 ASCII 编码格式存储在文件中。最常见的文本文件是.txt 文件，它可用多种应用程序打开，譬如记事本、写字板、Word、Excel 等。在将需要的数据存储为文本文件时，事先需要将数据转换为字符串，这一点务必注意。

文本文件的读写函数如下所示。

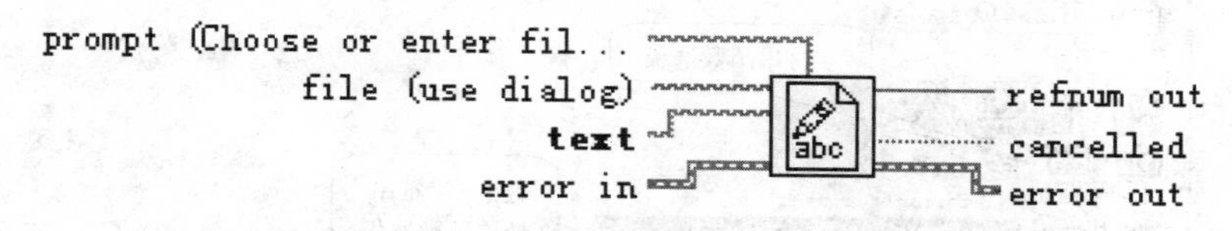

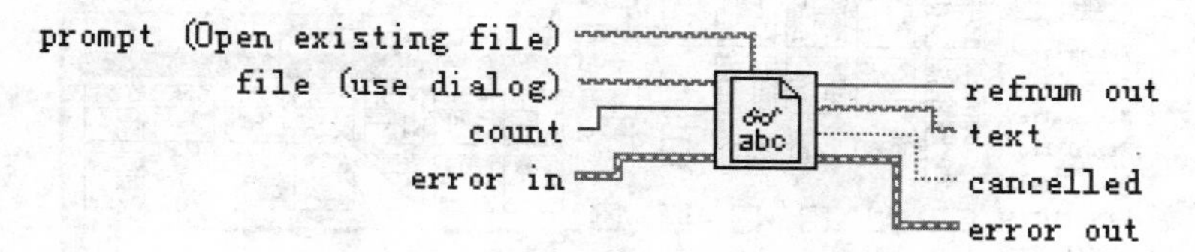

【案例 6.2.2.1】 文本文件写操作示例 1

步骤 1：新建一个文本文件

假定在 D 盘根目录下新建一个文本文件，并命名为 textfile1.txt（读者可在其他目录下建立不同名字的文本文件，后续操作中的相应目录路径及文件名请对应修改）。

步骤 2：编辑程序框图

步骤 2.1：在程序框图窗口中添加写文本文件函数节点和关闭文件函数节点。

步骤 2.2：在写文本文件的 file（use dialog）输入端子上创建常量（右击后选择 Create | Constant），将出现路径编辑条，在其中输入 D: \textfile1.txt，即输入刚才新建的文本文件的路径及文件全名。

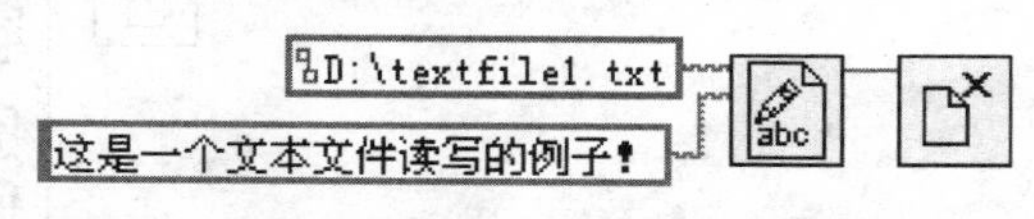

步骤 2.3：在写文本文件的 text 输入端子上创建字符串常量，并输入“这是一个文本文件读写的例子！”。

步骤 3：连线，运行该 VI 并查看结果。

文本文件写操作示例程序框图及运行结果如图 6.15 所示。

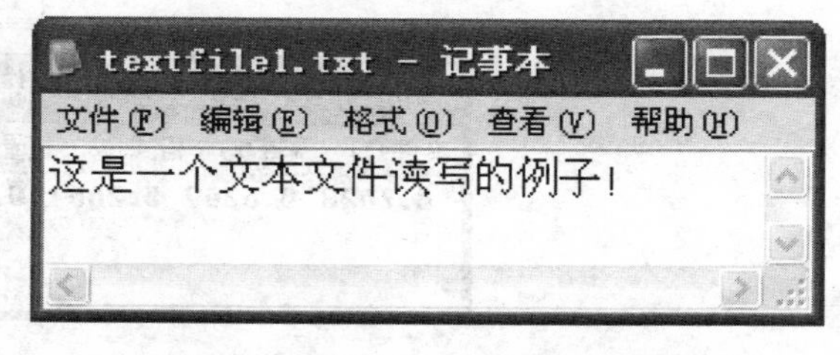

图 6.15　文本文件写操作示例 1

【案例 6.2.2.2】 文本文件读操作示例 1

对于上例写的文本文件，通过文本文件读操作函数节点可读出其内容，并通过字符串指示器在前面板显示。程序框图和前面板、运行结果如图 6.16 所示。

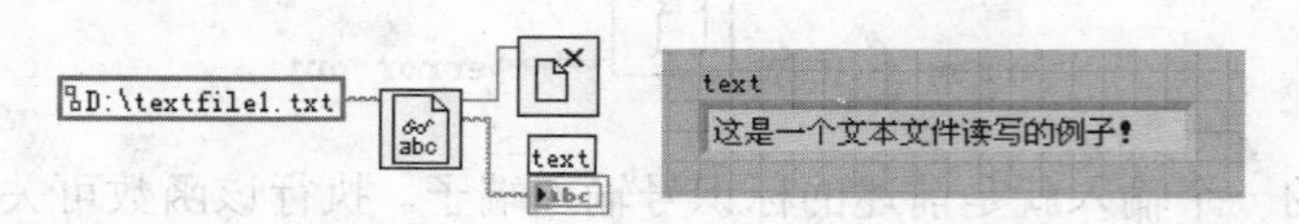

图 6.16 文本文件读操作示例 1

【案例 6.2.2.3】 文本文件写操作示例 2

本例实现将 For 循环产生的 6 个 0～1 随机数先通过数值转换字符串函数将其转换成字符串后，再写入到文本文件 d: \textfile2.txt 中。其中每个 0～1 随机数在文本文件中占 7 个字符宽度，小数点后保留 4 位精度。

数值转换字符串函数的选取路径如图 6.17 所示。

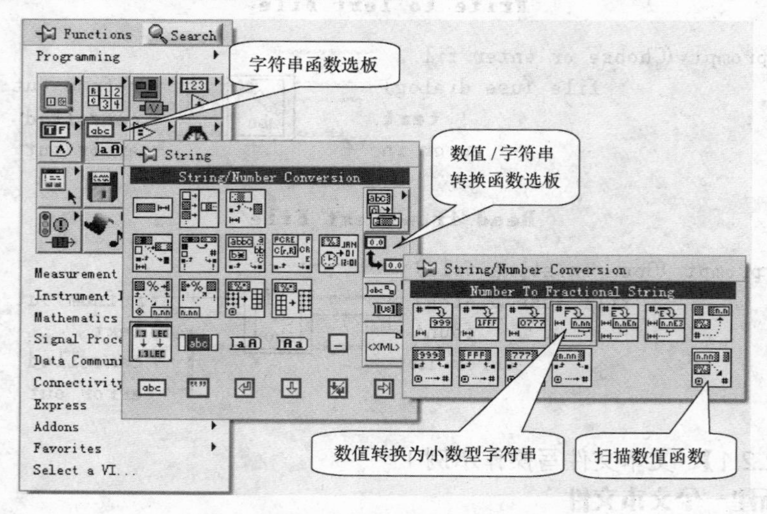

图 6.17 数值转换字符串函数

本例的程序框图与运行结果如图 6.18 所示。

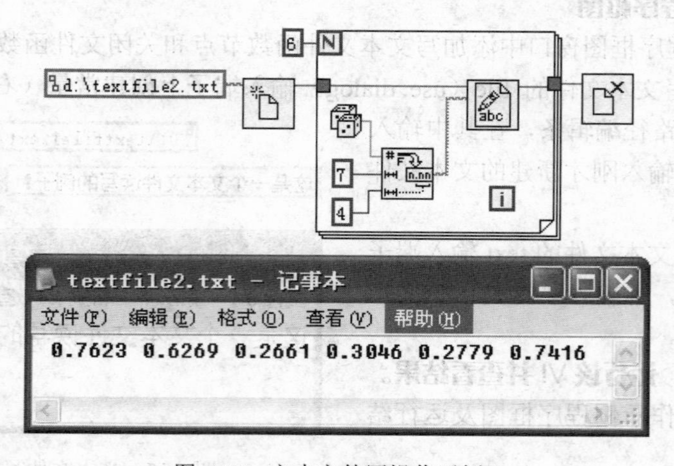

图 6.18 文本文件写操作示例 2

【案例 6.2.2.4】 文本文件读操作示例 2

本例要求将上例中写到文本文件 textfile2.txt 文件中的 6 个数值读出并构成数组，同时求其最大值、最小值以及最大值、最小值之和。

对于文本文件读函数而言，其输入端子中的 count 端子可以简单理解为每个字符串的宽度，由于文本文件 textfile2.txt 文件中的每个数值宽度都是 7 个字符，所以此处将 count 端子连接到常数 7。

本例中还用到了字符串和数值转换函数中的扫描数值函数 Scan Value，选取路径如图 6.17 所示，该函数可在字符串中按指定的格式扫描，获得与指定格式相同的一个或多个数值。本例中字符宽度为 7，小数点后有 4 位小数，故设为%7.4f。

本例的程序框图和前面板运行结果如图 6.19 所示。

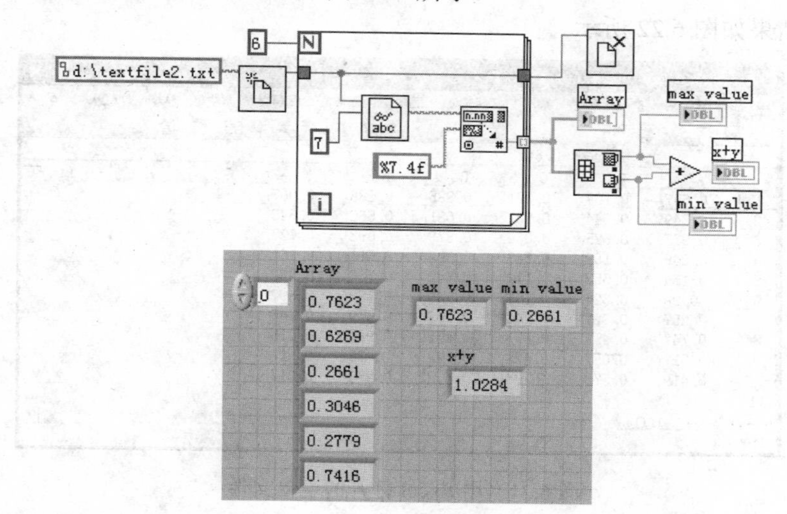

图 6.19 文本文件读操作示例 2

6.2.3 表单文件的读写操作

表单文件用于将数组数据存储为电子表格文件，用 Excel 等电子表格软件可以查看数据。就本质而言，表单文件也是文本文件，只是数据之间被自动的加入了制表符（Tab 符）或换行符。

表单文件读写函数如下所示。

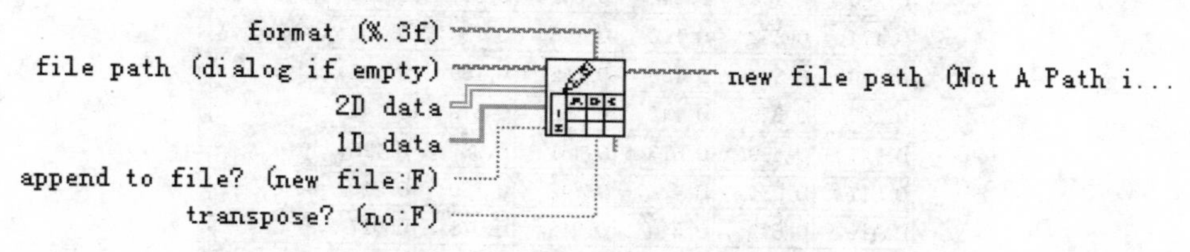

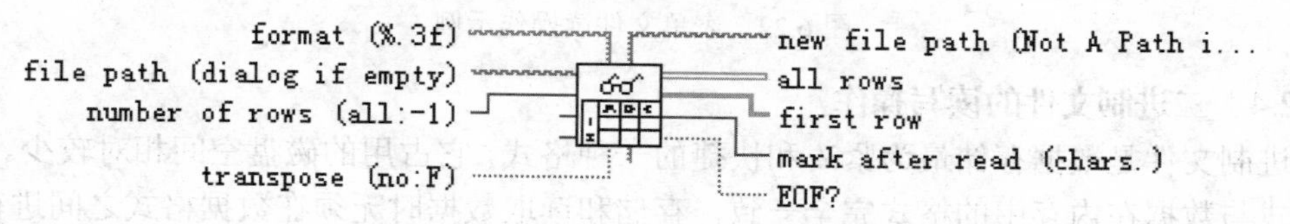

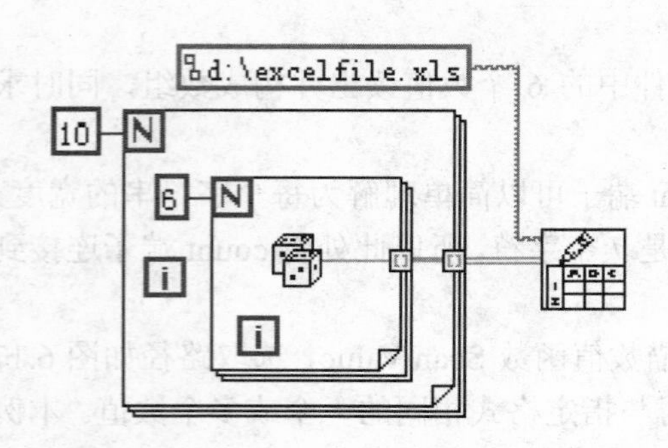

图 6.20　表单文件写操作示例程序框图

【案例 6.2.3.1】 表单文件写操作示例

本案例将 For 循环生成的 10 行 6 列二维随机数数组写入表单文件 d:\excelfile.xls 中。其程序框图如图 6.20 所示。

用 Excel 软件打开 d:\excelfile.xls 表单文件，可以看到 10 行 6 列的随机数填写在该文件中。如图 6.21 所示。

【案例 6.2.3.2】 表单文件读操作示例

本案例将上例所写表单文件中的数据读出，并用二维数组指示器显示二维数组的值。程序框图和二维数组结果如图 6.22 所示。

Microsoft Excel - excelfile.xls

A1　0.642

	A	B	C	D	E	F	G	H	I
1	0.642	0.128	0.331	0.885	0.288	0.067			
2	0.349	0.044	0.881	0.681	0.562	0.648			
3	0.977	0.525	0.334	0.878	0.698	0.727			
4	0.246	0.168	0.542	0.002	0.511	0.161			
5	0.174	0.652	0.112	0.748	0.766	0.232			
6	0.99	0.324	0.108	0.245	0.789	0.692			
7	0.287	0.925	0.142	0.162	0.679	0.746			
8	0.747	0.459	0.873	0.461	0.987	0.115			
9	0.517	0.051	0.422	0.742	0.75	0.918			
10	0.419	0.573	0.84	0.912	0.973	0.017			
11									

excelfile　就绪　数字

图 6.21　用 Excel 打开的表单文件

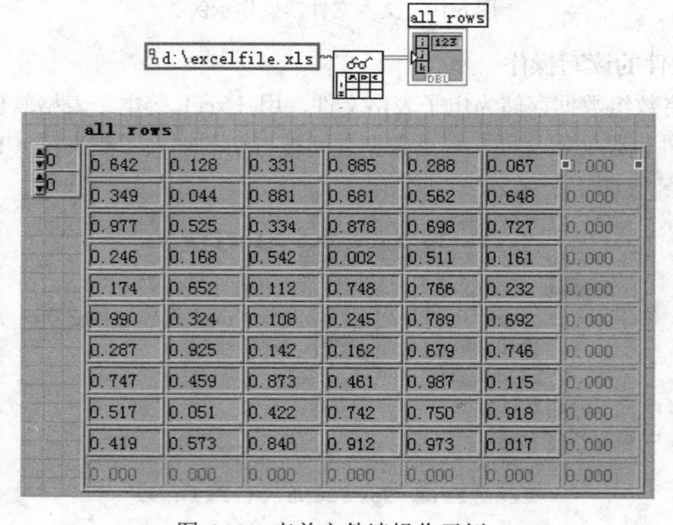

0.642	0.128	0.331	0.885	0.288	0.067	0.000
0.349	0.044	0.881	0.681	0.562	0.648	0.000
0.977	0.525	0.334	0.878	0.698	0.727	0.000
0.246	0.168	0.542	0.002	0.511	0.161	0.000
0.174	0.652	0.112	0.748	0.766	0.232	0.000
0.990	0.324	0.108	0.245	0.789	0.692	0.000
0.287	0.925	0.142	0.162	0.679	0.746	0.000
0.747	0.459	0.873	0.461	0.987	0.115	0.000
0.517	0.051	0.422	0.742	0.750	0.918	0.000
0.419	0.573	0.840	0.912	0.973	0.017	0.000
0.000	0.000	0.000	0.000	0.000	0.000	0.000

图 6.22　表单文件读操作示例

6.2.4　二进制文件的读写操作

二进制文件是数据存储最为紧凑和快捷的一种格式，它占用的磁盘空间相对较少。由于其存储格式与数据在内存中的格式完全一致，存储和读取数据时无须在数据格式之间进行转换，所以存储和读取数据的速度更快。多种数据类型的数据都可存储成二进制文件形式，需要留意的是，人们不能直接读懂二进制文件，必须通过程序翻译后才能读懂。在读取二进制文件时，必须指定读取二进制文件的数据格式,这个数据格式必须与存储该二进制文件时的数据格式相同，否则便不能正确读取。

LabVIEW 提供的二进制文件读写函数如下所示。

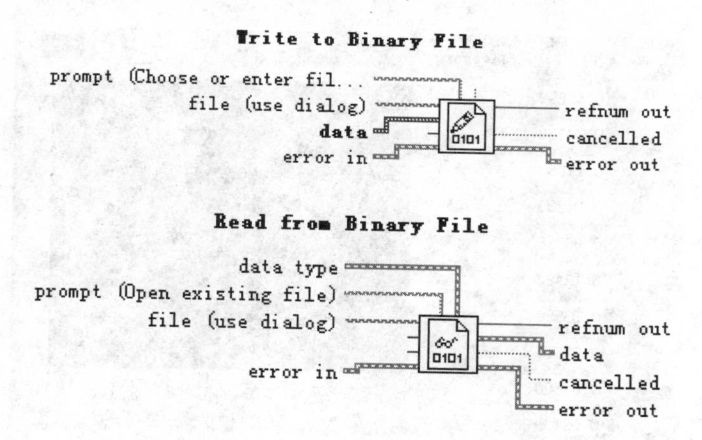

【案例 6.2.4.1】 二进制文件写操作示例

本案例练习产生 10 个随机数，通过波形图控件进行显示，并且把这 10 个随机数写入二进制文件 d：\binfile.dat 中。程序框图与相关结果如图 6.23 所示。

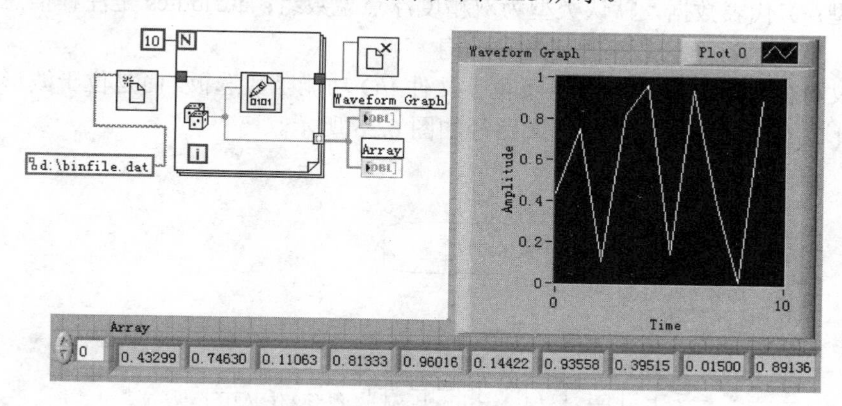

图 6.23 二进制文件写操作示例

【案例 6. 2. 4. 2】 二进制文件读操作示例

本案例练习读取二进制文件 d:\binfile.dat 中的 10 个随机数，通过波形图和数组指示器进行显示。由于二进制文件 d:\binfile.dat 中的数据是浮点数，所以，二进制文件读取函数的 data type 输入端子必须连接一个浮点数常量，以便指示以浮点数格式读取该文件的内容。另外，二进制文件读取函数的 count 计数输入端子连接常数 10，表明读取数据的个数。程序框图与相关结果如图 6.24 所示。

对比以上两个二进制文件，说明写入的二进制文件已被正确读出。

6.2.5 波形文件的读、写及导出操作

波形文件是专门用于存储波形数据的文件类型，而波形数据是 LabVIEW 中具有一定数据格式的簇。构成波形数据簇的元素有 t_0、dt、Y 和 attributes。其中，t_0 表示波形的起始时间，

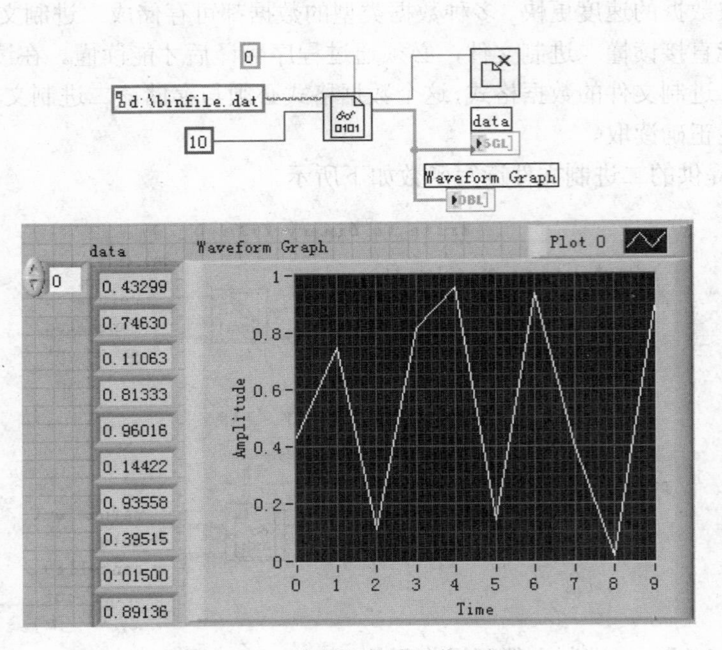

图 6.24 二进制文件读操作示例

数据类型为 Time Stamp；dt 代表波形数据中相邻数据点的时间间隔，单位是秒，数据类型是双精度浮点型；Y 代表数据，默认类型为双精度浮点型数组；attributes 是注释信息，数据类型为变量类型，默认情况下一般不显示注释信息。

对波形文件的读和写操作函数并不位于文件 I/O 功能函数选板，而是位于波形数据功能函数选板的波形文件 I/O 子选板中，选取路径如图 6.25 所示。

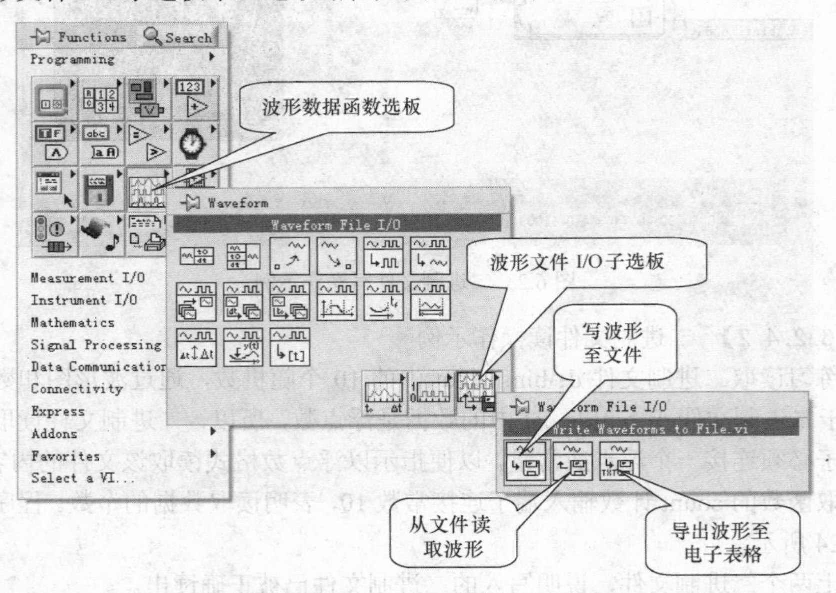

图 6.25 波形文件读写操作函数的选取路径

【案例 6.2.5】 波形文件读写及导出操作示例

本案例存储一个带有当前时间信息的波形数据到波形文件 d:\waveformfile.dat；然后再将

其读出，最后将波形数据导出至电子表格文件 d:\waveformfile.xls。

程序框图如图 6.26 所示。导出至电子表格文件 d:\waveformfile.xls 中的数据如图 6.27 所示。

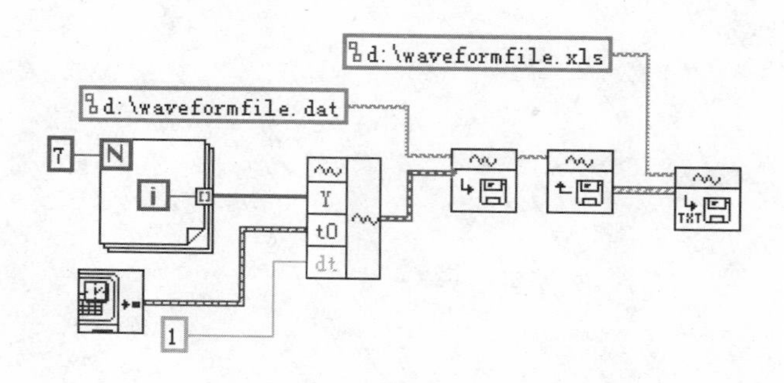

图 6.26　波形文件读写及导出操作示例程序框图

Microsoft Excel - waveformfile.xls

文件(F)　编辑(E)　视图(V)　插入(I)　格式(O)　工具(T)　数据(D)　窗口(W)　帮助(H)　Adobe PDF(B)

宋体　12　B　I　U

A1　waveform

	A	B	C
1	waveform	[0]	
2	t_0	2008-8-29 19:47	
3	delta t	1	
4			
5	time	Y[0]	
6	2008-8-29 19:47	0.00E+00	
7	2008-8-29 19:47	1.00E+00	
8	2008-8-29 19:47	2.00E+00	
9	2008-8-29 19:47	3.00E+00	
10	2008-8-29 19:47	4.00E+00	
11	2008-8-29 19:47	5.00E+00	
12	2008-8-29 19:47	6.00E+00	
13			

waveformfile

就绪　　数字

图 6.27　波形文件导出至电子表格

提　高　篇

第 7 章　信号处理基础与 Express VI

LabVIEW 提供了丰富且功能强大的数学工具，这些工具包括基本的数学运算、常用的和特殊的数学函数、线性代数、曲线拟合、插值、微积分、概率与统计、优化、微分方程、几何、多项式和脚本节点。这些工具为用户的编程提供了有力地支持，同时也为测量数据的处理与分析提供了极大的便利。

LabVIEW 作为自动化测试、测量领域的专业软件，信号数据和测量数据的分析处理是其重要的组成部分。LabVIEW 在提供大量丰富且功能强大的数学工具同时，其内部还集成了大量信号处理方面的函数。这些函数大多把实现细节封装起来，高度集成，用户不必分析它是如何实现的，只需了解其输入要求并合理配置输入参数，就可得到所需结果。

本章就数学工具和信号处理的部分函数作简要介绍，本章最后还介绍了 LabVIEW 提供的 Express VI 即快速 VI 的特点和使用方法。

7.1　数学函数操作

LabVIEW 提供的数学工具及函数库在功能与函数选板中的位置如图 7.1 所示，这些数学工具和函数被分成 12 个子函数库。考虑到部分函数专业化程度较高以及使用者的专业方向不同，此处仅就常用函数中的部分函数作简要介绍，其他函数请查阅相关资料。

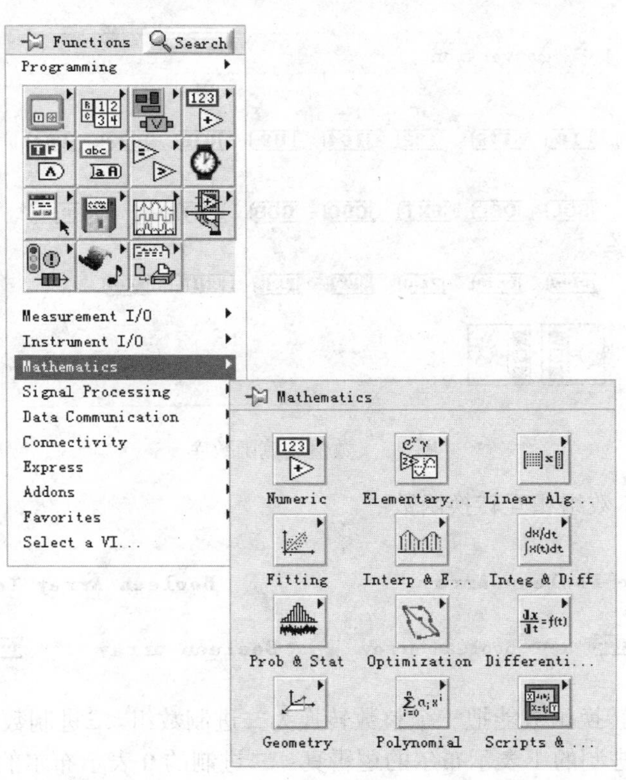

图 7.1　数学工具及函数库

7.1.1 数值运算函数操作

数值运算子函数库内的相关函数如图 7.2 所示，其中很多函数已在入门篇做过详细介绍，此处仅就数据类型转换、字节或字数据操作、复数数据运算的部分函数作简要介绍。

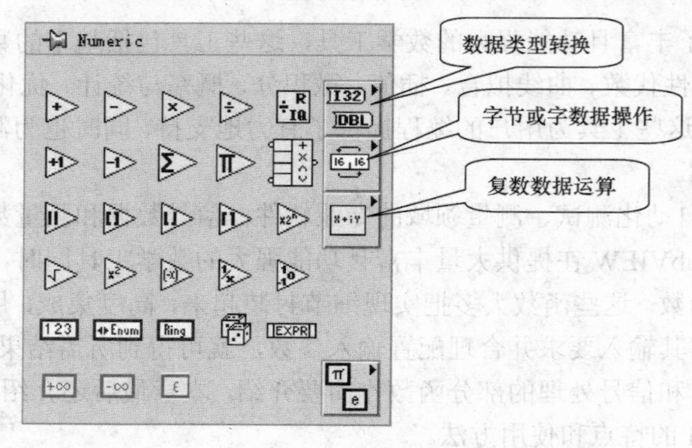

图 7.2 数值运算函数库

【案例 7.1.1.1】 数据类型转换

数据类型转换函数集如图 7.3 所示，前面两行属于基本数据类型转换，其使用方法一目了然，此处不再赘述。本案例主要介绍布尔类型与数值类型、字符串与数组之间的类型转换。

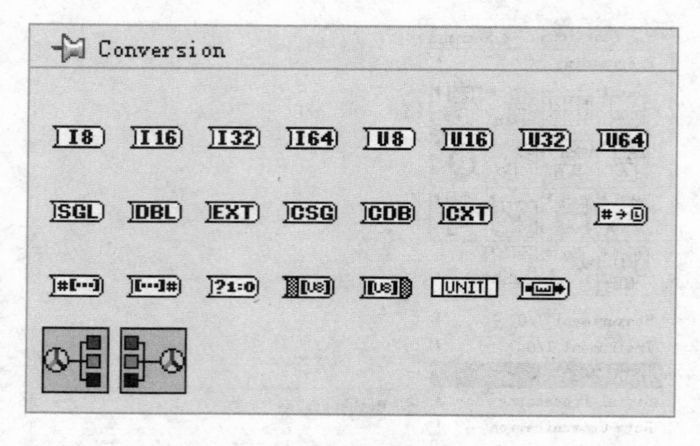

图 7.3 数值运算函数库

（1）数值与布尔数组相互转换函数

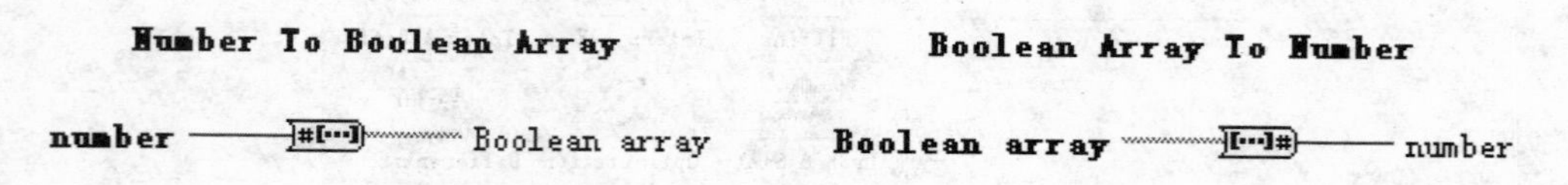

数值到布尔数组转换函数能把一个整数转换为二进制数组，二进制数组的每一位对应布尔数组的一个元素。二进制的 1 表示布尔的逻辑真；二进制的 0 表示布尔的逻辑假。相反，布尔数组到数值转换函数能把布尔数组的元素逻辑真和逻辑假对应转换为 1 和 0，而后又把 1 和 0 的二进制序列转换为相应的十进制数值。具体示例如图 7.4 所示。

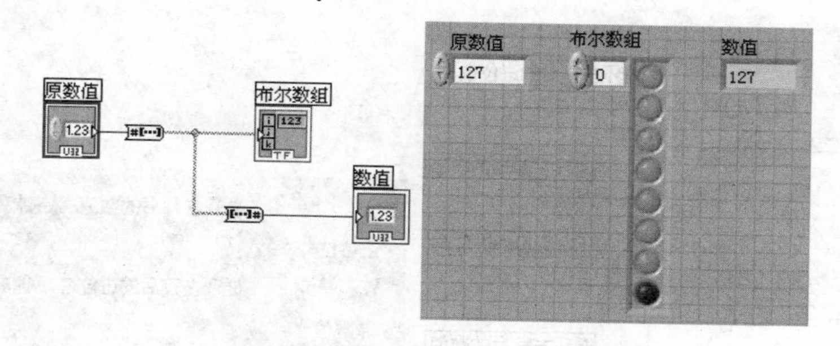

图 7.4　数值与布尔数组相互转换

（2）布尔值转换为数值 0 或 1 函数

Boolean To (0,1)

Boolean ⟶ 0, 1

此函数的功能相对简单，把布尔的逻辑真转换为数值 1，把布尔的逻辑假转换为数值 0。

（3）字符串与 ASCII 码数值数组转换函数

String To Byte Array

string ⟶ unsigned byte array

Byte Array To String

unsigned byte array ⟶ string

字符串到 ASCII 码数值数组转换函数可把字符串的每一个字符依次转换为对应的 ASCII 码数值，并按原有顺序组成一个无符号数值数组。无符号数值数组到字符串转换函数的功能恰好相反。示例如图 7.5 所示。

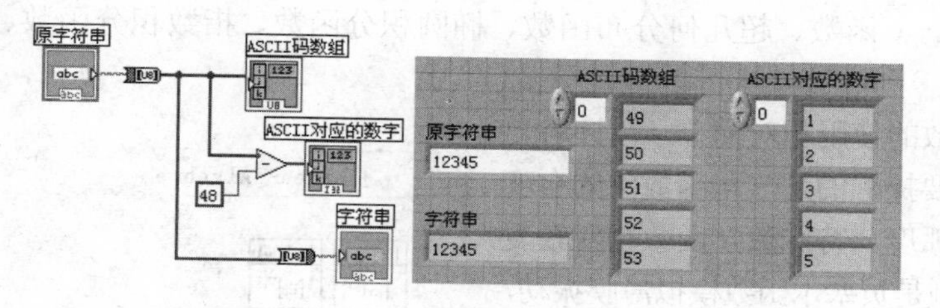

图 7.5　字符串与 ASCII 码数值数组相互转换

【案例 7.1.1.2】 字节或字数据操作函数

字节或字数据操作函数集如图 7.6 所示，其中包括针对整数，特别是无符号整数的循环移位、逻辑移位、带进位的移位操作等。需要提醒的是：无符号整数包括 U64、U32、U16 和 U8 四种类型，每一种类型都有其取值范围。例如，U8 的取值范围是[0，255]，若超过最大取值，一般是按最大值处理，所以在运用这些函数时，对数据类型及取值范围要予以特别关注。有关字节或字数据操作示例如图 7.7 所示。其他函数请读者自己尝试。

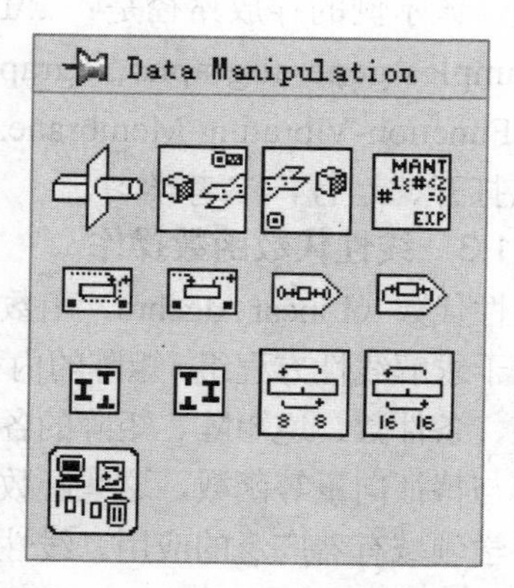

图 7.6　字节或字数据操作函数

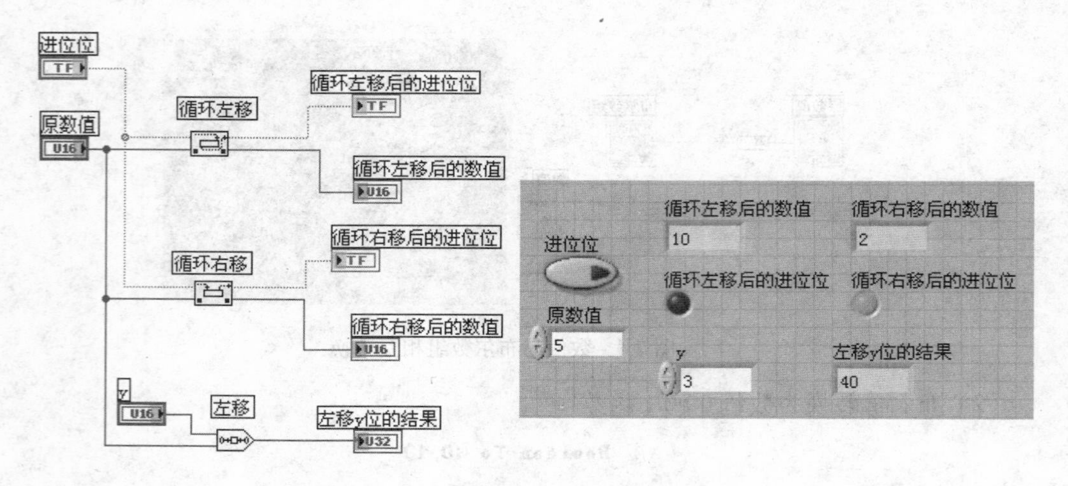

图 7.7　字节或字数据操作示例

【案例 7.1.1.3】　复数数据运算

关于复数运算的函数如图 7.8 所示，包括复数共轭函数、由模和辐角或实部和虚部构建复数函数、复数模和辐角或实部和虚部相互转换函数等。这些函数的使用比较简单，此处仅列举出来而不再举例，请读者自己尝试练习掌握。

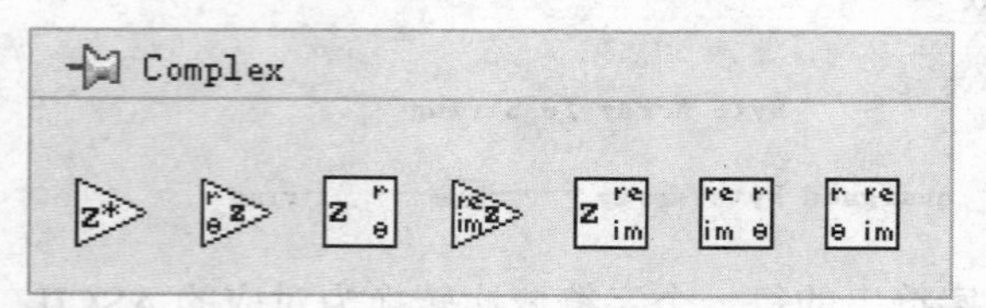

图 7.8　复数运算函数

7.1.2　数学函数操作

基本数学函数集包含了大部分基本数学函数和特殊数学函数，具体有：三角函数、指数与对数函数、双曲函数、门函数、离散数学函数、贝塞尔函数、γ 函数、超几何分布函数、椭圆积分函数、指数积分函数、误差函数和椭圆抛物函数等。

基本数学函数的使用相对简单，请读者自己练习掌握。需要提醒的是三角函数中的自变量不是角度而是弧度。特殊数学函数相对较复杂，一个典型示例是贝塞尔函数模拟薄膜振动，该示例是随 LabVIEW 软件一起发布的一个样例程序，该示例的存放路径是：...\LabVIEW 8.0\examples\general\graphs\3dgraph.llb\Bessel Function-Vibrating Membrane.vi，请读者自己打开、运行，参考学习。

7.1.3　线性代数函数操作

线性代数（Linear Algebra）函数集包含了大量用于求解线性方程组，矩阵的内积、范数、秩、迹、条件数、逆矩阵、矩阵的各式分解、特征值与特征向量等函数，这些函数在现代工程和科学领域有着广泛的应用。线性代数函数集包含的函数如图 7.9 所示。

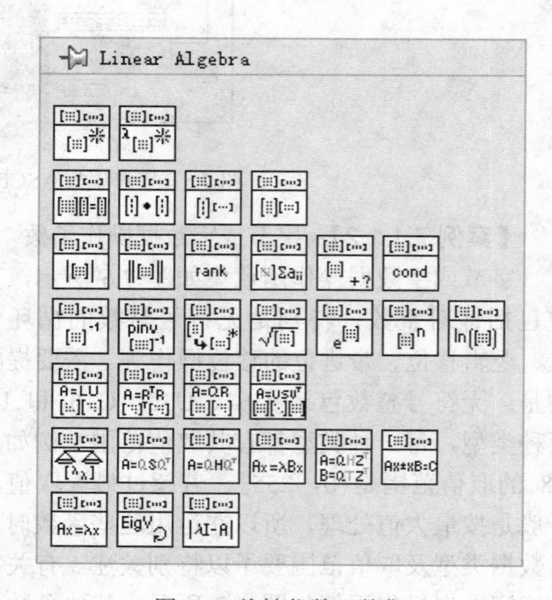

图 7.9　线性代数函数集

【案例 7.1.3.1】 求解线性方程组

求解线性方程组函数的 VI 为：Solve Linear Equations.vi。假设需要求解的方程组是：

$\begin{cases} x+y=5 \\ x-y=1 \end{cases}$ 则线性方程组 $\boldsymbol{Ax=b}$ 中， $\boldsymbol{A}=\begin{bmatrix} 1 & 1 \\ 1 & -1 \end{bmatrix}$， $\boldsymbol{b}=\begin{bmatrix} 5 \\ 1 \end{bmatrix}$，

应用该函数求解线性方程组的程序框图和前面板如图 7.10 所示。

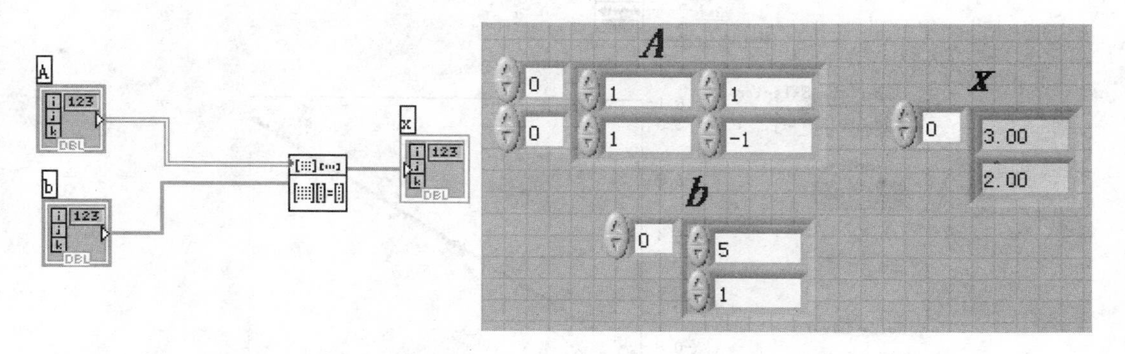

图 7.10 线性方程组的求解

【案例 7.1.3. 2】 求矩阵的逆矩阵以及矩阵的乘法运算(图 7.11)

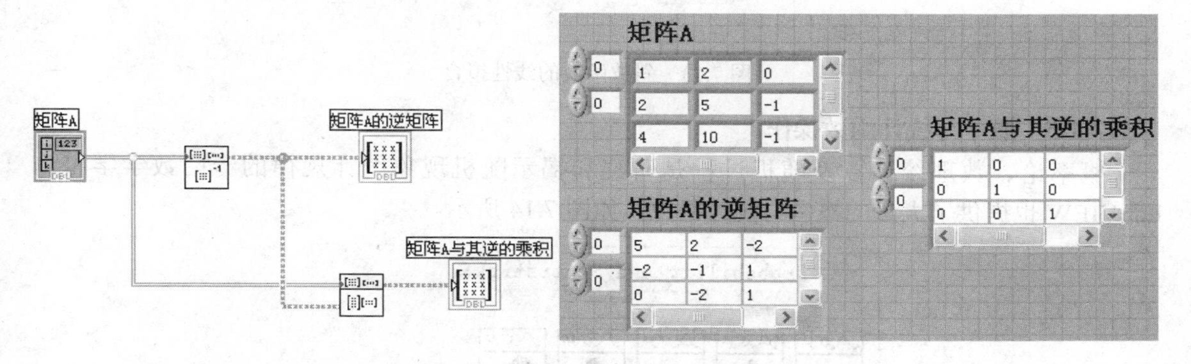

图 7.11 矩阵的逆矩阵以及矩阵的乘法运算

7.1.4 曲线拟合函数操作

曲线拟合函数集合如图 7.12 所示，包含了线性、指数、对数、幂次、高斯、多项式、最小二乘法、三次样条等拟合方法。下面引用 LabVIEW 自带的拟合样例 VI，说明曲线拟合的使用。该 VI 的存放路径是：…\National Instruments\LabVIEW8.0\examples\analysis\regressn.llb\reg - ressions demo.vi。该样例用线性、指数、多项式三种拟合方法分别拟合一个加噪的斜坡函数，其中的线性拟合前面板和程序框图如图 7.13 所示。

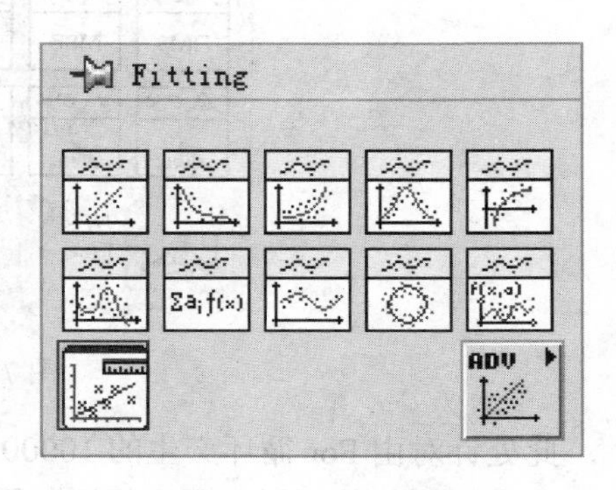

图 7.12 曲线拟合函数集

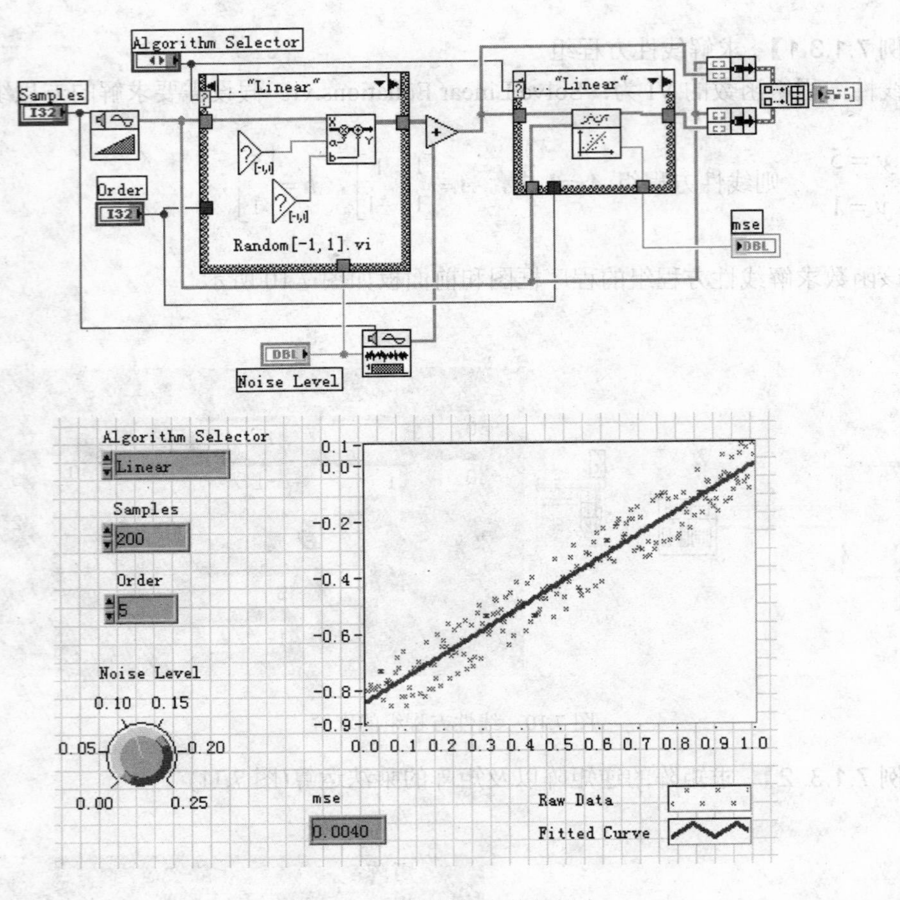

图 7.13　斜坡函数的线性拟合

7.1.5　概率与统计函数操作

概率论、数理统计以及随机过程是研究和揭示随机现象统计规律的一门数学学科。LabVIEW 也提供了大量的概率与统计函数，如图 7.14 所示。

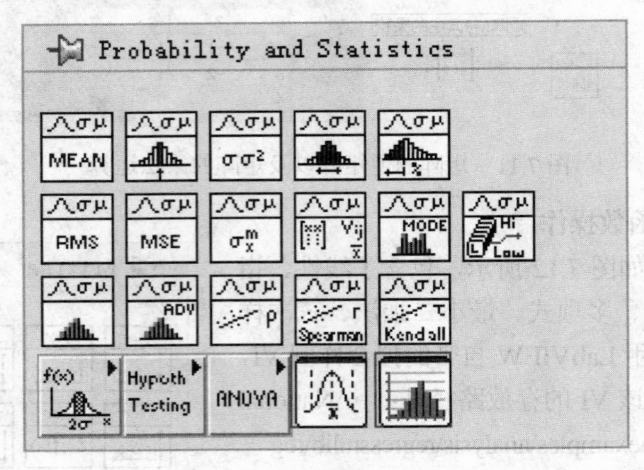

图 7.14　概率与统计函数库

此处针对由 For 循环产生的 10000 个（0，1）随机数序列，求其均值、标准偏差、方差以及绘制直方图。前面板和程序框图如图 7.15 所示。

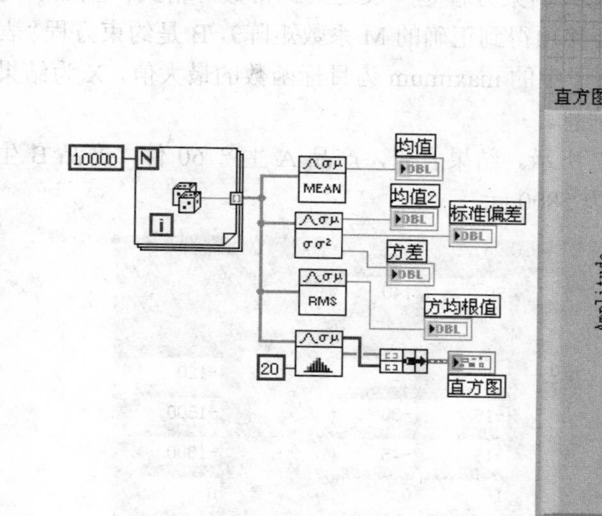

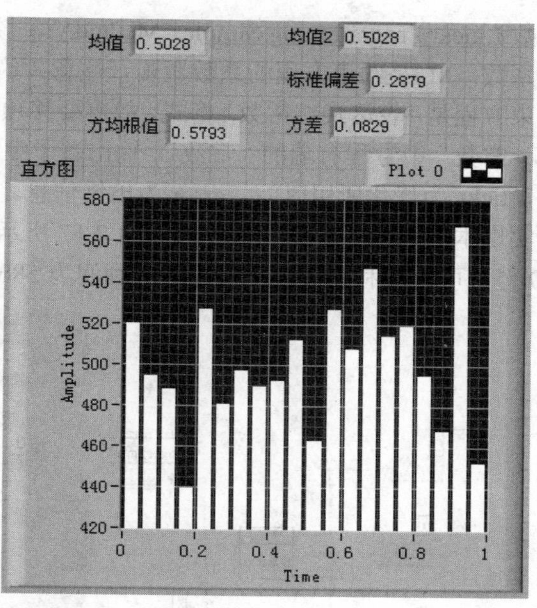

图 7.15　（0，1）随机数序列的统计量

7.1.6　优化函数操作

优化（Optimization）是一门在工业生产和管理实践中广泛应用的管理学科。优化问题一般与实际工作紧密结合，所以实用性很强。LabVIEW 提供的优化函数如图 7.16 所示。

下面是一个线性优化的例子。

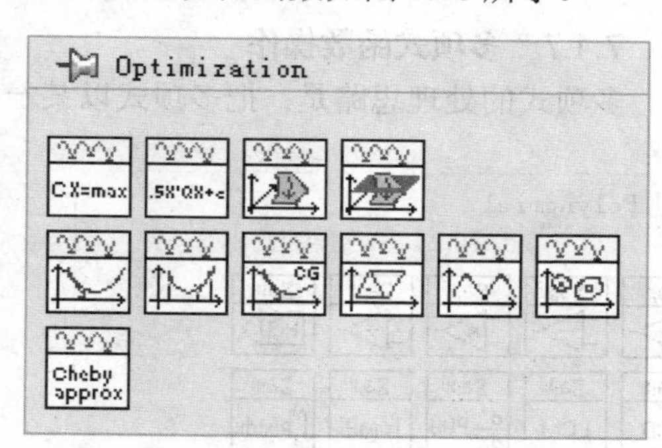

图 7.16　优化函数库

一个工厂生产 A 和 B 两种产品，每售出一件产品 A 可获得利润 50 元，每售出一件产品 B 可获得利润 140 元。由于仓储问题，产品 A 和产品 B 的生产总量不能超过 120 件。工厂能用来购买原材料的资金最多为 1500 元，而产品 A 的原材料成本为 15 元/件，产品 B 的原材料成本为 30 元/件，同时生产产品 A 的工人工资成本平均为 15 元/件，生产产品 B 的工人工资成本平均为 45 元/件，支付工人的工资成本总量应小于 1800 元。问两种产品 A 和 B 各应生产多少件才能使得利润最大化。

分析：设产品 A 应生产 x_1 件，产品 B 应生产 x_2 件。根据题意，列出约束方程：

$$x_1+x_2 \leqslant 120$$

$$15x_1+30x_2 \leqslant 1500$$

$$15x_1+45x_2 \leqslant 1800$$

$$x_1 \geqslant 0$$

$$x_2 \geqslant 0$$

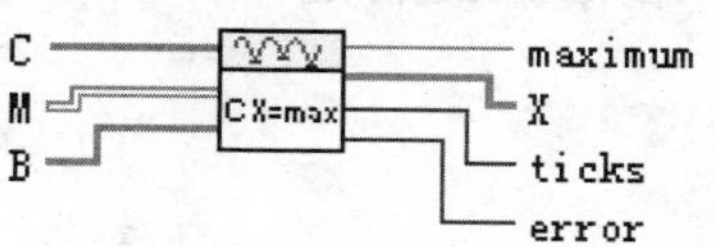

目标函数为：$50x_1+140x_2=$ 最大

求解：应用 LabVIEW 优化函数中的线性优

化函数 Linear Programming Simplex Method.vi，该函数的端子如左图所示。其中，C 是目标函数的系数，M 是约束方程的系数矩阵（注意：约束方程是“表达式≥常数”格式，上面所写的约束方程是“表达式≤常数”格式，故需要移项得到正确的 M 系数矩阵），B 是约束方程“表达式≥常数”中方程右端的“常数”。输出端子中的 maximum 为目标函数的最大值，X 为结果矢量，ticks 为优化所用时间，error 为出错信息。

实现本例的程序框图和前面板如图 7.17 所示。结果表明，产品 A 生产 60 件，产品 B 生产 20 件，可使得利润最大化，且最大利润为 5800 元。

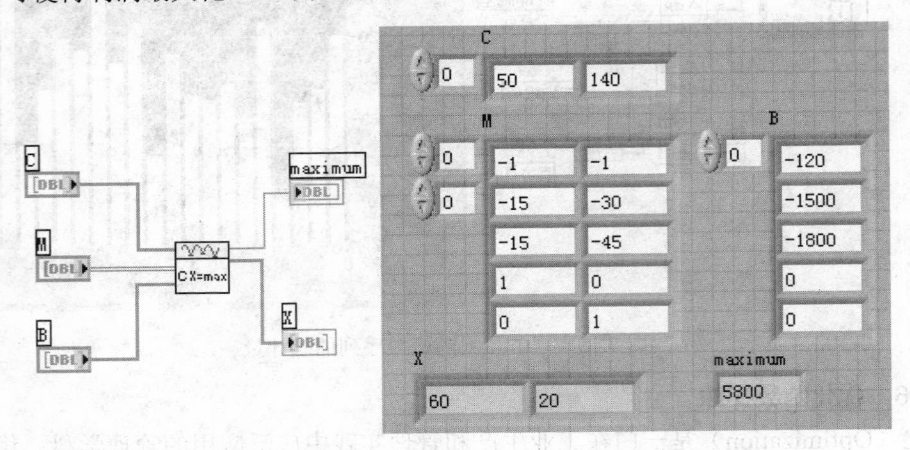

图 7.17　优化示例

7.1.7　多项式函数操作

多项式的处理思路是：把多项式以某一变量的升幂（或降幂）排列，然后提取各幂次项的系数，幂次缺项的系数用 0 补齐，这样就得到该多项式的系数数组。运算结果依然遵守该原则。LabVIEW 提供的多项式函数库如图 7.18 所示。

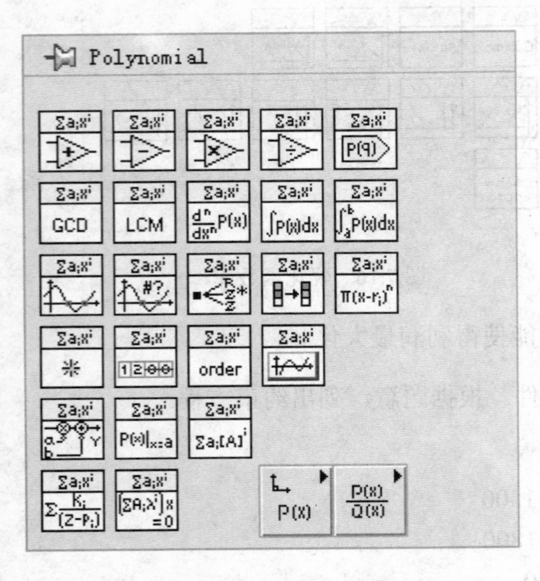

图 7.18　多项式函数库

【案例 7.1.7.1】 多项式求和与数组求和的比较

多项式求和使用多项式求和函数 Add Polynomials.vi，求和时以数组中较长的数据为准，即结果数组的长度与两个加项中较长数组的长度一致。而数组求和时，如果两个数组长度不一致，则以较短数组的长度为准，较长数组的其他多余元素被忽略。

假设多项式 $y_1 = 1 + 2x + 3x^2$，其系数数组为 [1 2 3]；多项式 $y_2 = 1 + 2x$，其系数数组为[1 2]。多项式的求和与数组求和的程序框图、前面板如图 7.19 所示，结果与上述陈述一致。

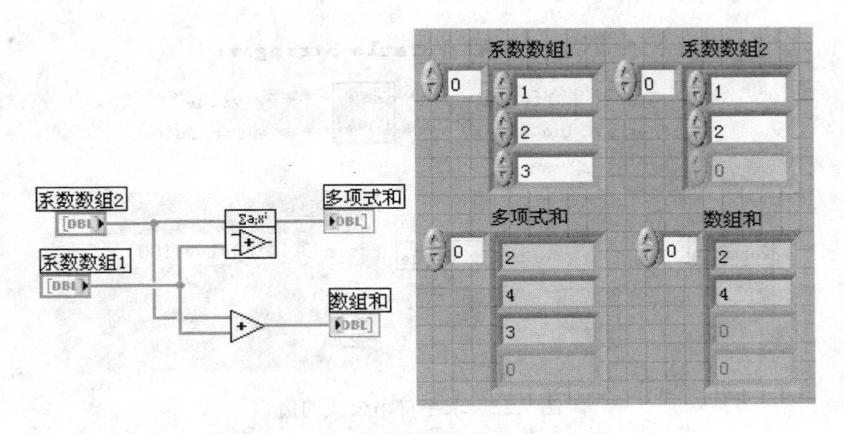

图 7.19 多项式求和与数组求和比较

【案例 7.1.7.2】 多项式方程求根

求多项式方程 $x^3-6x^2+11x-6=0$ 的根。

应用多项式求根函数 Polynomial Roots.vi 求解多项式方程的根。如图 7.20 所示。

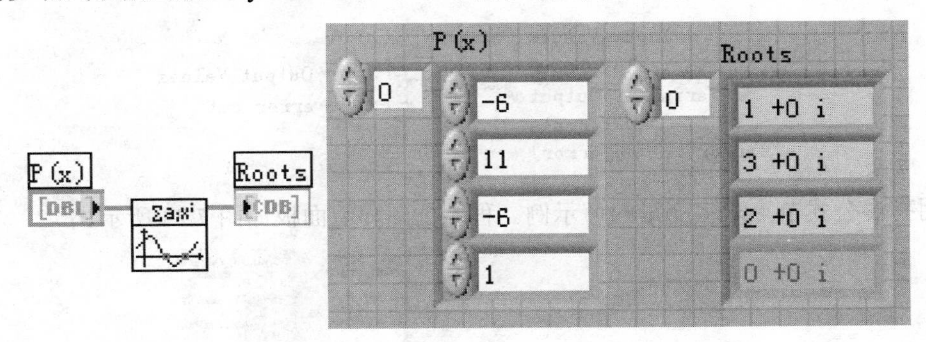

图 7.20 多项式方程求根

7.1.8 脚本和公式节点函数操作

LabVIEW 提供的脚本和公式节点函数面板如图 7.21 所示。由于脚本部分使用涉及 m 文件等概念，本教材第 8 章对此作了详细介绍。此处仅介绍其中 1D & 2D Evaluation 子集的部分函数的使用。

（1）求字符串公式值的 VI（Eval Formula String.vi）

以前使用的公式，当编辑确定以后，在程序运行期间一般是不允许修改的，程序的交互性不高。而字符串公式可以在程序运行期间进行编辑，运行结果是公式的值。示例如图 7.22 所示。

（2）公式扩展节点 VI（Eval Formula Node.vi）

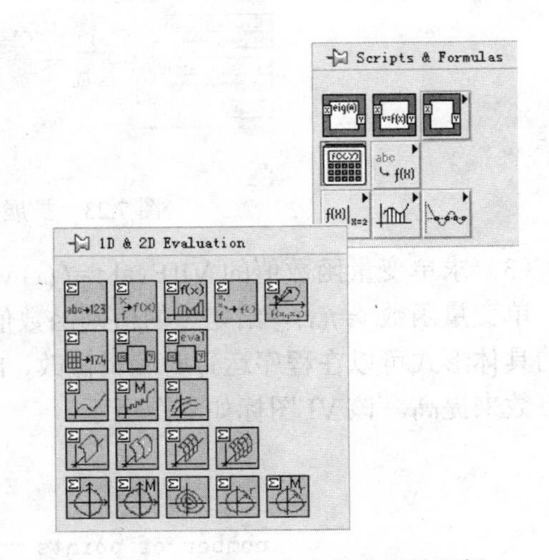

图 7.21 脚本和公式节点函数面板及其 1D & 2D Evaluation 子面板

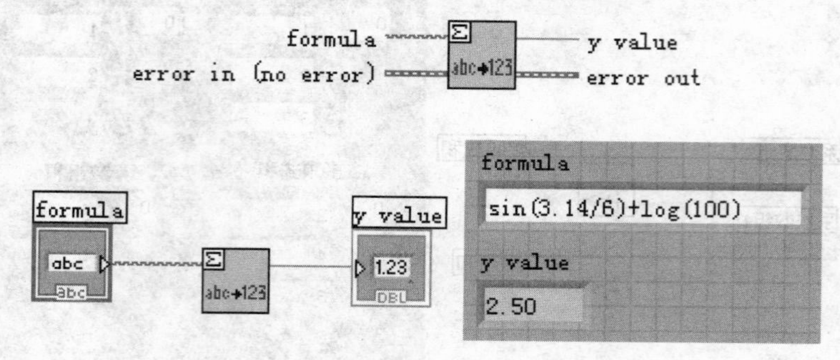

图 7.22　求字符串公式的值

公式扩展节点的使用方法与公式节点相仿，但它比公式节点更灵活、更方便。其一是公式在程序运行时可以修改；其二是多变量输入，且变量值可以随时修改。扩展的公式节点的图标如下图所示。

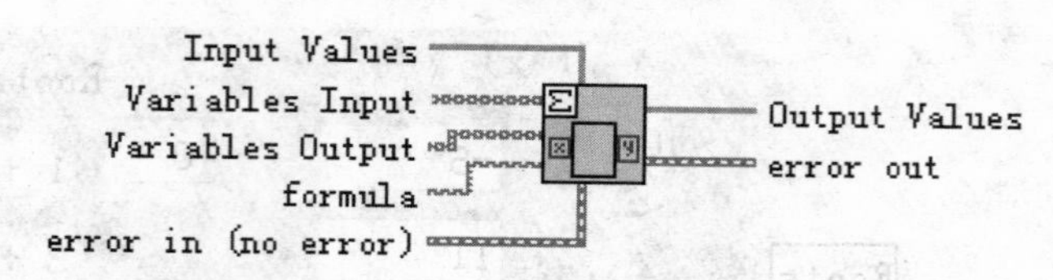

应用扩展公式节点求多变量的值示例。程序框图和前面板如图 7.23 所示。

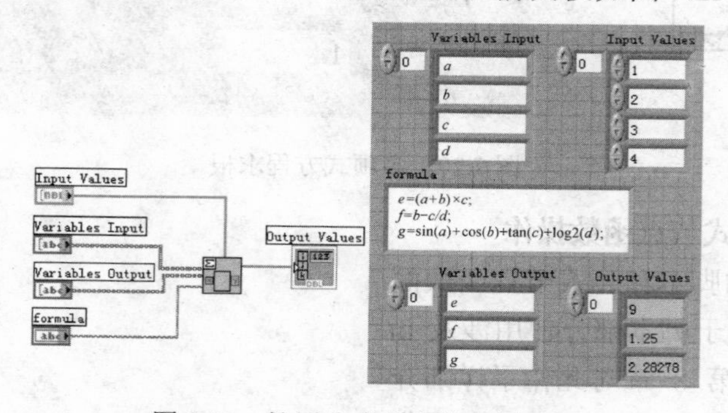

图 7.23　扩展公式节点的应用示例

（3）求单变量函数值的 VI[Eval y=f(x).vi]

单变量函数 $y=f(x)$，给定 x 的值则函数值确定。LabVIEW 提供的求单变量函数值 VI，函数的具体形式可以在程序运行时编辑修改，自变量的取值范围可以指定，计算精度可以通过计算点数来提高。该 VI 图标如下图所示。

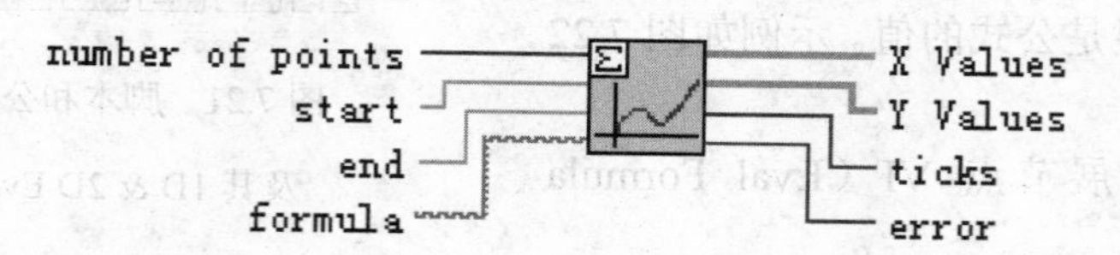

此处列举一个示例，用于求[0，2π]范围内的 sin(x)−cos(x)的函数值，并且绘制其曲线。具体程序框图及前面板如图 7.24 所示。

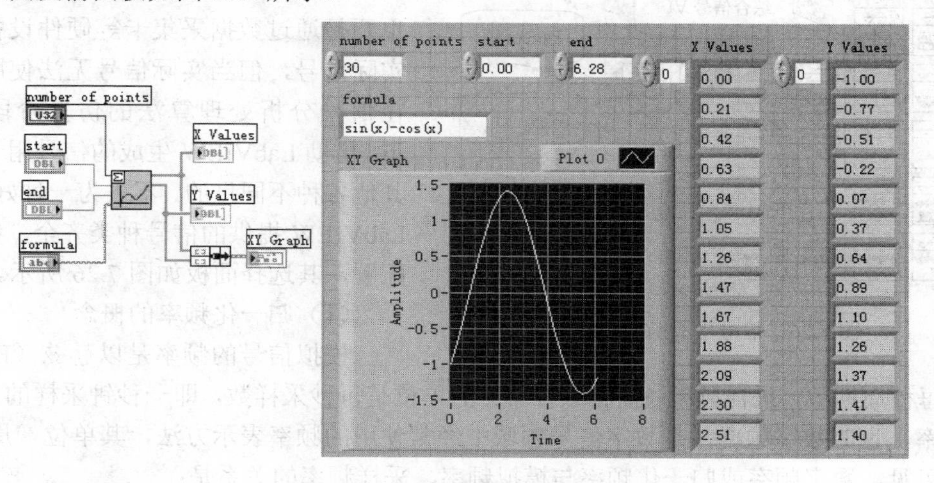

图 7.24　单变量函数值求解应用示例

数学函数种类繁多，功能强大，在此只能凤毛麟角地点述个别，其余的还需读者仔细研究，查看相关资料，努力掌握。

7.2　信号处理基础

LabVIEW 的信号处理函数集合包括 10 个子集，如图 7.25 所示，涉及波形产生、波形调理、波形测量、信号产生、信号调理、窗函数、滤波器、谱分析、信号变换和信号的逐点分析等。

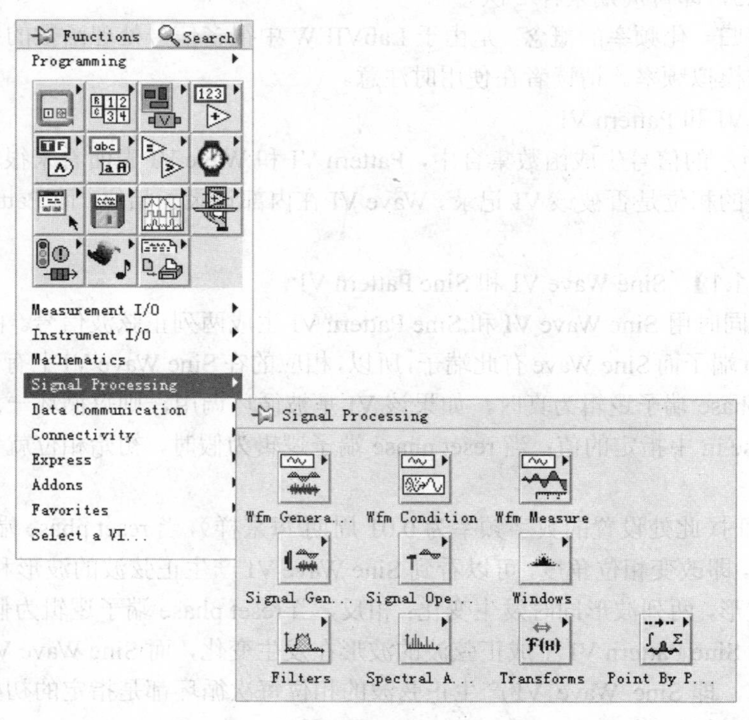

图 7.25　信号处理函数集合

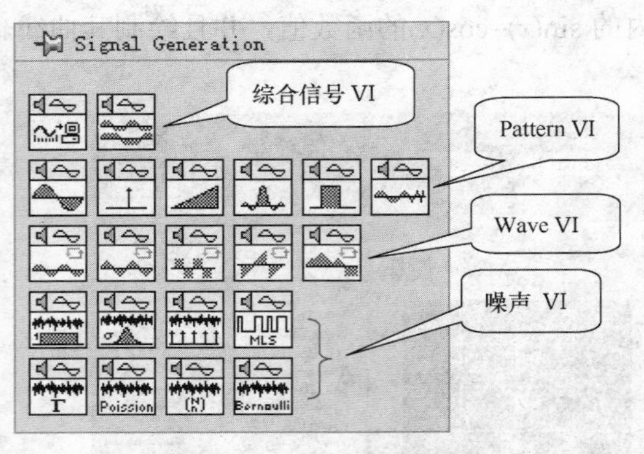

图 7.26 信号生成函数集合

7.2.1 信号生成

LabVIEW 中的信号分析和处理对象，主要是通过数据采集卡等硬件设备得到的实际信号，但当实际信号无法使用或是处在信号分析处理算法的仿真阶段等情况下，借助 LabVIEW 生成的信号用于测试或其他各种不同目的，不失为一种好的办法。LabVIEW 提供的信号种类齐全，参数可以配置，其选择面板如图 7.26 所示。

（1）归一化频率的概念

模拟信号的频率是以赫兹（Hz）为单位，即每秒周期数。采样频率（简称采样率）的单位是每秒采样数，即一秒钟采样的个数。归一化频率，也叫数字频率，是数字信号领域中经常使用的频率表示方法，其单位：周期数/每采样。可见，数字频率或归一化频率与模拟频率、采样频率的关系是：

$$f = 数字频率 = \frac{模拟频率}{采样频率}$$

以奈奎斯特频率（设模拟信号频率为 f_a，采样频率是模拟信号频率的 2 倍，即 $2f_a$）为例，其对应的数字频率为：

$$f = \frac{f_a}{2f_a} = \frac{1}{2} = 0.5(周期数/每采样)$$

归一化频率的倒数是每周期采样信号的次数，对于奈奎斯特采样频率而言，其归一化频率或数字频率是 0.5，即每周期采样 2 次。

之所以说明归一化频率的概念，是由于 LabVIEW 中很多信号处理函数的频率输入端是归一化频率，而非模拟频率。请读者在使用时注意。

（2） Wave VI 和 Pattern VI

在图 7.26 所示的信号生成函数集合中，Pattern VI 和 Wave VI 表面看来很相近，它们的区别在于生成信号的相位是否被该 VI 记录。Wave VI 在内部记录了相位，而 Pattern VI 没有记录相位。

【案例 7.2.1.1】 Sine Wave VI 和 Sine Pattern VI

本案例中，同时用 Sine Wave VI 和 Sine Pattern VI 生成两列正弦波信号。由于 Sine Pattern VI 没有 phase out 端子而 Sine Wave 有此端子，所以，相应的在 Sine Wave VI 上有一个 reset phase 端子。当 reset phase 端子逻辑为真时，如果该 VI 是被循环调用，则每循环一次，初始相位就重新设置为 phase in 中指定的值；当 reset phase 端子逻辑为假时，初始相位就设置为前一个相位的输出。

该案例运行时（此处设置的数字频率为 0.01 周期/每采样），当 reset phase 端子逻辑为真时，改变 phase 的值，即改变相位角度，可以看到 Sine Wave VI 产生正弦波的波形和 Sine Pattern VI 产生正弦波的波形，两列波形同时发生变化；相反，当 reset phase 端子逻辑为假时，改变 phase 的值，可以看到 Sine Pattern VI 生成正弦波的波形在发生变化，而 Sine Wave VI 产生的正弦波的波形没有变化，即 Sine Wave VI 产生正弦波的相位每次循环都是指定的初始相位。此案例的程序框图和前面板如图 7.27（a）和图 7.27（b）所示。

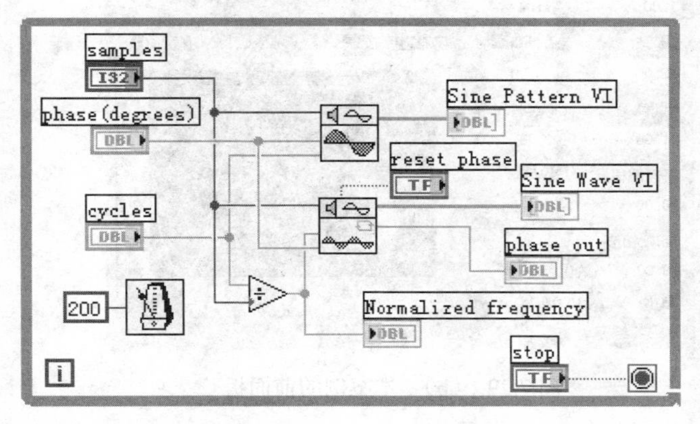

图 7.27（a） Wave VI 和 Pattern VI 正弦信号生成框图

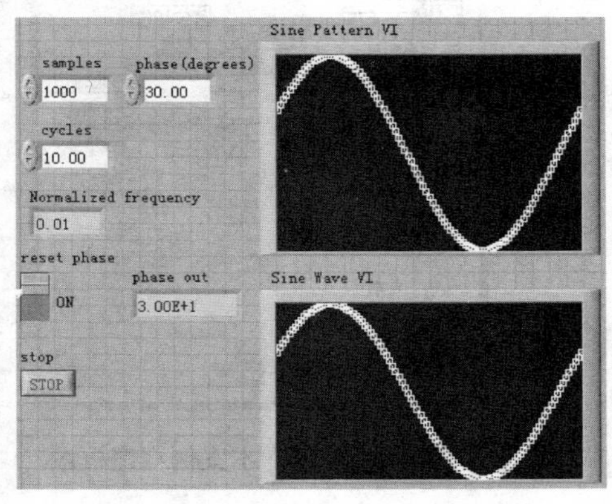

图 7.27（b） Wave VI 和 Pattern VI 正弦信号生成前面板

注意：此案例中，一定要添加定时器，否则程序运行时占用 CPU 资源太大，运行效果极其不明显。

【案例 7.2.1.2】 Signal Generate by Duration.vi 的使用

Signal Generate by Duration.vi 是信号生成函数集中的第一个函数。其中的 signal type 是一枚举型控件，提供了正弦波、余弦波、三角波、方波、锯齿波、增斜坡波形和减斜坡波形 7 种信号类型供选择；输入端子 frequency 单位是 Hz，不再是归一化频率；duration 输入端子是信号延续的时间，单位是秒；dc offset 是直流偏移量。其中还定义了方波的占空比和信号幅度以及初始相位。该 VI 的图标如图 7.28 所示。

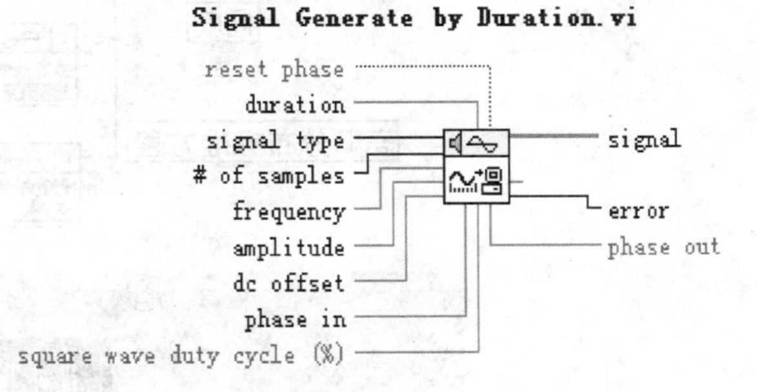

图 7.28 Signal Generate by Duration.vi 图标

当波形输出窗口的输出点数是 N，采样点数是 n，信号持续时间是 t，信号频率是 f 时，图形输出窗口输出的波形周期数为：$\frac{N \cdot t \cdot f}{n}$。本例选用正弦波形，波形输出窗口的输出点数是 N=100，采样点数是 n=200，信号持续时间是 t=2s，信号频率是 f=2Hz 时，图形输出窗口输出的波形周期数为：$\frac{100 \times 2 \times 2}{200} = 2$。需要说明的是 chart 波形的输出点数可通过右击图形显示区域后，在弹出的快捷菜单中选择 Chart History Length…选项，再修改其缓冲区的输出点个数。本例的程序框图和前面板如图 7.29（a）和图 7.29（b）所示。

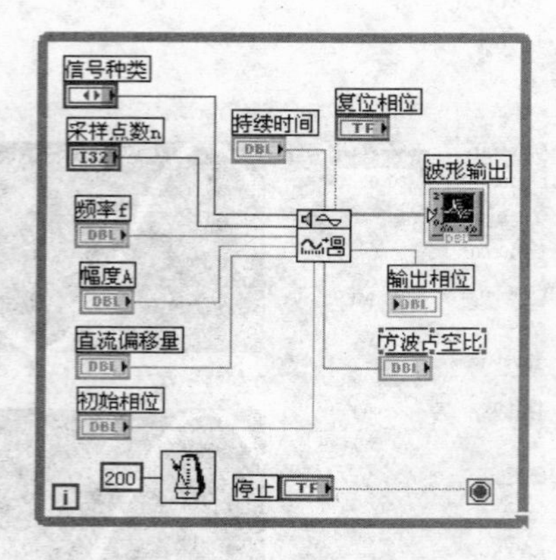

图 7.29 （a） 本案例程序框图

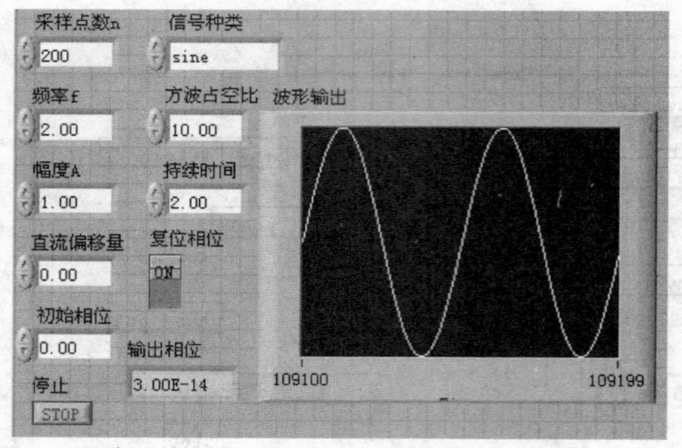

图 7.29 （b） 本案例的前面板

【案例 7.2.1.3】 噪声信号的生成

LabVIEW 在提供生成基本信号的同时，还提供了噪声信号的生成。此处仅就均匀白噪声和高斯白噪声的生成举例说明。

均匀白噪声是均匀分布的均值为 0、方差为 a/sqrt（3）的随机噪声，其中 a 为信号的幅度。高斯白噪声是高斯分布的均值为 0，方差为 s 的噪声。其中 s 为高斯信号的标准偏差。

案例程序框图与前面板如图 7.30 所示。

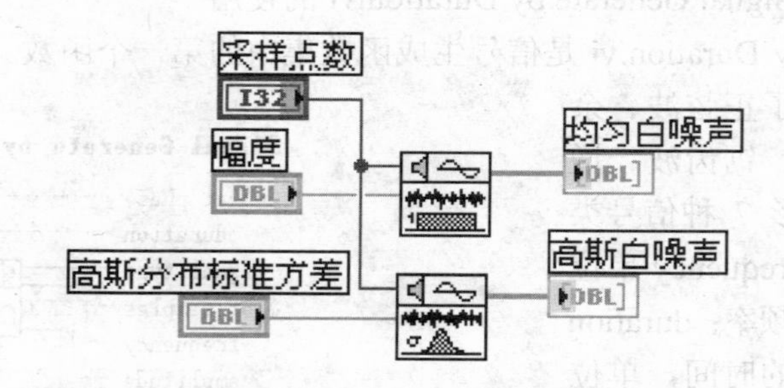

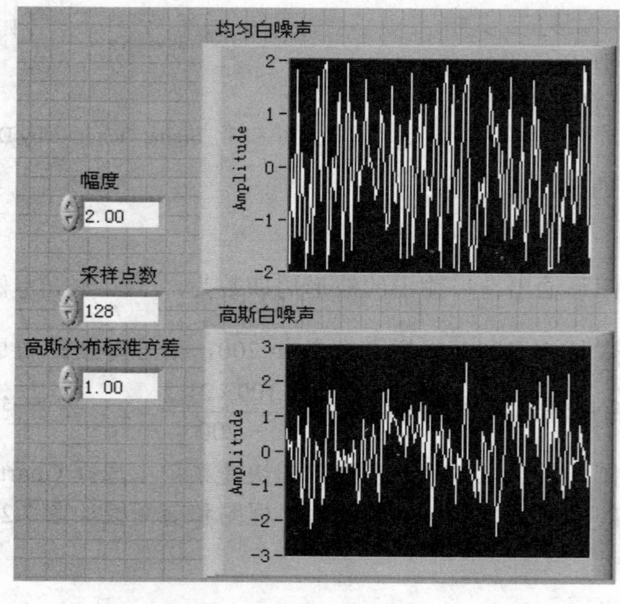

图 7.30 噪声生成案例

7.2.2 信号调理

信号调理属于信号的预处理部分，其主要目的是尽量减少干扰信号的影响，提高信号的信噪比。常用的信号调理的方法有滤波、放大和加窗等。信号或波形调理的函数集如图 7.31 所示。

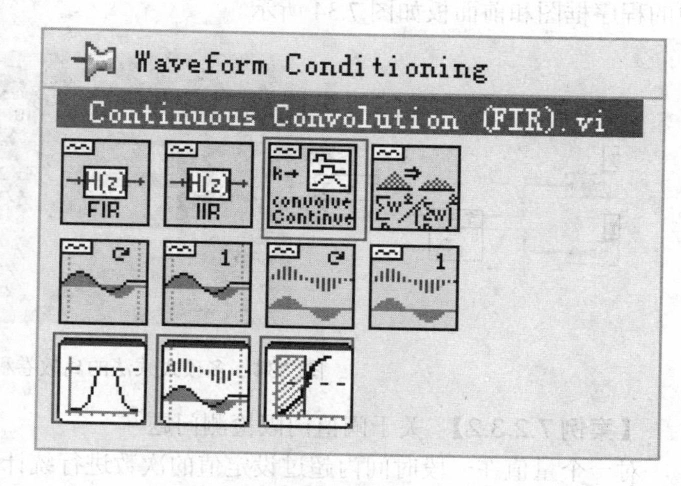

图 7.31 信号或波形调理函数集

【案例 7.2.2】 FIR 滤波器

FIR 滤波器即有限冲激响应滤波器，且不论有限冲激响应是何概念，一个具体案例描述如下：一列正弦波形与一均匀分布噪声的叠加信号，通过 FIR 低通滤波器，尽量还原原始正弦波形。案例的程序框图和前面板如图 7.32（a）和图 7.32（b）所示。

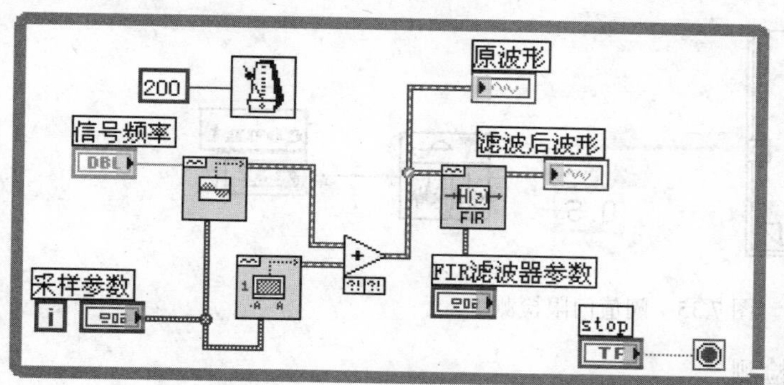

图 7.32 （a） FIR 滤波器的应用程序框图

图 7.32 （b） FIR 滤波器的应用前面板

其他有关信号调理的函数请参考其他文献资料。

7.2.3 信号的时域处理

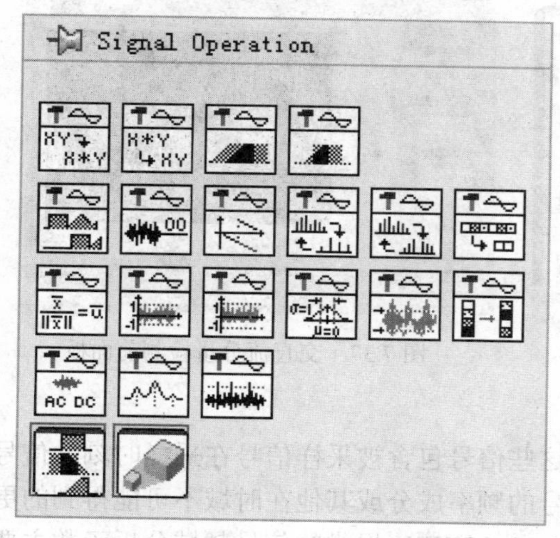

图 7.33 信号时域处理函数集

信号的时域处理函数集如图 7.33 所示，包括卷积、解卷积、相关、交直流成分分析、尖峰捕获等时域处理函数。

【案例 7.2.3.1】 关于离散卷积问题

卷积的概念在信号处理中非常重要，但此处仅以一个特别简单的问题——多项式乘法，说明卷积的运算规则。

设 $y_1 = 4x^3 + 3x^2 + 2x + 1$， $y_2 = x + 2$，求 $y_1 \cdot y_2$

显然，这是一个极其简单的多项式乘法，用纸和笔马上可导出结果为：

$$y_1 \cdot y_2 = 4x^4 + 11x^3 + 8x^2 + 5x + 2$$

此处借助卷积来实现多项式乘法。具体实

现的程序框图和前面板如图 7.34 所示。

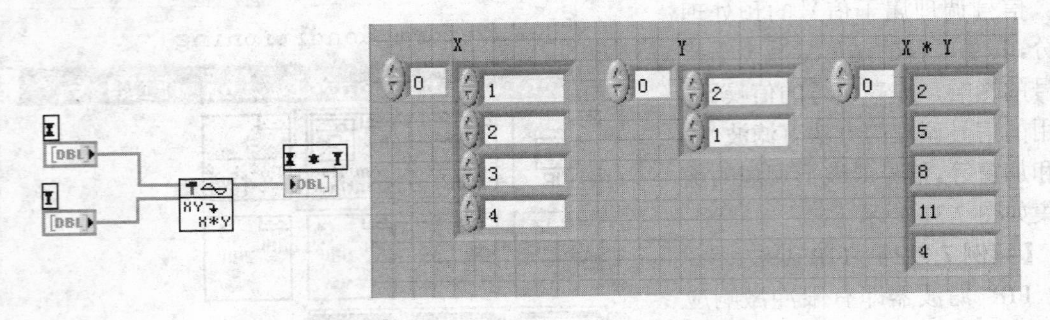

图 7.34　多项式乘法的离散卷积实现

【案例 7.2.3.2】　关于阈值门限检测问题

对一个量值在一段时间内超过设定值的次数进行统计，在实际应用中往往具有重要意义。此处用随机数产生信号源，而后设定一个门限值，即阈值，统计这一组信号中超过阈值的数值出现的次数。具体实现的程序框图如图 7.35 所示，其输出端子 count 的值一般在 25 左右。

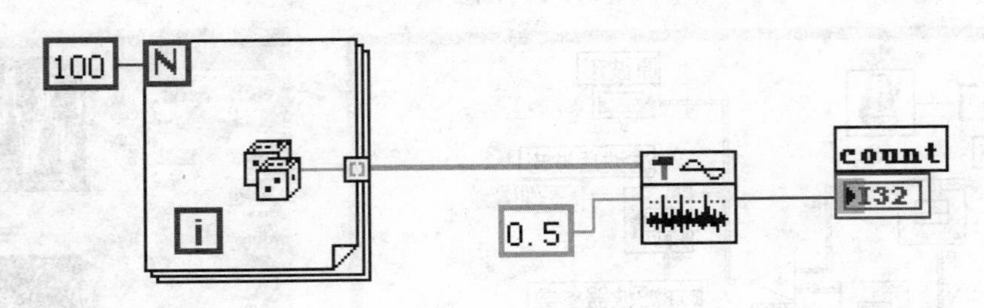

图 7.35　阈值门限检测

【案例 7.2.3.3】　交直流分量检测

交直流分量检测函数图标如图 7.36 所示，其中的输出端子 rms 是 root　mean　square 的缩写，即均方根值，对于正弦波可以理解为有效值。本案例是把正弦波与均匀白噪声叠加后检测其交直流分量，对应的程序框图及前面板分别如图 7.36 和图 7.37 所示。

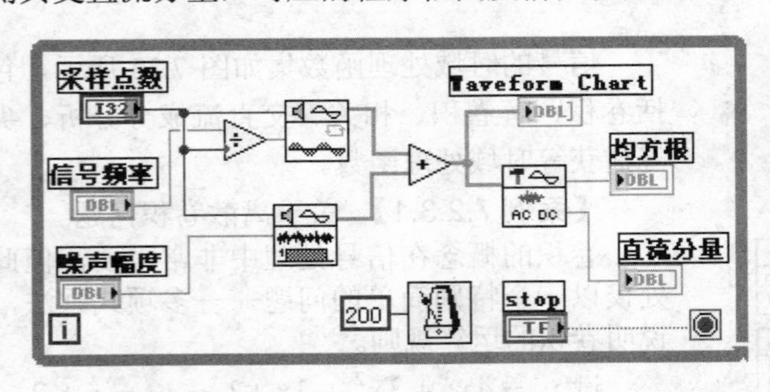

图 7.36　交直流分量检测程序框图

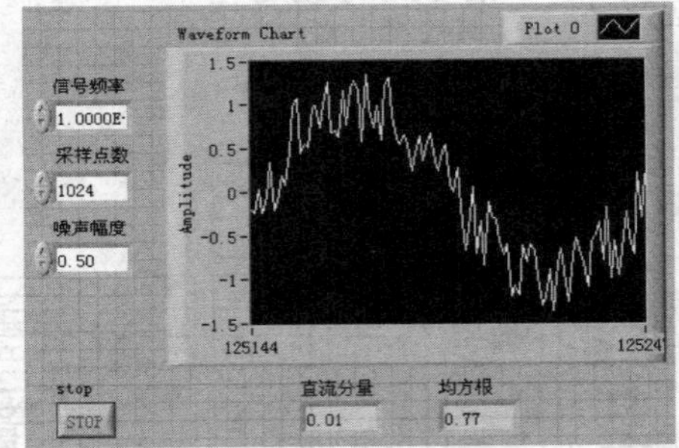

图 7.37　交直流分量检测前面板

7.2.4　信号的频域处理

实际测量系统得到的信号一般都是时域信号，这些信号包含被采样信号在采样时刻的信号幅度。若想用独立的频率分量来表示信号，获得信号的频率成分或其他在时域不可能得到的更深层次的有用信息时，就需要将信号变换到频率域。LabVIEW 提供的信号频域分析函数主要分布在两个函数集中，一个是谱分析函数集，另一个是信号变换函数集。如图 7.38 所示。

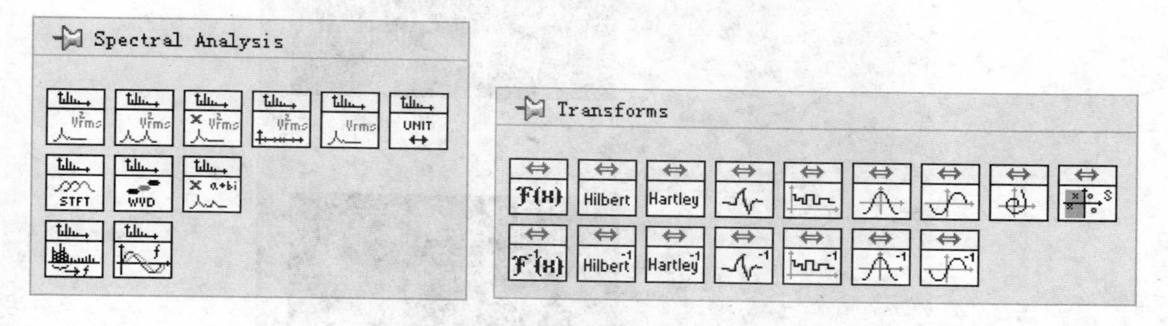

图 7.38　信号的谱分析和变换函数集

【案例 7.2.4.1】 傅里叶变换（快速傅里叶变换 FFT）

傅里叶变换，特别是快速傅里叶变换（FFT）是信号频域分析处理中最基本的变换。以下以三个不同频率、不同幅度的正弦波的叠加信号为例，求其快速傅里叶变换，从傅里叶变换结果中可以分析它们的频率组成。

从傅里叶谱中可以清晰地看到在 30Hz、50Hz 和 70Hz 处有三根谱线，并且 30Hz 处的谱线幅度大，对应频率为 30Hz 的正弦波的幅度（A_1=2）比其他两个正弦波的幅度（A_2=A_3=1）大。程序框图和前面板如图 7.39 和图 7.40 所示。

注意：此处的傅里叶谱是双边傅里叶谱，即对于某频率为 f 的信号，在采样区间[0, f_s]内，在频率为 f 处有一根谱线（对正弦波而言），同时在 f_s-f 处还有一根谱线。本案例中之所以显示三种频率对应的三根谱线，而非双边傅里叶谱应该的六根谱线，原因是图形显示横轴——频率轴的点数为 100。若把频率轴显示点数更改为 255，即显示 256 点时，频率信号的显示如图 7.40 所示。可以看到六根谱线全部显现：30Hz、50Hz 和 70Hz 处有三根谱线，256 减去 30Hz、50Hz 和 70Hz 的差，即 226Hz、206Hz 和 186Hz 处对应另外三根谱线。

另外，此处选择的正弦波最大频率为 70Hz，满足 70≤256/2=128，即满足奈奎斯特抽样定理的要求。奈奎斯特抽样定理（抽样定理，也叫香农抽样定理）：若连续信号 $x(t)$ 是有限带宽的，其频谱的最高频率为 f_c，对 $x(t)$ 抽样时，若保证抽样频率 $f_s \geqslant 2f_c$，则可由抽样信号恢复出 $x(t)$，即抽样信号保留了原始信号的全部信息。

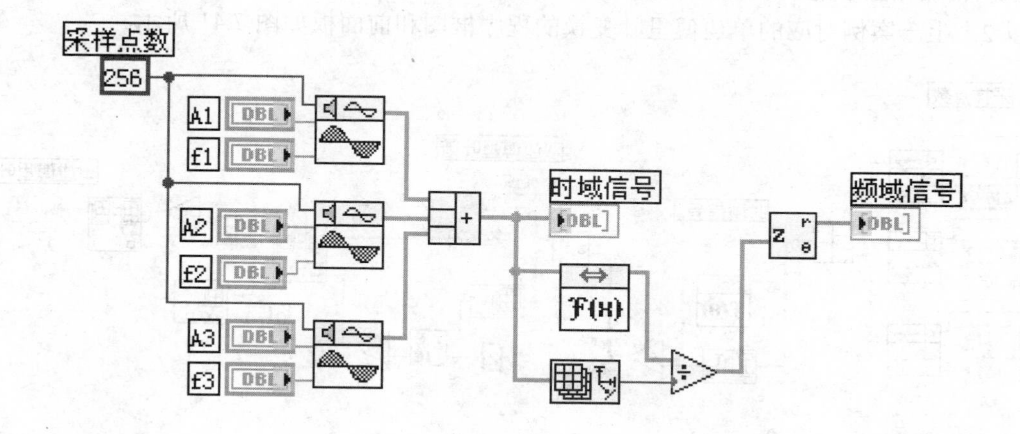

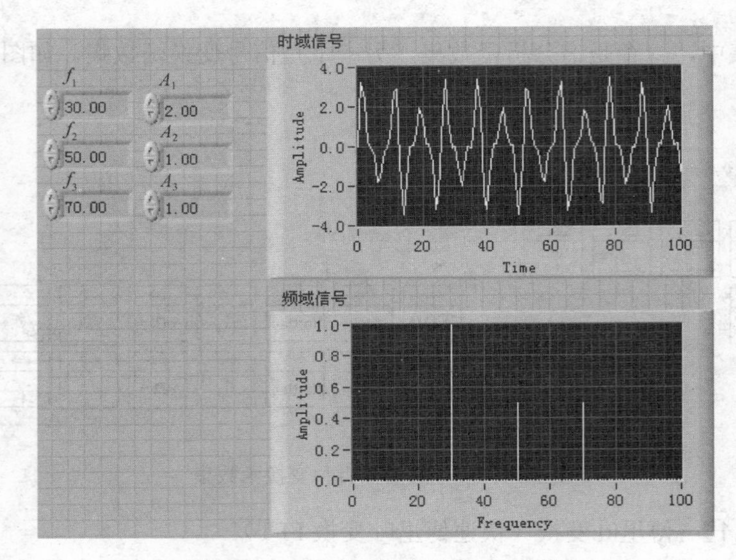

图 7.39　正弦波叠加信号的 FFT 变换

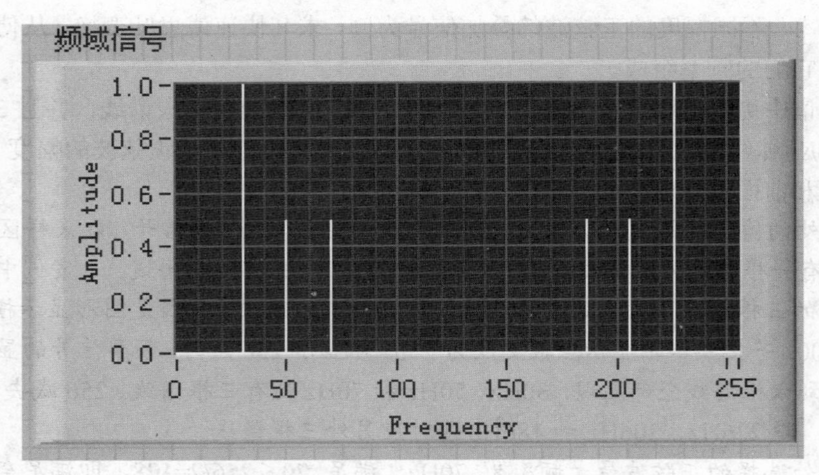

图 7.40　正弦波叠加信号的 FFT 变换（双边谱）

【案例 7.2.4.2】 单边傅里叶变换

单边傅里叶变换就是把双边傅里叶变换中的对称谱线相加，由于每一组对称谱线幅度相等，所以相加相当于翻倍或者说乘以 2。需要注意的是，0 频率（直流信号）处的谱线幅度不用乘以 2。上一案例对应的单边傅里叶变换的程序框图和前面板如图 7.41 所示。

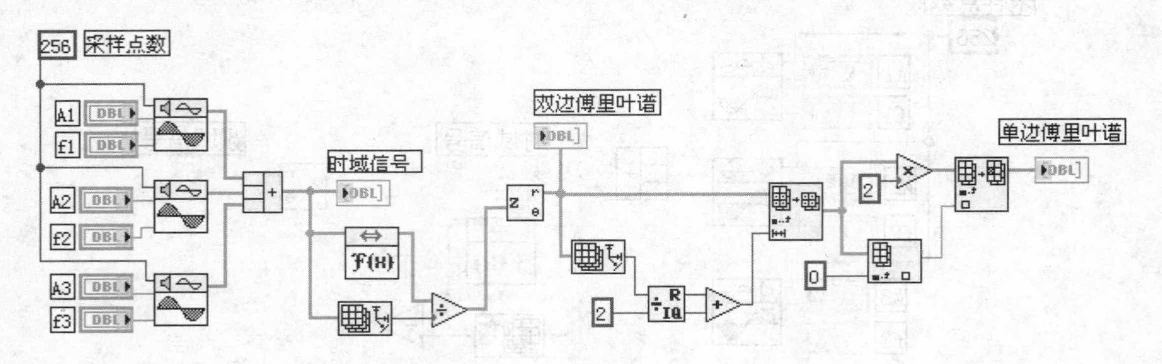

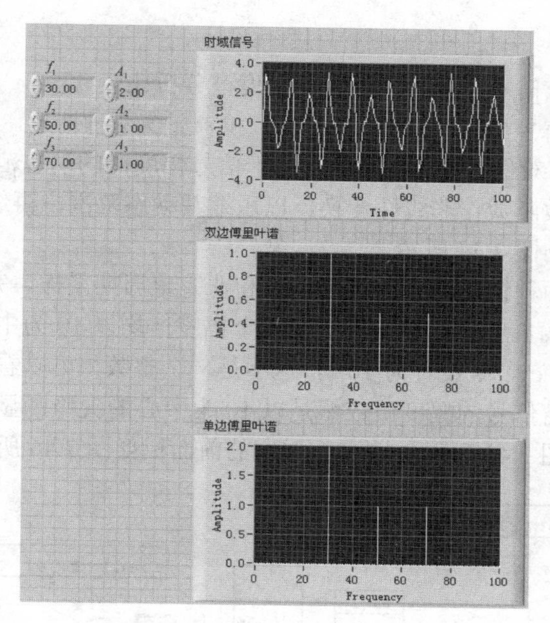

图 7.41　正弦波叠加信号的 FFT 变换（双边谱和单边谱）

改变双边傅里叶谱和单边傅里叶谱横轴的点数，从 100 改变为 255，此时可以看到双边谱有六根谱线，呈对称形状，最大幅度为 1.0；相反，单边傅里叶谱在[127，255]频率范围内没有谱线，且谱线幅度的值是双边傅里叶谱幅度的 2 倍，如图 7.42 所示。

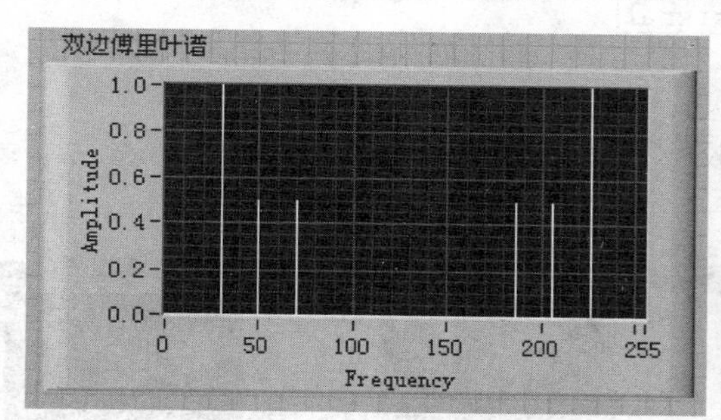

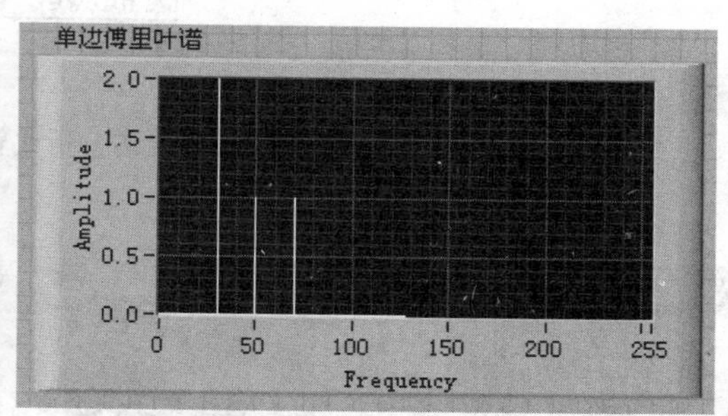

图 7.42　正弦波叠加信号的双边谱和单边谱

7.2.5　信号的加窗处理

由于实际采集信号在某些时候往往不是周期性重复波形的一个完整周期，所以导致“漏谱”现象的发生。漏谱的大小程度取决于时域信号幅度在周期边界处的突变程度，时域信号在周期边界处的幅度突变越大，则漏谱现象就越严重。解决漏谱问题的实际方案是加窗（乘窗）技术。加窗技术就是将原始采样波形乘以一个幅度变化平滑且边缘趋于零的有限长的窗来减小时域信号在周期边界处的突变，从而减小漏谱的发生。LabVIEW 提供的加窗函数如图 7.43 所示，包括 Hanning 窗、Hamming 窗、Blackman 窗、General

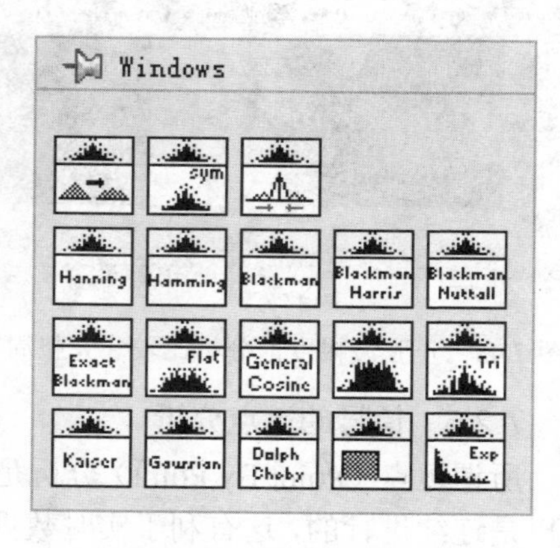

图 7.43　加窗函数集

Cosine 窗等。

【案例 7.2.5】 正弦信号加窗和未加窗的幅度谱分析比较

本案例对于正弦波信号加窗（Hamming 窗）和未加窗两种情形，分别求其幅度谱，然后加以比较，以此说明加窗对信号频谱的影响。由于信号幅度谱的动态范围（最大值与最小值的差）较大，此处使用对数函数作非线性变换，以压缩其动态范围，再线性放大 10 倍，便于分析和比较。其程序框图如图 7.44 所示。

本案例运行时，分两种情况：完整周期采样和非完整周期采样。完整周期采样时，cycles 设置为 10，加窗和不加窗的幅度谱差异不大，两个幅度谱均以 10 为中心，频谱不出现漏谱现象；非完整周期采样时，cycles 设置为 10.2，这不是一个整数，可以看到，原始信号的幅度谱明显有漏谱发生，而加窗信号的幅度谱依然是以 10 为中心的尖峰，显示的漏谱要少得多。完整周期的前面板结果如图 7.45 所示，非完整周期的前面板如图 7.46 所示。

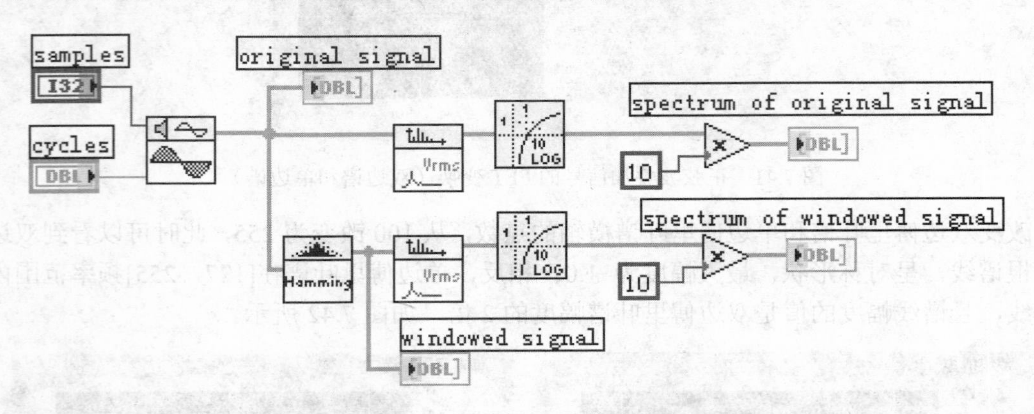

图 7.44 正弦波幅度谱分析比较程序框图（加窗和不加窗）

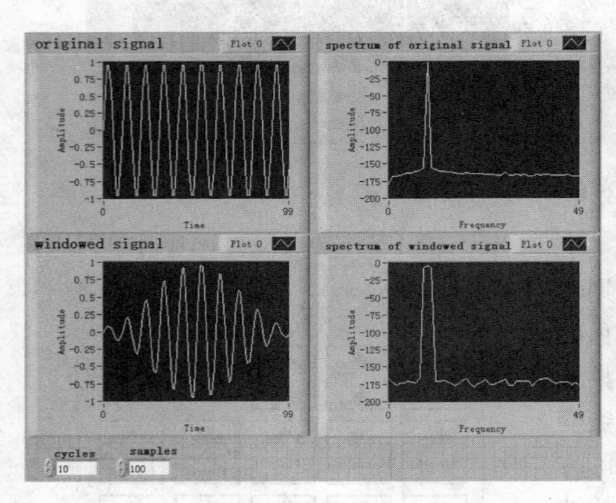

图 7.45 正弦波幅度谱分析比较（完整周期采样）

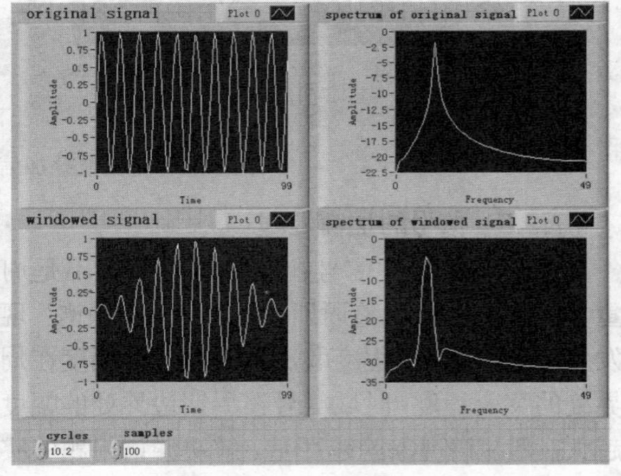

图 7.46 正弦波幅度谱分析比较（非完整周期采样）

7.2.6 信号的逐点分析

所谓逐点（Point By Point）分析是指对采集来的每一点数据可以立即进行分析，而且分析可以是连续进行的，这有利于实时数据的分析与处理。在对实时性要求越来越高的现代数据采集与处理系统中，信号的逐点分析将起到举足轻重的作用。LabVIEW 从 6.1 版之后，就提供了信号逐点分析功能，对应的函数集如图 7.47 所示。

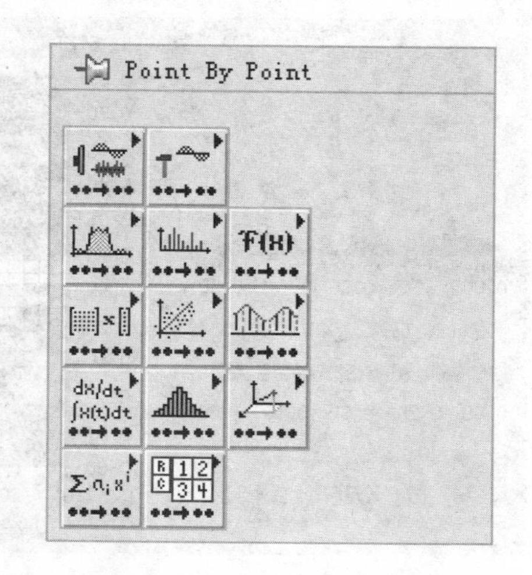

图 7.47 逐点分析函数集

可以看到，逐点分析函数集是由各个不同的小集合构成的，每一个小集合与本章前面讲述的各个部分基本一一对应，区别是这个集合对数据的操作是逐点进行的，不同于以往缓存后处理的方法。以下两个案例来自于 LabVIEW8.0 内含的逐点分析部分。

【案例 7.2.6.1】 直方图逐点分析

直方图的逐点分析，用高斯白噪声作信号源，指定直方图的间隔数为 10，采样长度为 1000，即将 1000 个高斯白噪声的信号值向 10 个区间分配，其结果近似呈高斯分布。可以估计，长时间运行该 VI，最后的直方图将逐渐逼近高斯分布。对应的程序框图和前面板如图 7.48 所示。

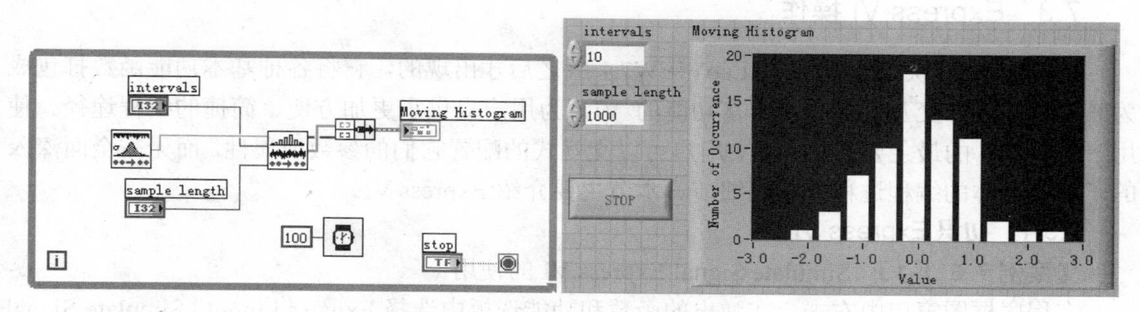

图 7.48 直方图逐点分析

【案例 7.2.6.2】 短时傅里叶变换（STFT）逐点分析

短时傅里叶变换与 Gabor 变换、小波变换等属于信号的时频分析内容，此处不可能研究其内容，仅以此例抛砖引玉。程序框图和前面板如图 7.49 所示。

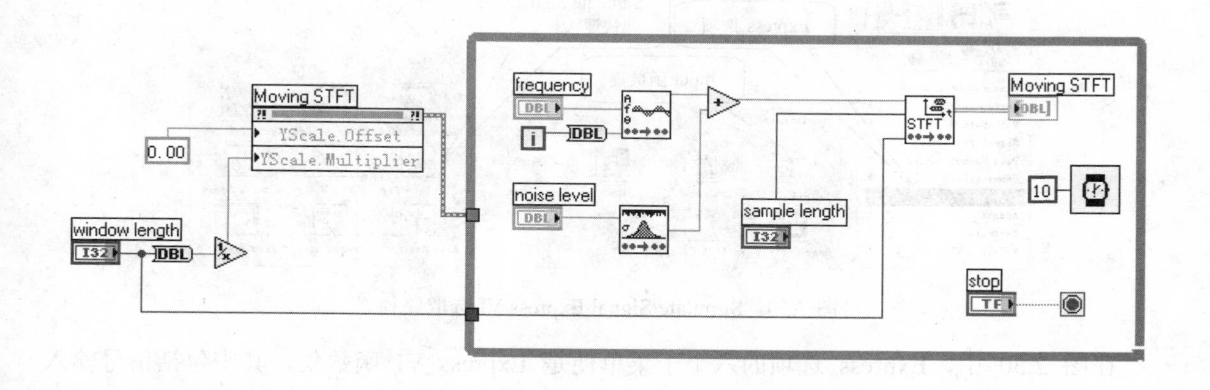

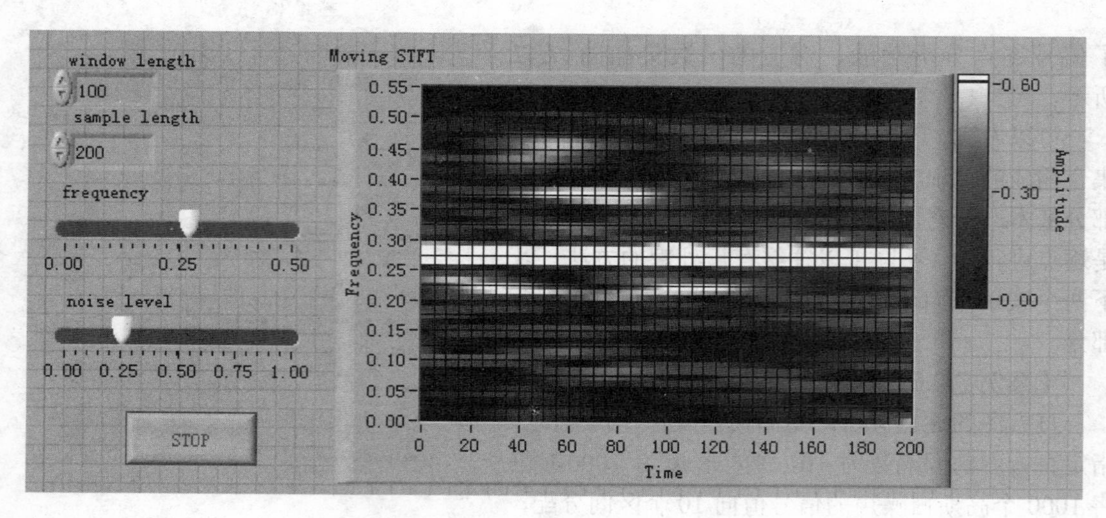

图 7.49 短时傅里叶变换逐点分析

说明： 鉴于信号处理，特别是数字信号处理需要相当的相关知识储备，此单元仅就与信号处理有关的基本知识及其应用作简单介绍，其他深层次运用还有待读者进一步研究。

7.3 Express VI 操作

Express VI（快速 VI）是在 LabVIEW7.1 版之后才出现的，它将各种基本功能函数打包成为具有智能性、交互性的具有丰富功能的 VI，为用户提供了更加方便、简捷的编程途径。使用 Express VI 的最主要的优点是，用户可以交互式的配置它们的参数或属性，而无需全面深入的了解其具体的编程过程或编程细节。本节主要介绍 Express VI。

7.3.1 初识 Express VI

【案例 7. 3. 1. 1】 Simulate Signal Express VI 的使用

在程序框图窗口中右击，在弹出的函数和功能选板中选择 Express | Input | Simulate Signal 或 Express | Signal Analysis | Simulate Signal 选项，在程序框图中放置该 Express VI。一种选取路径如图 7.50 所示。

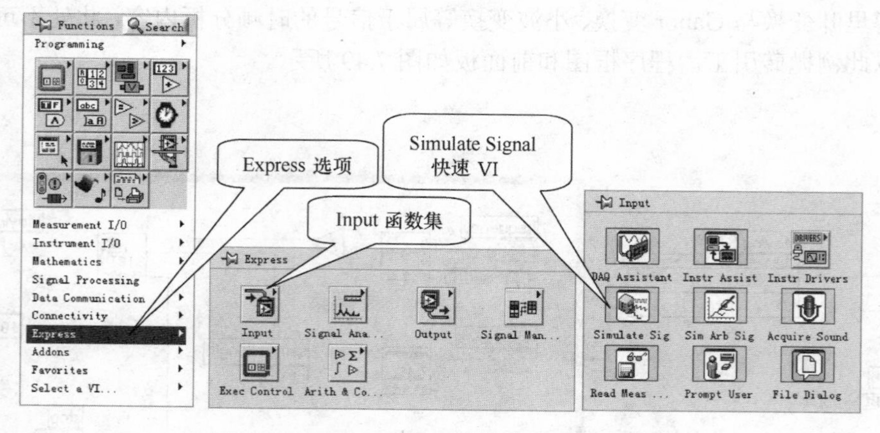

图 7.50 Simulate Signal Express VI 选取路径

在图 7.50 中，Express 选项的六个子菜单便是 Express VI 函数集，其中包括信号输入（Input）、信号分析（Signal Analysis）、信号输出（Output）、信号操作（Signal Manipulation）、

执行控制（Execute Control）和算术与比较（Arithmetic & Comparison）快速 VI。

放置好 Simulate Signal 快速 VI 后，其图标如右图所示。

可以看到，Express VI 从外观看比普通 VI 的图标要大许多，整个图标被深蓝色的边框包围，背景是清雅的淡蓝色，图标中心是一个小图标和该 VI 的名称，小图标两侧有代表输入和输出端子的三角形彩色箭头，在 VI 名称下面有下拉箭头用以改变大小和显示隐藏的端子。需要注意的是，在放置该快速 VI 后，Configure Simulate Signal 的对话框也自动打开。如图 7.51 所示。该对话框允许用户交互式的配置该快速 VI 的相关参数或属性，可以在 Result Preview 中预览配置结果。配置对话框中的各个单选项或复选项用于配置相关参数或属性，用户可以按需要进行配置。

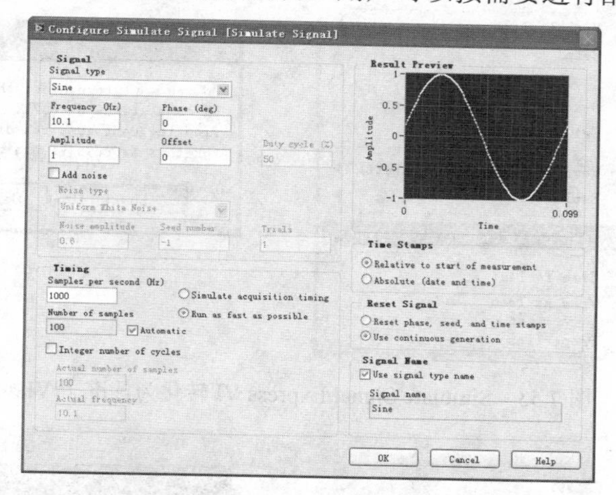

图 7.51　Configure Simulate Signal 对话框

注意：配置对话框也可以通过双击快速 VI 或右击快速 VI 后选择 Properties 选项打开。

配置完成后，单击 OK 按钮确认即可。在该 Express VI 上的输出端子上右击，在弹出的快捷菜单中选择 Create，可以看到 Express VI 提供了图形和数字两种指示器供选择，即 Graphy Indicator 和 Numeric Indicator，用户可按需要选择。选择如图 7.51 所示默认配置的 Express VI 及输出端子选择 Graph Indicator 的程序框图和前面板如图 7.52 所示。

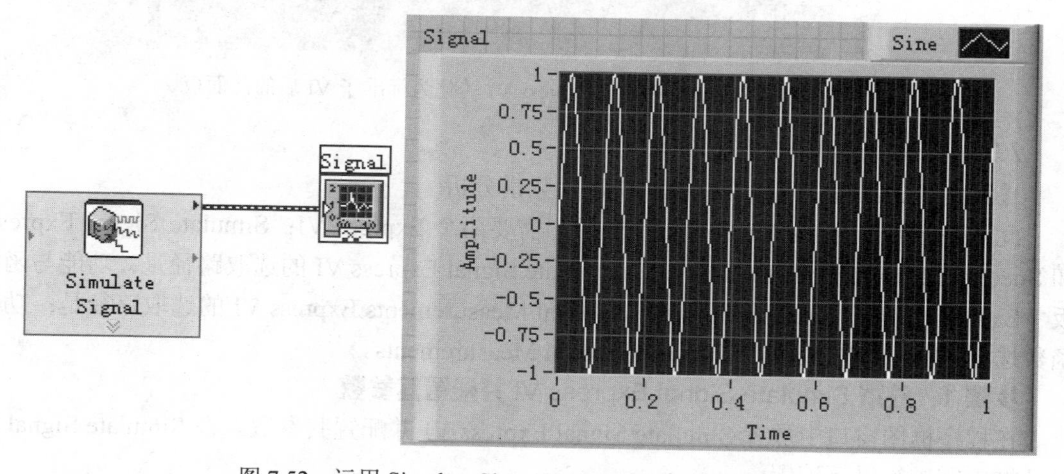

图 7.52　运用 Simulate Signal Express VI 生成正弦波

【案例 7.3.1.2】 Express VI 转化为标准子 VI

Express VI 可以转化为标准子 VI。需要提醒的是， Express VI 转化为标准子 VI 的过程是不可逆的，即一旦 Express VI 转化为标准子 VI，则转化后的标准子 VI 是不能再转化为 Express VI。下面依然以 Simulate Signal Express VI 为例，说明转化过程。

在保持默认设置的 Simulate Signal Express VI 图标上右击，在弹出的快捷菜单中选择 Open Front Panel 选项，随即转化确认窗口出现，如图 7.53 所示。单击 Convert 按钮，则打开该快速 VI 转化为标准子 VI 时的前面板，如图 7.54 所示。当然，转化后子 VI 的程序框图和前面板此时都可以修改，但不能再转化为 Express VI。

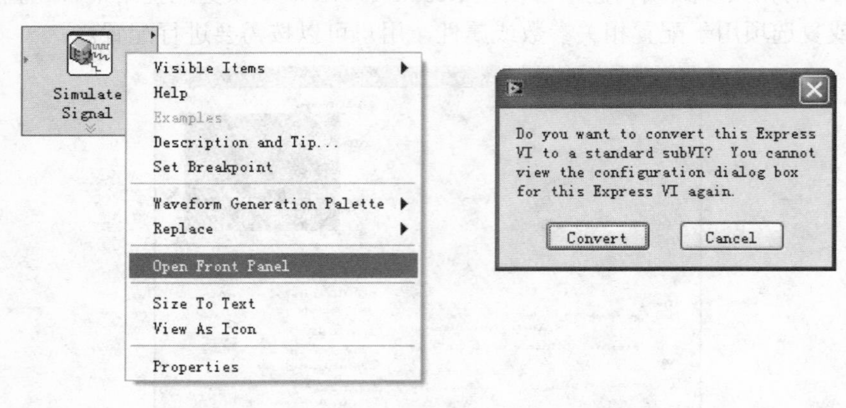

图 7.53 Simulate Signal Express VI 转化为标准子 VI

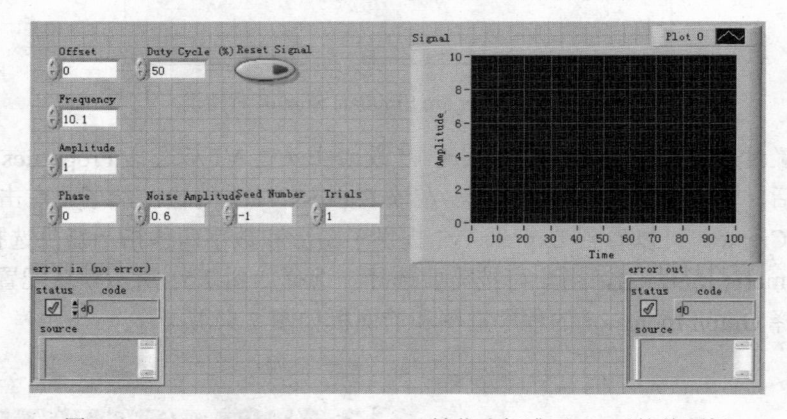

图 7.54 Simulate Signal Express VI 转化为标准子 VI 后的前面板

7.3.2 Express VI 的应用举例

【案例 7.3.2.1】 应用 Express VI 进行频谱分析

此案例应用 Express VI 进行频谱分析，需要两个 Express VI：Simulate Signal Express VI 和 Spectral Measurements Express VI。Simulate Signal Express VI 的选取路径是：功能与函数选板 | Express | Input | Simulate Signal；Spectral Measurements Express VI 的选取路径是：功能与函数选板 | Express | Signal Analysis | Spectral Measurements。

步骤 1：放置 Simulate Signal Express VI 并配置其参数

在程序框图窗口中放置 Simulate Signal Express VI 并配置其参数。在 Simulate Signal 配置对话框中需进行以下配置：

① 在 Signal type 栏中选择 Sine 正弦信号；

② 在 Frequency（Hz）栏中设置频率为 102Hz；

③ 选中 Add noise 复选框；

④ 在 Noise type 栏中选择均匀白噪声 Uniform White Noise ；

⑤ 在 Noise amplitude 栏中设置噪声幅度为 0.1。

其他配置保持默认值不变，配置完成时，配置对话框如图 7.55 所示。

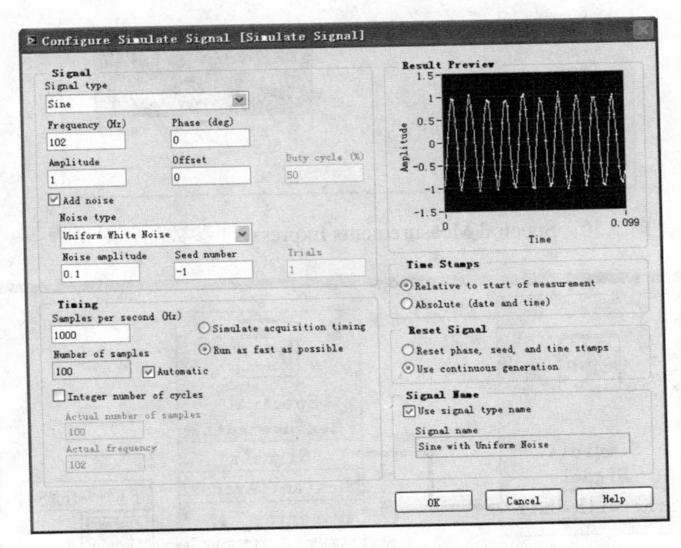

图 7.55　Simulate Signal Express VI 参数配置对话框

步骤 2：放置 Spectral Measurements Express VI 并配置其参数

放置 Spectral Measurements Express VI，并对该 Express VI 进行参数配置。在 Spectral Measurements 配置对话框中需进行以下配置：

① 在 Spectrum Measurement 栏中选择 Magnitude（RMS） 单选项；

② 在 Windows 栏中选择 Hanning 窗；

③ 选中 Averaging 复选框；

④在 Mode 栏中选择 RMS 单选项。

其他配置保持默认值不变，配置完成时，配置对话框如图 7.56 所示。

步骤 3：创建图形指示器并连线

在 Spectrum Measurement Express VI 的输出端子 FFT—（RMS）上右击，然后选择 Create | Graph Indicator 选项，则可创建一个图形指示器。同时，把 Simulate Signal Express VI 的输出端子 Sine with Uniform Noise 连线到 Spectrum Measurement Express VI 的输入端子 Signals 上。

步骤 4：添加 While 循环

此处选取的 While 循环属于 Express VI 中的 While 循环结构，它与通常意义下的 While 循环的不同之处在于：Express VI 的 While 循环自带循环条件 Stop 按钮。Express VI 中的 While 循环结构的选取路径是功能与函数选板 | Express | Execution Control | While Loop。编辑完成后的程序框图如图 7.57 所示。

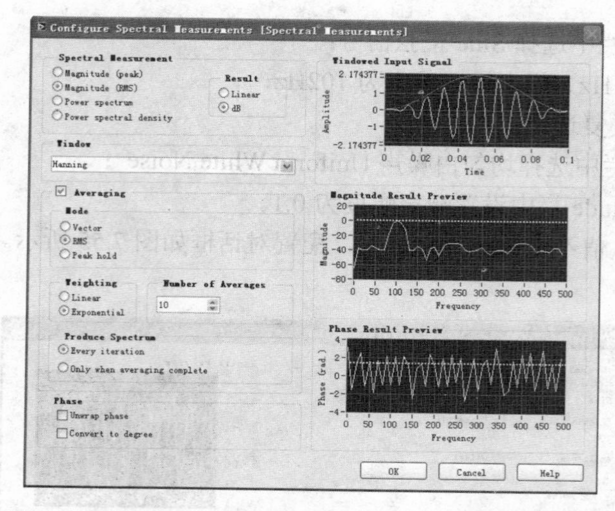

图 7.56　Spectral Measurements Express VI 参数配置对话框

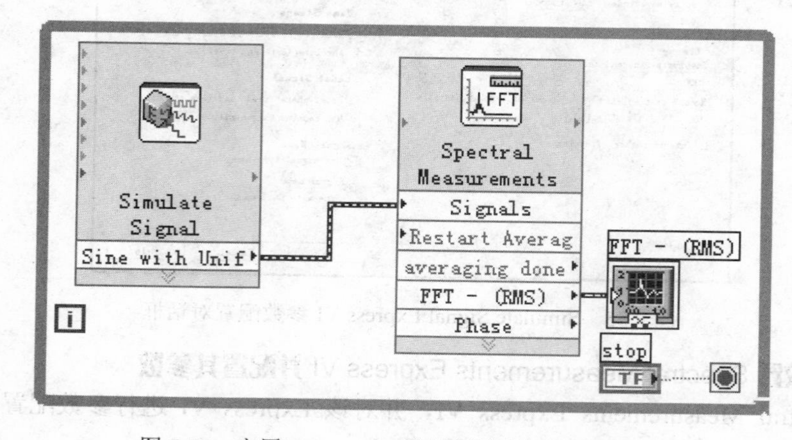

图 7.57　应用 Express VI 进行频谱分析的程序框图

步骤 5：在前面板运行该 VI

回到前面板，可以看到在程序框图中创建的图形指示器和 While 循环的循环条件控件 Stop 按钮。运行该 VI，可以看到正弦波的频谱图样。如图 7.58 所示。

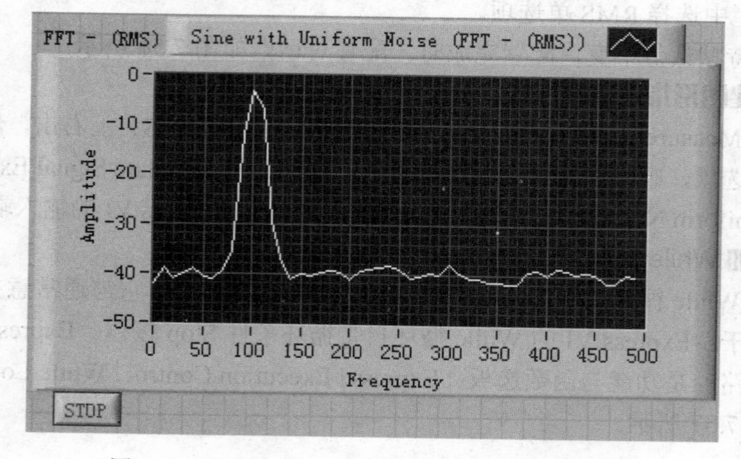

图 7.58　应用 Express VI 进行频谱分析的运行结果

【案例 7.3.2.2】 应用 Express VI 进行信号的滤波处理

此案例的设计方法与上一案例基本相同，针对加有均匀白噪声的正弦信号，采用低通滤波器实施滤波处理。具体步骤如下：

步骤 1：放置 Simulate Signal Express VI 并配置其参数

Simulate Signal Express VI 的配置与上一案例的不同之处是正弦信号的频率保持默认值 10.1Hz，均匀白噪声的噪声幅度设置为 0.2，其他不变。

步骤 2：放置 Filter Express VI 并配置其参数

Filter Express VI 的选取路径是：功能与函数选板 | Express | Signal Analysis | Filter。在自动打开的参数配置对话框中，保持所有默认值不变，即选择低通滤波器，截止频率为 100Hz。

步骤 3：放置 Time Delay Express VI 并配置其参数

Time Delay Express VI 的选取路径是：功能与函数选板 | Express | Execution Control | Time Delay。在自动打开的参数配置对话框中设置延时时间为 0.1 秒。

步骤 4：添加 While 循环、连线、创建图形指示器

添加 While 循环与上一个案例完全一样，此处不再赘述。连线也很简单，参照输入输出端子箭头的方向连线即可。另外，为了便于结果的比较，对未滤波信号和滤波后的信号分别创建图形指示器。最后的程序框图如图 7.59 所示。

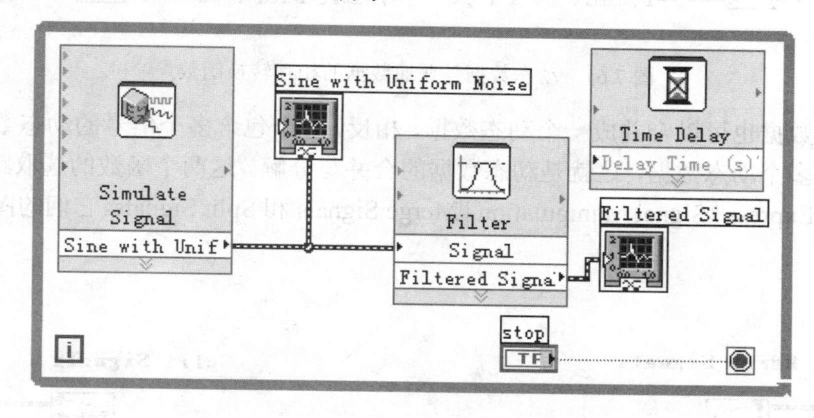

图 7.59 应用 Express VI 进行信号滤波的程序框图

步骤 5：在前面板运行该 VI

在前面板运行该 VI 后的结果如图 7.60 所示。

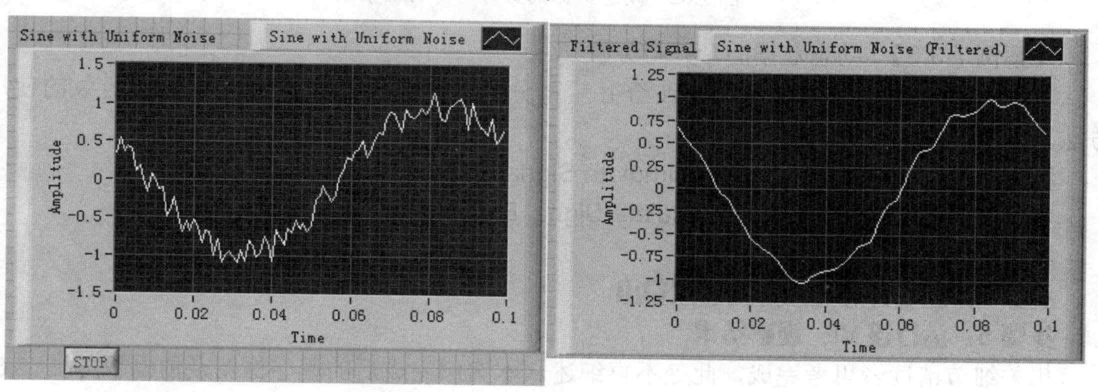

图 7.60 应用 Express VI 进行信号滤波的结果

7.3.3 动态数据类型（Dynamic Data Type：DDT）

LabVIEW 中，动态数据是为 Express VI 量身定做的，即输入或输出 Express VI 的数据只能是动态数据。动态数据在程序框图中显示为深蓝色。动态数据可以是单点数据（一个数值，一个逻辑量等）、单通道数据（一维数组）、多通道数据（二维或多维数组）或波形数据。

数据输入 Express VI 时，不论数据是哪种类型，Express VI 都可以接受，即可以将数值、波形或布尔数据与动态数据的输入端子相连；数据输出 Express VI 时，输出可以是数值，也可以是图形。

动态数据与普通 VI 之间进行数据的输入或输出时，必须要经过转换。动态数据与一般普通数据之间的转换函数是 Convert to Dynamic Data 函数 和 Convert from Dynamic Data 函数，它们的使用很简单，此处不再赘述。它们的选取路径是：功能与函数选板 | Express | Signal Manipulation | To DDT 和 From DDT。它们的函数节点图标如图 7.61 所示。

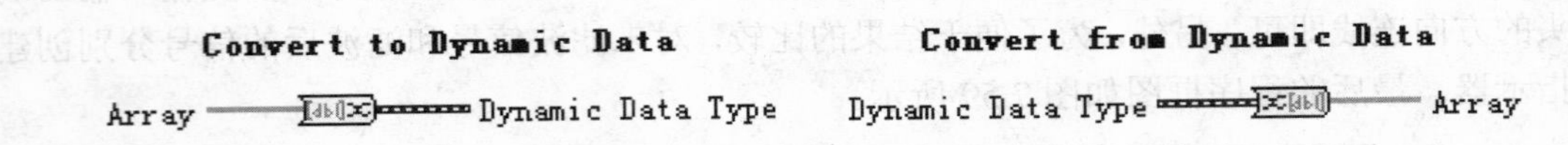

图 7.61 动态数据与普通数据的相互转换函数

多个动态数据也可以合并成一个动态数据，相反，一个包含多个信号的动态数据也可分解为各自独立的多个动态数据，这就是动态数据的合并与分解。这两个函数的选取路径是：功能与函数选板 | Express | Signal Manipulation | Merge Signals 和 Split Signals。它们的图标如图 7.62 所示。

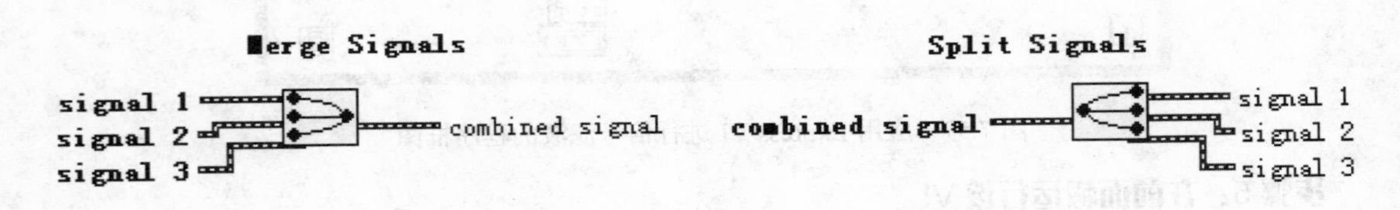

图 7.62 动态数据的合并与分解函数

【案例 7.3.3】 动态数据的合并与分解

本案例将一个正弦波与一个方波合并后再分解，说明动态数据合并与分解函数的使用方法。

步骤 1：放置并设置正弦波的 Simulate Signal Express VI

步骤 2：放置并设置方波的 Simulate Signal Express VI

步骤 3：放置合并与分解函数

步骤 4：连线并创建图形指示器输出

步骤 5：运行该 VI，观察结果

相关细节请读者思考完成，此处不再细述。本案例完成后的程序框图及前面板如图 7.63 所示。

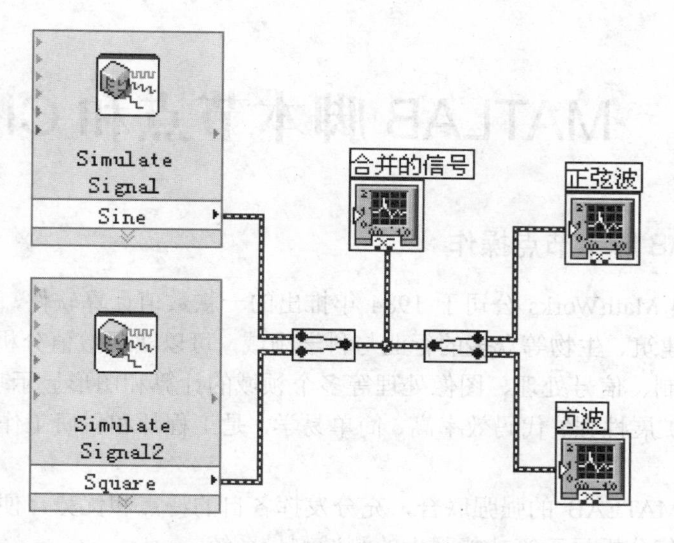

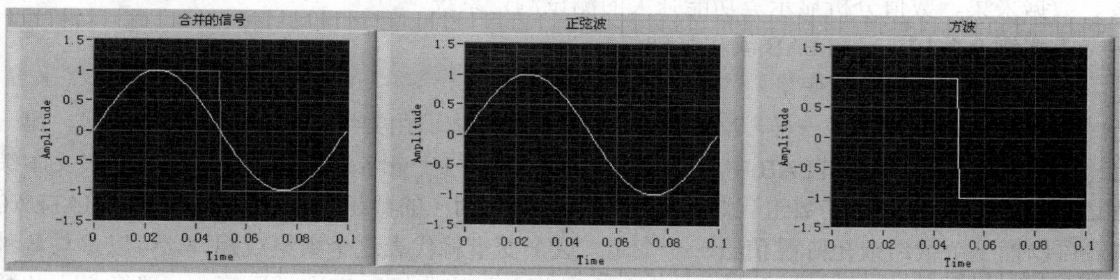

图 7.63　动态数据的合并与分解

第 8 章　MATLAB 脚本节点和 CIN 节点

8.1　MATLAB 脚本节点操作

MATLAB 是由 MathWorks 公司于 1984 年推出的一款数值计算软件，覆盖面包括控制、金融、图像处理、建筑、生物等众多的行业与科学领域，可以实现数值分析、优化、偏微分方程数值解、自动控制、信号处理、图像处理等多个领域的计算和图形显示功能。MATLAB 不仅功能强大，而且扩展性强、代码效率高、简单易学，是工程师和科研工作者常用的工具软件和编程语言。

LabVIEW 与 MATLAB 的强强联合，充分发挥各自的特点和优势，便于开发有关仪器连接、数据采集、数值分析显示等功能强大的测试测量系统。

【案例 8.1.1】 MATLAB 编程基础

（1）MATLAB 中的变量

与很多文本编程软件一样，MATLAB 中的变量名依旧由数字、字母和下划线组成，第一个不能是数字。尽管 MATLAB 中的变量不需要声明，但变量名是区分大小写的。一般文本编程语言，例如 C 语言，其数组、矩阵或字符串必须用相应的数组表示和存储，但在 MATLAB 中，可以把一个数组或矩阵赋值给一个变量，这个变量就代表这个数组或矩阵，可以参与各种运算和处理，所以 MATLAB 中所有的变量和数据都被当作矩阵来进行运算，一般意义上的数字标量被看作大小是 1×1 的矩阵。需要特别提醒的是 MATLAB 中数组或者矩阵的下标都是从 1 开始的。

（2）MATLAB 中矩阵或数组的生成

在 MATLAB 中，数组或矩阵的生成方式很多，可以直接输入元素，可以使用冒号运算符（:）生成，也可以使用函数生成。以下分别举例说明。

① 直接输入元素生成数组。直接输入元素生成数组时，以左方括号开始，同一行元素之间用空格（或逗号）为间隔，行与行之间用分号分隔，最后以右方括号结束。例如，*a*=[1 3 5 4 2]，则生成一个一维数组 *a*，其元素依次是 1、3、5、4、2。*b*=[1 4 7;2 5 8;3 6 9]，则生成一个 3×3 二维数组。

② 利用冒号运算符生成数组。在 MATLAB 中，冒号有着特定的功能和用途。利用冒号运算符生成数组的格式是 first : increment : last，其意义是创建一个从 first 开始，数据元素的增量为 increment，到 last 结束的数组，各参数间以冒号分隔。若增量为 1，可简化为 first : last。例如，*x*=0:pi/100:2*pi，则生成一个从 0 开始，间隔是 π/100，到 2π 结束的一维数组。其中的 pi 表示常数 π。又如 *y*=1:6，则生成[1 2 3 4 5 6]的一维数组 *y*。

③ 利用函数生成数组。MATLAB 中，很多运算是借助于函数来实现的。其中，包括生成一般线性、非线性的数组，还包括生成特殊数组或矩阵的函数。例如，函数 linspace(first,last,number)可用来创建一个从 first 开始，到 last 结束，包含有 number 个元素的数组。函数 eye(*m*,*n*) 用来生成 *m* 行 *n* 列的单位矩阵。函数 ones(*m*,*n*) 用来生成 *m* 行 *n* 列的全 1 矩阵。函数 zeros(*m*,*n*) 用来生成 *m* 行 *n* 列的全 0 矩阵。函数 magic(*m*) 用来生成 *m* 行 *m* 列的

魔方矩阵。函数 rand(*m*,*n*)生成元素服从 0～1 均匀分布的 *m* 行 *n* 列随机矩阵。函数 randn(*m*,*n*)生成元素服从均值为 0，方差为 1 的 *m* 行 *n* 列正态分布随机矩阵。

（3）MATLAB 中矩阵元素的标识和引用

① 矩阵元素的标识。

向量标识法即 *a*(*m*,*n*)标识法，*m* 和 *n* 分别是元素所在的行数和列数。例如，矩阵 *a*=[1 4 7;2 5 8;3 6 9]，则 *a*(2,2)表示矩阵 *a* 的第二行、第二列元素的值，即 *a*(2,2)=5。

标量标识法即 *a*(*m*)标识法，*m* 表示矩阵 *a* 的所有元素按列依次排成一个列向量时，元素所在的位置。例如矩阵 *a*=[1 4 7;2 5 8;3 6 9]，则 *a*(6)表示矩阵 *a* 的第二行、第三列元素的值，即 *a*(6)=8。

② 矩阵元素的引用。

单个元素的引用，可以用矩阵元素的标识法获得对该元素的引用。例如，矩阵 *a*=[1 4 7;2 5 8;3 6 9]，则 *a*(2,2)表示矩阵 *a* 的第二行、第二列元素的值，即 *a*(2,2)=5。

可借助冒号运算符，获得某一行（某几行）或某一列（某几列）的引用。例如矩阵 *a*=[1 4 7;2 5 8;3 6 9]，则 *a*(2,:)表示矩阵 *a* 的第二行，即 *a*(:,2)=[2 5 8]。

（4）MATLAB 中矩阵的加、减、乘、除和乘方运算

MATLAB 中，矩阵的加和减运算必须在具有相同的行数和列数的矩阵之间进行。矩阵的点乘（*a*.**b*）是具有相同的行数和列数的矩阵 *a* 和 *b* 的位置对应元素之间相乘，对于矩阵的乘法（*a***b*），只有当矩阵 *a* 的列数和矩阵 *b* 的行数相同时才可进行。而矩阵的乘方只有在矩阵为方阵时才有意义。矩阵的左除和右除意义不同，与点除意义也不相同。

一般用矩阵的除法来解方程组。例如：方程组

$$\begin{cases} x+y+z=6 \\ x-y+z=2 \\ x+y-z=0 \end{cases}$$

则输入：*a*=[1 1 1;1 -1 1;1 1 -1];

b=[6 2 0]′ ;

x=*a**b*

可得方程组的根：1，2，3，即 *x*=1，*y*=2，*z*=3。

（5）MATLAB 的绘图功能

MATLAB 软件提供了丰富的图形表达功能，包括常用的二维图形和三维图形，其中二维图形近 30 种，三维图形 20 余种。

① 二维平面绘图。二维线性坐标曲线绘制函数 plot(*x*,*y*)。要求 *x* 和 *y* 必须长度相等。例如，绘制[0,2π]区间的正弦函数曲线，则输入：

```
x=0:0.01:2*pi;
y=sin(x);
plot(x,y)
```

结果如图 8.1 所示。

② 三维绘图。三维绘图的基本函数是 plot3(*x*,*y*,*z*)。例如，绘制一螺旋线，则输入：

```
t=0:0.1:8*pi;
plot3[sin(t),cos(t),t]
grid on
```

结果如图 8.2 所示。

三维绘图的另一个重要函数是 surf。例如，绘制墨西哥草帽，则输入：

```
x=-8:0.5:8;
y=x;
[X,Y]=meshgrid(x,y);
r=sqrt(X.^2+Y.^2)+eps;
z=sin(r)./r;
surf(z);
```

结果如图 8.3 所示。

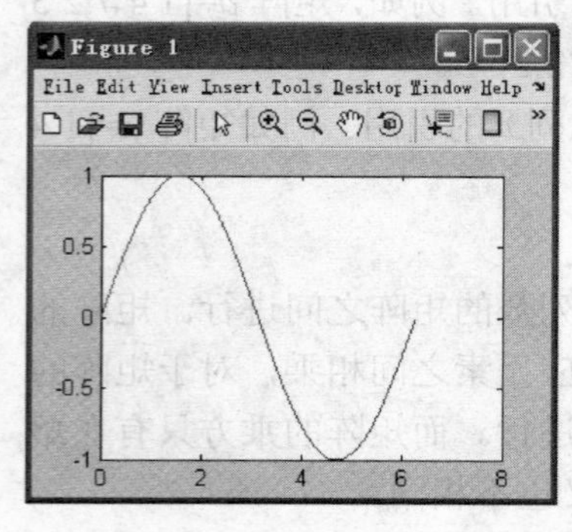

图 8.1　正弦函数曲线

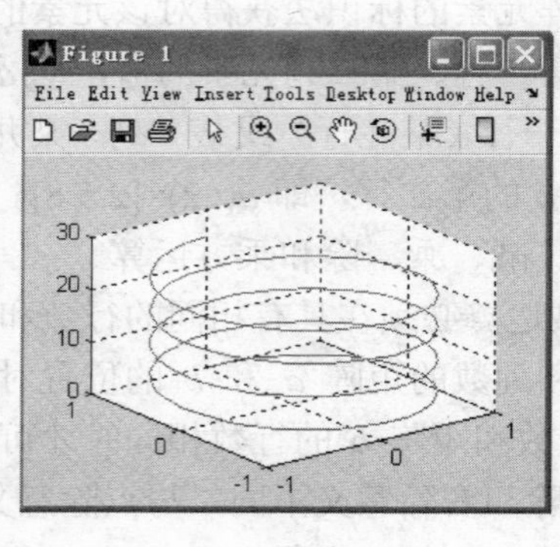

图 8.2　螺旋线

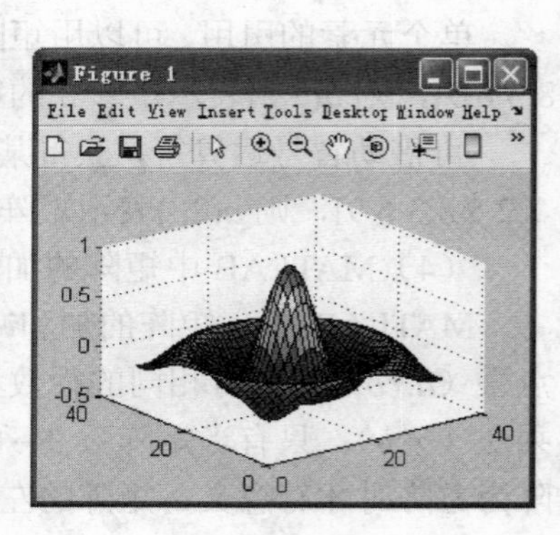

图 8.3　墨西哥草帽

（6）M 文件

MATLAB 语言编写的以 m 为扩展名的文件称为 M 文件。M 文件有脚本式 M 文件和函数式 M 文件两种。MATLAB 语言的程序结构同样支持 For 循环、While 循环、if…else 结构、switch…case 结构等，此处不再赘述。

MATLAB 语言简单易学，但内容繁杂，限于篇幅，本节不可能详细说明，请查阅相关书籍。

【案例 8.1.2】 运用 MATLAB 脚本节点删除一维数值数组中的元素 0

步骤 1：放置 MATLAB 脚本节点

LabVIEW 与 MATLAB 的结合方式是 LabVIEW 提供了 MATLAB 脚本节点，通过调用 MATLAB 脚本节点，LabVIEW 就可以使用 MATLAB 强大的数值运算和图形显示功能。MATLAB 脚本节点在 LabVIEW 程序框图窗口中的选取路径是：功能和函数选板 | Mathematics | Scripts & Formulas | Scripts Node | MATLAB Script Node，具体选取路径如图 8.4 所示。

选取 MATLAB 脚本节点之后，在程序框图的空白处单击，拖曳到适当大小后松开鼠标，则 MATLAB 脚本节点放置完毕，结果如图 8.5 所示。

步骤 2：为 MATLAB 脚本节点添加输入输出端子

MATLAB 脚本节点与公式节点，与本章下一节准备讲解的 MathScript 节点一样，可以通过添加输入输出端子来实现 LabVIEW 与 MATLAB 脚本节点之间的数据交流，也可以直接导入或导出现有的 M 文件（用 MATLAB 语言编写的一种以 m 作为文件扩展名的文件）。具体方法是，在 MATLAB 脚本节点的边框上右击，在弹出的快捷菜单中选择 Add Input 或 Add Output 来添加输入或输出端子，选择 Import…或 Export…来导入或导出 M 文件。如图 8.6 所示。

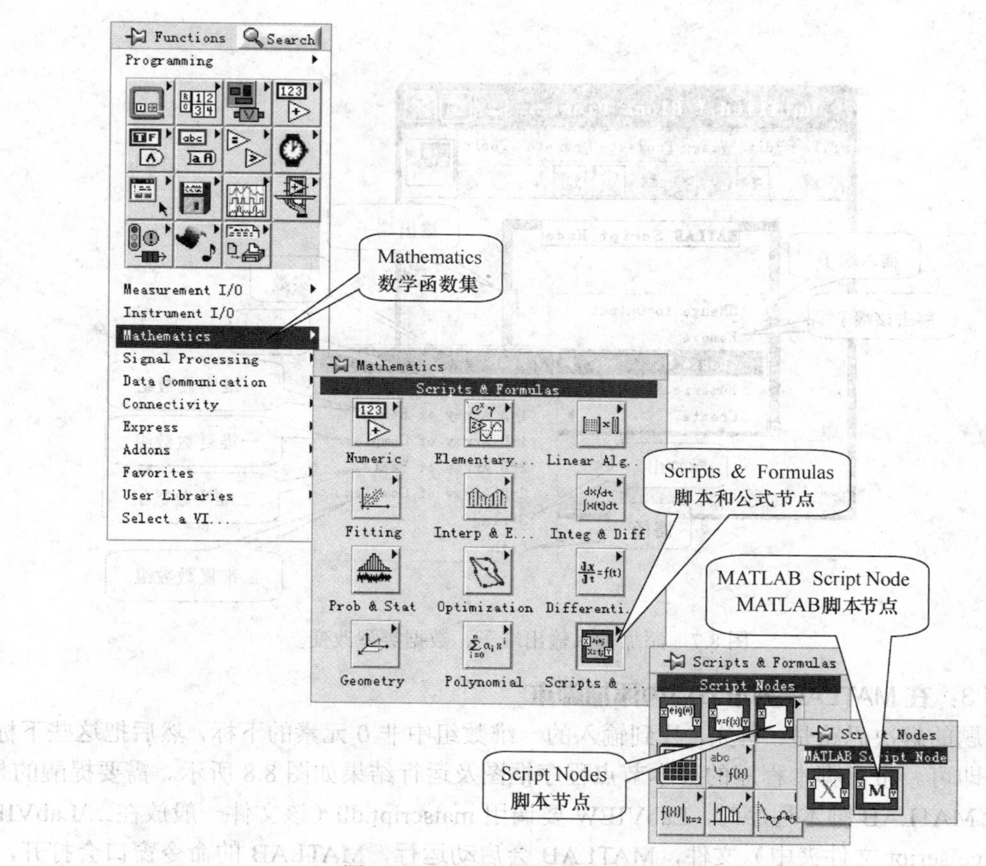

图 8.4　MATLAB 脚本节点选取路径

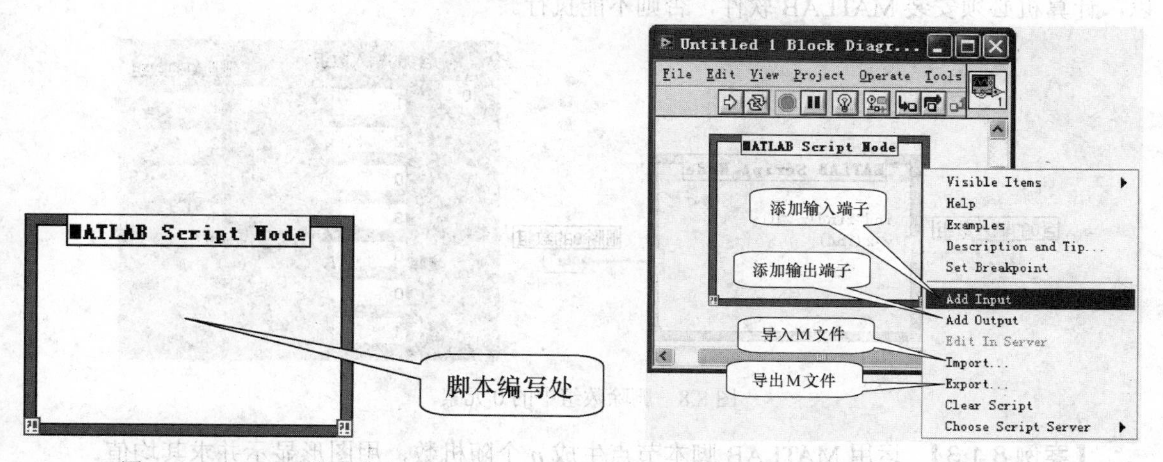

图 8.5　MATLAB 脚本节点　　　　图 8.6　MATLAB 脚本节点的快捷菜单

为 MATLAB 脚本节点添加一个输入端子和一个输出端子后的程序框图如图 8.7 所示（假设变量名分别为 x 和 y）。可以看到，输出端子是粗边框，相比而言输入端子是细边框。输入和输出数据的类型默认是实数型，要改变输入输出数据类型，可在输入（输出）端子上右击，在弹出菜单的 Choose Data Type 选项中选择需要的数据类型。如图 8.7 所示。

此处，x 是输入的含有元素 0 的一维数组，y 是删除元素 0 以后的一维数组，所以端子 x 和 y 都选择一维实数数组类型。

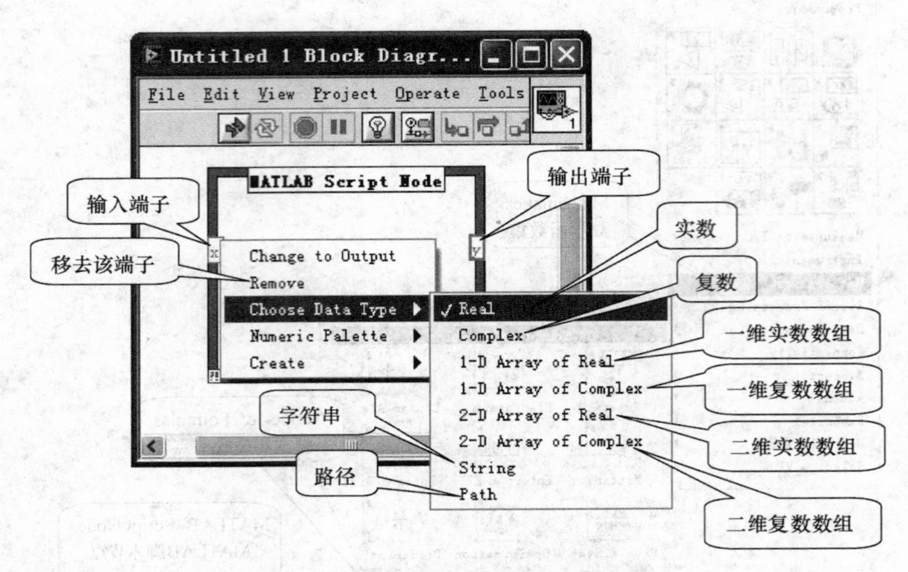

图 8.7　添加输入输出端子、数据类型改变

步骤 3：在 MATLAB 脚本节点内添加脚本

此问题的解决思路是：首先，找到输入的一维数组中非 0 元素的下标，然后把这些下标的元素输出即可。带有脚本程序的脚本节点程序框图及运行结果如图 8.8 所示。需要提醒的是，由于运行 MATLAB 脚本程序时，LabVIEW 要调用 matscript.dll（该文件一般放在...\LabVIEW 8.0\resource\script 文件夹中）文件，MATLAB 会启动运行，MATLAB 的命令窗口会打开，所以，计算机必须安装 MATLAB 软件，否则不能执行。

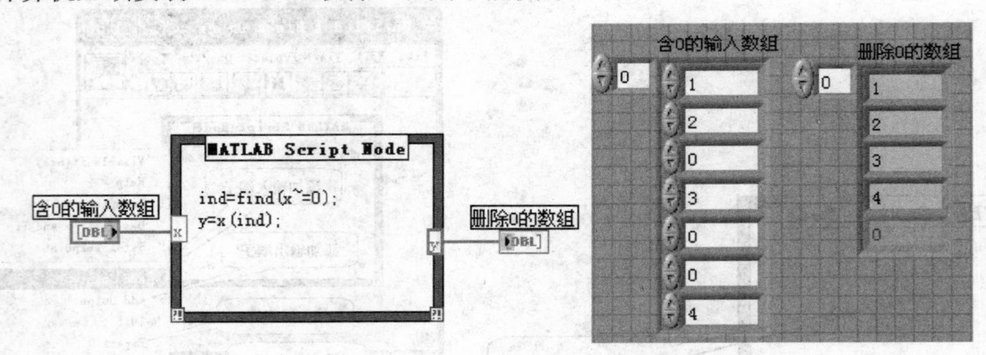

图 8.8　删除数组中的 0 元素

【案例 8.1.3】 运用 MATLAB 脚本节点生成 n 个随机数，用图形显示并求其均值

步骤 1：放置 MATLAB 脚本节点

步骤 2：为 MATLAB 脚本节点添加输入输出端子

本案例问题需要一个实数输入端子 n，一个输出端子 m，其中 n 是随机数的个数，m 是这些随机数的均值，所以 n 和 m 都是实数。

步骤 3：在 MATLAB 脚本节点内添加脚本

本案例用到了随机数产生函数 rand 及求均值函数 mean。带有脚本程序的脚本节点程序框图及运行结果如图 8.9 所示。

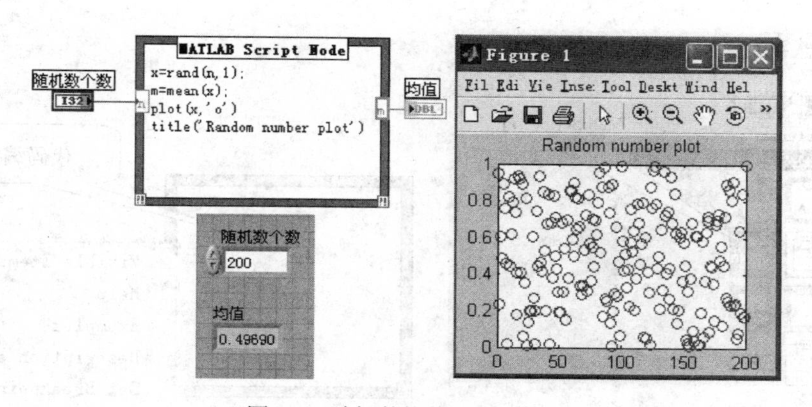

图 8.9　随机数均值及图形显示

8.2　MathScript 节点操作

MathScript 与 MATLAB 很相像，其核心是一种高级文本编程语言，它包含了用于信号处理、分析和解决复杂数学任务的相关语法和功能。MathScript 为这些功能提供了 600 多种内置函数，读者也可以自己创建自定义函数。MathScript 的语法特点与 MATLAB 大致相同，所以，熟悉 MATLAB 语言后，可以直接运用 MathScript 进行数值运算。此二者的不同之处是，MathScript 是内建于 LabVIEW 的，用户不需额外的软件安装就可以使用，而 MATLAB 脚本节点的使用则需要安装 MATLAB 软件才可以运行。所以一般的数学处理和数值分析，运用 MathScript 就足够了。MathScript 的语言特性见表 8.1。

表 8.1　MathScript 语言特性

MathScript 语言特性	描　　述
强大的文本数学功能	MathScript 包含 600 多种内置函数，用于数学运算、信号分析和处理；这些函数遍及线性代数、曲线拟合、数字滤波、微分方程、概率与统计等。
面向数学的数据类型	MathScript 使用矩阵和数组作为基本数据类型
兼容性	语法与 MATLAB 完全兼容
扩展性	用户可以自定义函数
内嵌性	MathScript 内嵌于 LabVIEW，不需要安装第三方软件

【案例 8.2.1】　使用 MathScript 节点输出[0，2π]正弦波

步骤 1：放置 MathScript 节点

MathScript 的一种使用方式是交互式窗口形式，在 LabVIEW 的 Tools 菜单中选择 Mathscrip Window…就可以打开交互式窗口，在其中可以进行相应的操作，请参阅相关资料，此处不作详述。MathScript 的另一种使用方式是使用 MathScript 节点。MathScript 节点位于结构选板，其选取路径如图 8.10 所示。

步骤 2：为 MathScript 节点添加输入输出端子

与 MATLAB 脚本节点相同，在 MathScript 节点边框右击，在弹出快捷菜单中选择 Add Input 和 Add Output 可以为 MathScript 节点添加输入、输出端子，端子的数据类型同样可以在端子上右击后的菜单中选择。如图 8.11 所示。同样，也可以通过 Import…和 Export…导入或导出 M 文件。

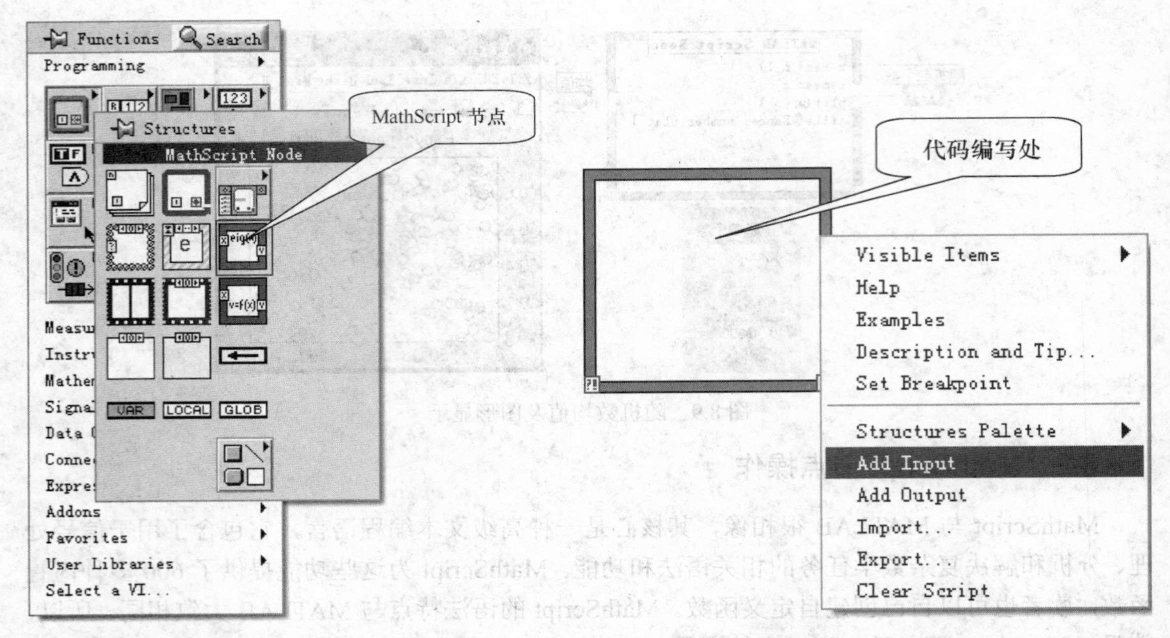

图 8.10　MathScript 节点选取路径　　　图 8.11　为 MathScript 节点添加输入、输出端子

步骤 3：编辑本例 MathScript 节点代码

本案例代码很简单，此处直接给出编辑代码后的 MathScript 节点以及运行结果，如图 8.12 所示。

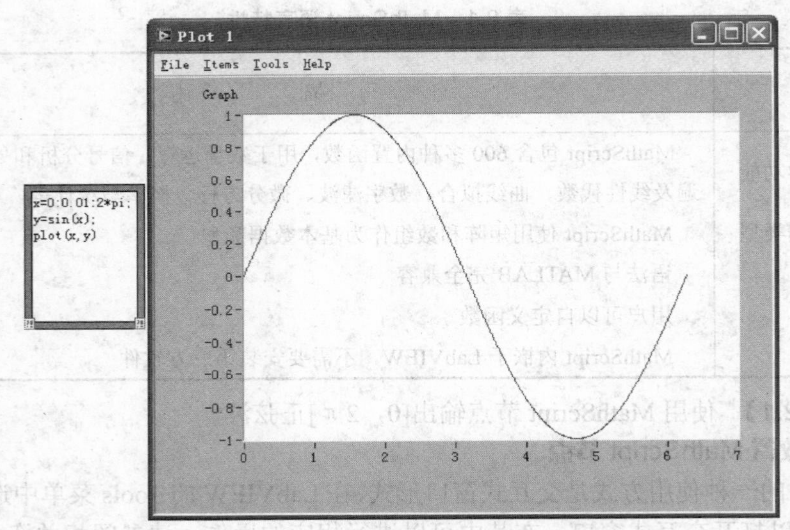

图 8.12　MathScript 节点代码及运行结果

【案例 8.2.2】　信号的幅度调制

本案例来自于 NI 的样例 Amplititude Modulation (AM).vi，即幅度调制 VI。

对于以正弦波为载波信号的连续波调制方式，其最基本的调制即双边带调幅（AM）。常规双边带调幅信号的时域表达式为：

$$S_{AM}(t) = [A_0 + f(t)]\cos(\omega_C t + \theta_C)$$

其中，A_0为外加直流分量，$f(t)$为调制信号。ω_C为载波信号的角频率，θ_C为载波信号的起始相位。

当调制信号为单频正弦波时，令 $f(t)=A_m\sin(\Omega_m t+\theta_m)$

则：$S_{AM}(t)=[A_0+A_m\sin(\Omega_m t+\theta_m)]\cos(\omega_C t+\theta_C)$

$$=A_0[1+\frac{A_m}{A_0}\sin(\Omega_m t+\theta_m)]\cos(\omega_C t+\theta_C)$$

定义$\beta_{AM}=\dfrac{A_m}{A_0}$为调幅指数，其值一般小于等于 1，此时，已调信号的时域波形表达式为：

$$S_{AM}(t)=A_0[1+\beta_{AM}\sin(\Omega_m t+\theta_m)]\cos(\omega_C t+\theta_C)$$

为使此 VI 运行时能动态的查看波形的变化，整个 MathScript 节点放置在 While 循环中，While 循环的停止条件是单击“Stop”按钮。此 VI 的前面板和程序框图如图 8.13 和图 8.14 所示。

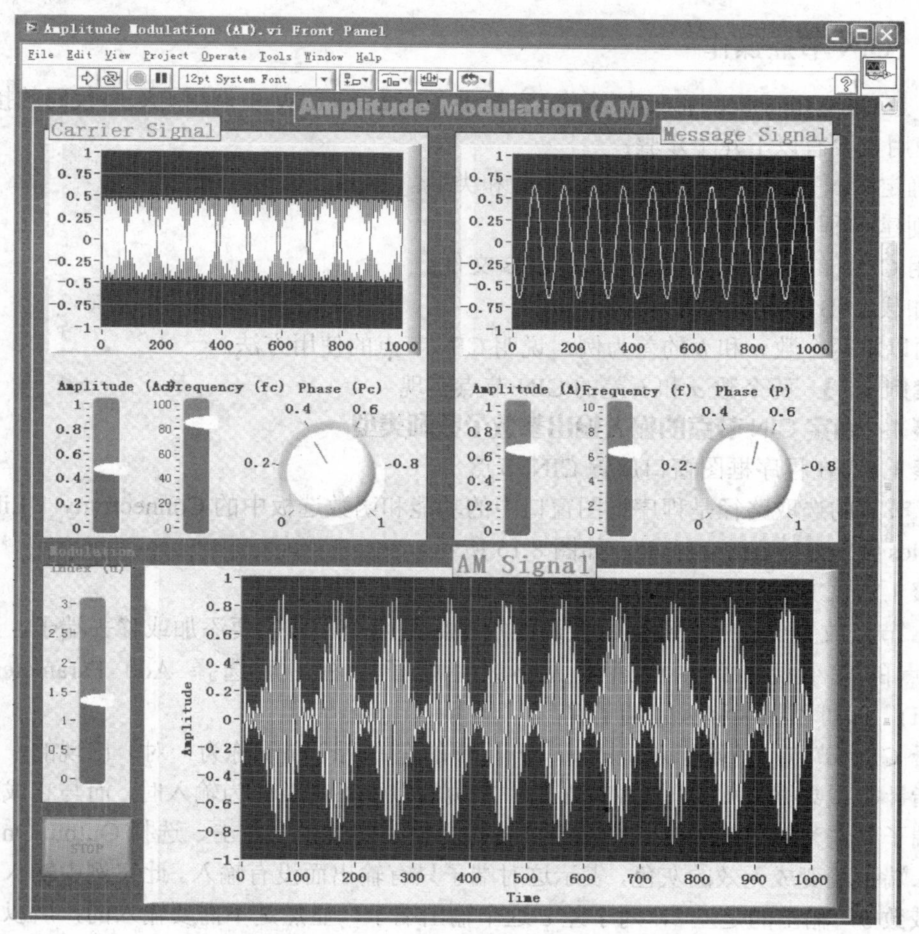

图 8.13　AM 前面板

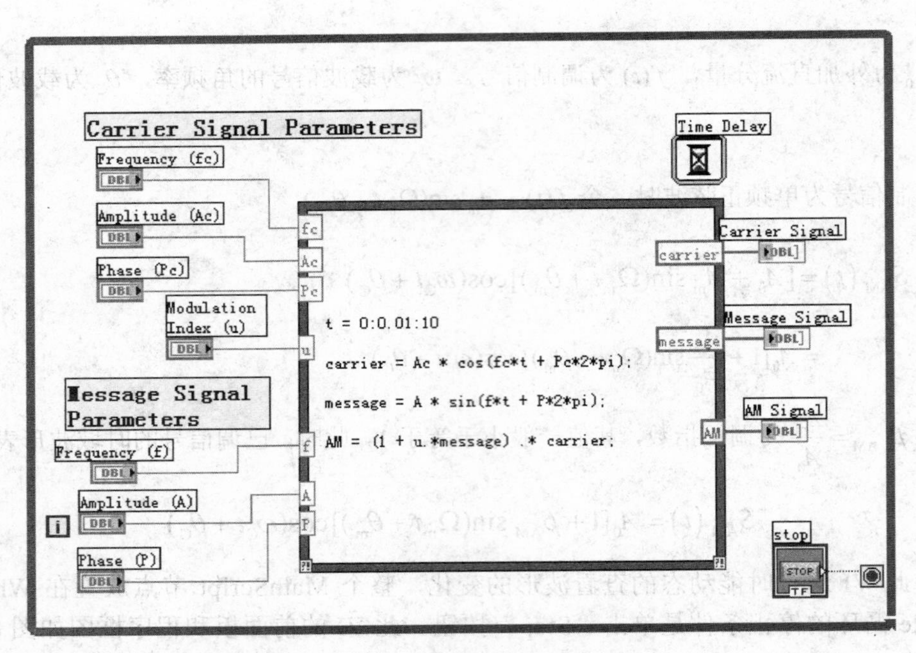

图 8.14　AM 程序框图

8.3　CIN 节点操作

CIN 是 Code Interface Node 的简称，它提供了在 LabVIEW 中调用 C/C++代码的接口。CIN 节点的使用主要有以下几个步骤：

① 确定 CIN 节点的输入输出参数个数和类型；

② 创建 C 程序源代码；

③ 用 C 编译器将 C 源代码编译成 LSB 文件；

④ 加载 LSB 文件到 CIN 节点。

下面以求两个数 a 和 b 的差为例，说明 CIN 节点的使用方法。

【案例 8.3】 两个数 a 和 b 差的 CIN 节点实现

步骤 1：确定 CIN 节点的输入输出参数个数和类型

步骤 1.1：在程序框图窗口放置 CIN 节点

CIN 节点的选取路径是程序框图窗口中的功能和函数选板中的 Connectivity | Libraries & Executables | Code Interface Node，如图 8.15 所示。

步骤 1.2：CIN 节点端子的添加和输入输出设置

CIN 节点放置到程序框图后，默认的端子数是两个。若需要添加或移去端子，可以拖曳 CIN 节点的大小调节句柄到适当大小或在端子上右击后选择 Add Parameter(Remove Parameter)，即可添加（移去）端子。

由于 CIN 节点上的端子总是成对（一行中的左右两个端子称为一对）出现的，且端子传递的是指针类型数据，所以，当成对端子中左边的端子不需要作为输入时，而与它成对出现的右边的端子要作为输出端子时，则在不准备作为输入的端子上右击，选择 Output Only 选项，这个输入端子就变成无效的灰色，表示这对端子只有输出而没有输入。此案例中输入的是被减数 a 和减数 b，输出的是差 c，对于差 c 这个输出端子，显然是不需要输入的，所以，需要把第三对端子中的输入端子设为只有输出。相关操作如图 8.16 所示。

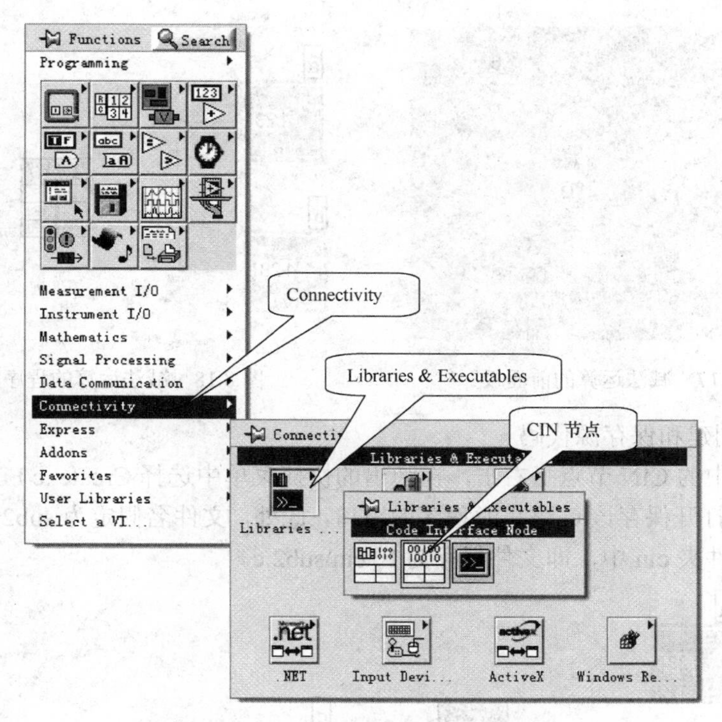

图 8.15　CIN 节点的选取路径

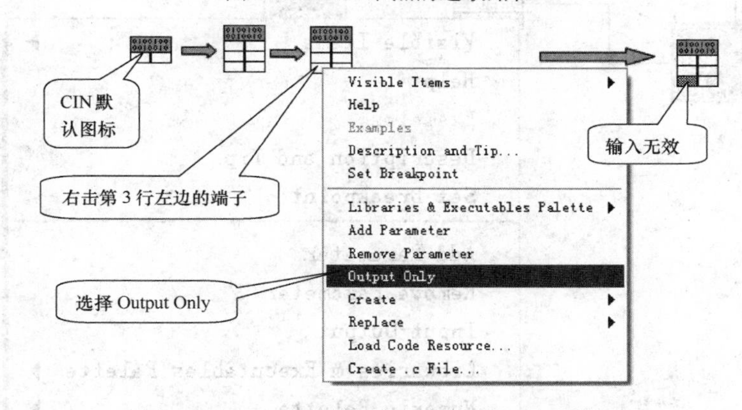

图 8.16　CIN 节点端子的添加和输入输出设置

步骤 1.3：前面板设计

本案例的前面板需要两个数值控件和一个数值指示器，分别命名 *a*、*b* 和 *c*。其中 *a* 和 *b* 是被减数和减数，*c* 是差。如图 8.17 所示。

步骤 1.4：程序框图连线

在程序框图窗口中，两个控件和一个指示器与 CIN 节点的连线如图 8.18 所示。可以看到，原本空白的端子颜色变成了与控件和指示器类型匹配的橙色。

步骤 2：创建 C 程序源代码

尽管 CIN 节点已经接好连线，但还不具有特定功能；同时工具栏上的运行按钮为[图标]，呈现错误状态，该 VI 自然不能运行。要具有特定功能，就要为 CIN 节点加载 C 语言程序源代码编译生成的 LSB 文件。

创建 C 语言程序源代码的方法和步骤如下。

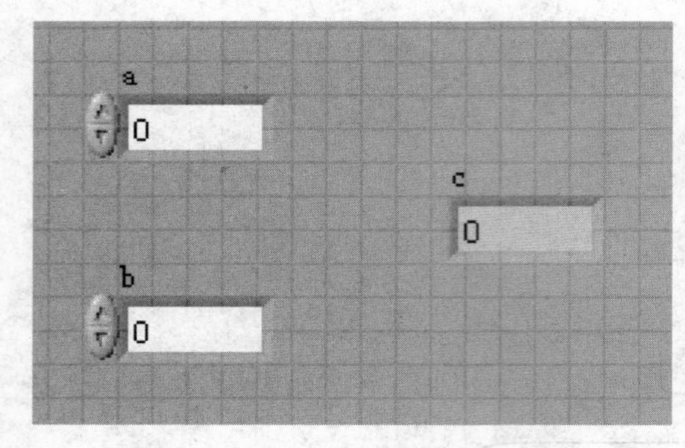

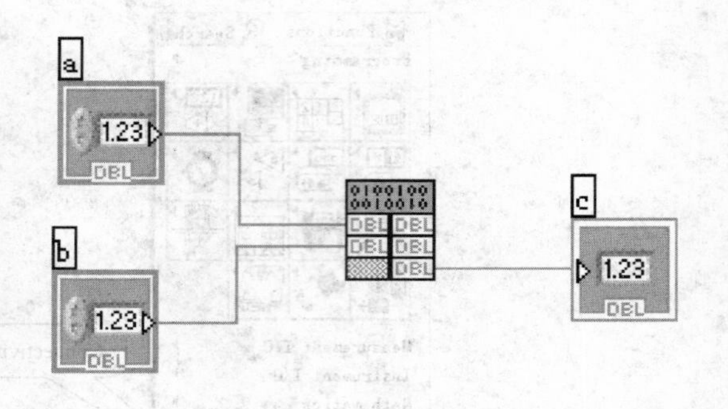

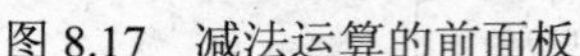

图 8.17 减法运算的前面板　　　　图 8.18 减法运算的程序框图

步骤 2.1：创建和保存源代码

在程序框图中的 CIN 节点上右击，在弹出的快捷菜单中选择 Create .c File…选项，如图 8.19 所示。则打开保存该 C 语言源程序的窗口，此处，文件名假定为 sub2.c，文件保存到 F 盘根目录下的文件夹 cin 中，即文件保存为 F:\cin\sub2.c。

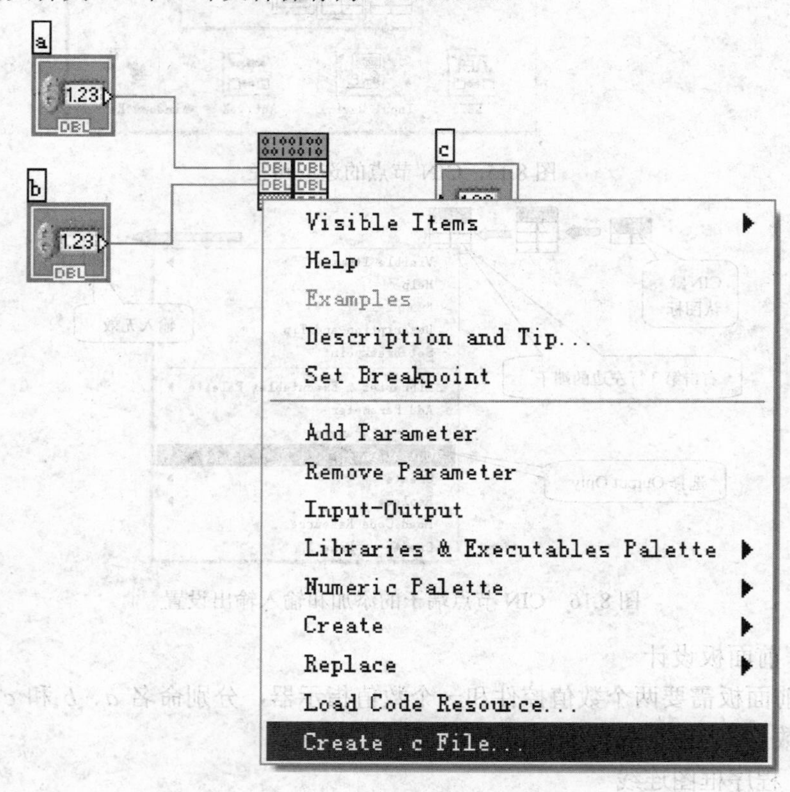

图 8.19 创建 C 程序源代码

步骤 2.2：编辑 C 程序源代码

使用多种文本编辑软件（如记事本，VC++6.0，UltraEdit 等）均可打开该 C 语言程序文件，此处使用记事本打开，发现 LabVIEW 已经自动编辑好了程序的结构框架，需用户编程的是该程序中 CINRun 函数的核心功能代码部分，具体位置如图 8.20 所示。由于 CIN 节点传递的是指针，所以本案例（减法）的核心功能代码为：*c=*a-*b;添加代码后的 C 语言程序如图 8.21 所示。注意，更改程序代码后的文件必须保存。

```
sub2.c - 记事本
文件(F) 编辑(E) 格式(O) 查看(V) 帮助(H)
/* CIN source file */

#include "extcode.h"

MgErr CINRun(float64 *a, float64 *b, float64 *c);

MgErr CINRun(float64 *a, float64 *b, float64 *c)
	{

	/* Insert code here */

	return noErr;
	}
```

添加核心功能代码处

图 8.20　C 语言程序核心功能代码添加处

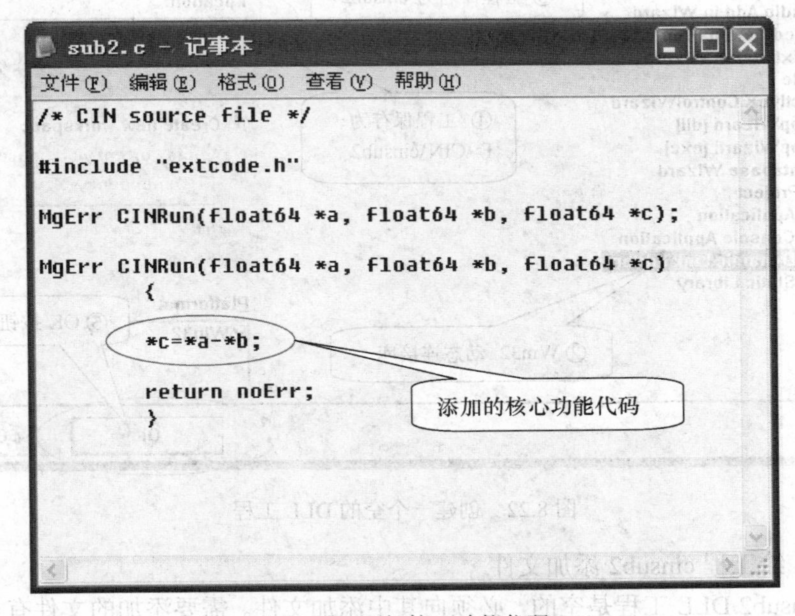

图 8.21　添加核心功能代码

步骤 3：用 C 编译器将 C 源代码编译成 LSB 文件

步骤 3.1：打开 VC++6.0，新建一个空的动态链接库工程（.DLL 文件）

打开 VC++6.0，单击文件菜单 File 后选择新建 New…，在打开的 New 窗口中的 Projects 选项卡中，选择 Win32 Dynamic-Link Library 选项，之后在 Project name 中为当前工程命名，此处假定工程命名为：cinsub2；在 Location 栏中填写该工程的保存位置，此处设置为 F:\cin\cinsub2。设置完成后，单击“OK”按钮。具体细节及流程如图 8.22 所示。单击“OK”按钮后，进入下一界面窗口，保持默认 An empty DLL project 选项不改变，直接单击 Finish 按钮，在接下来的窗口中单击“OK”按钮，则一个空的 DLL 工程创建完毕。

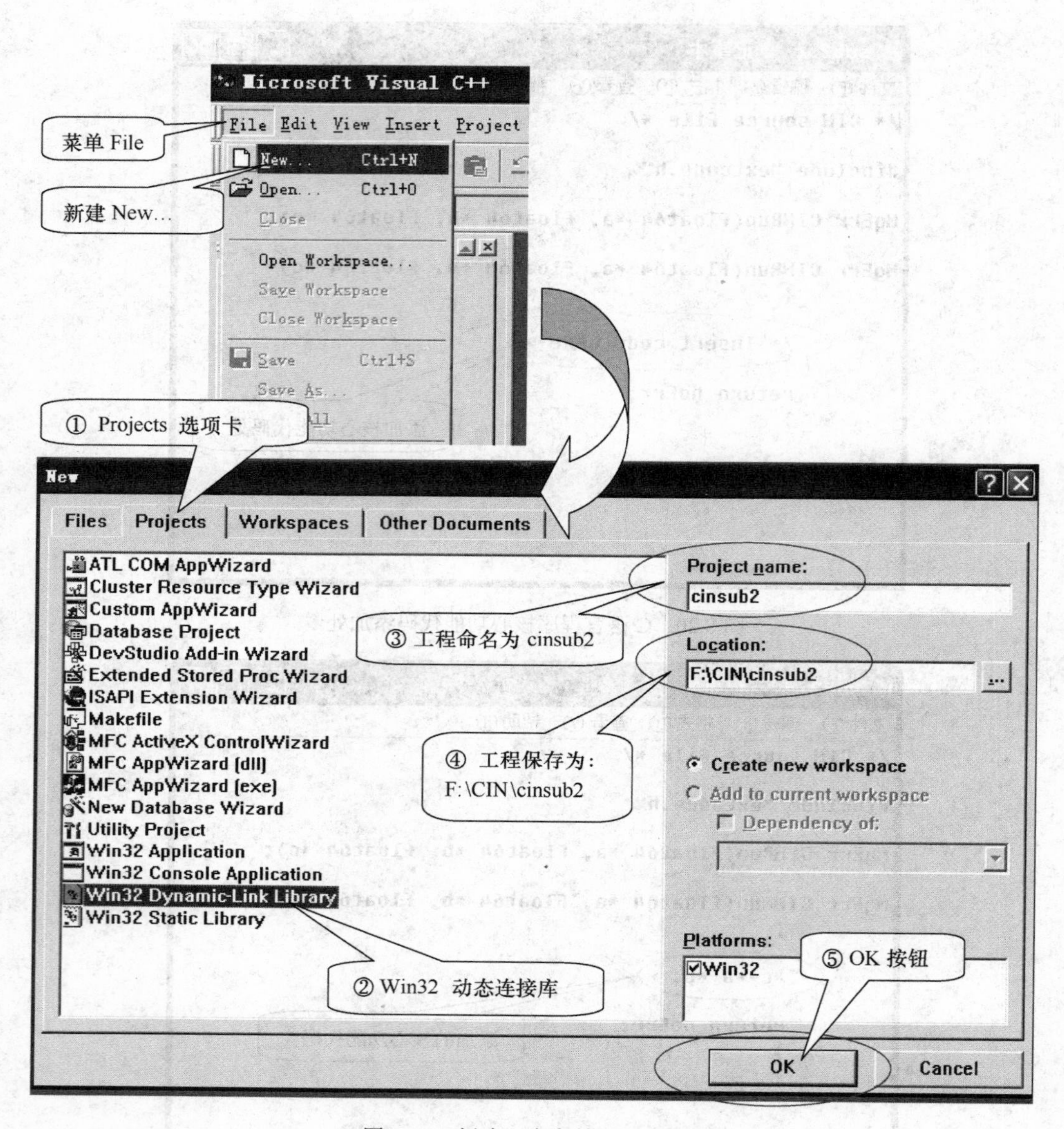

图 8.22 创建一个空的 DLL 工程

步骤 3.2：给工程 cinsub2 添加文件

新建的 cinsub2 DLL 工程是空的，必须向其中添加文件。需要添加的文件有五个：其中一个文件是前面刚编程完毕放在 F:\cin 文件夹中的 C 语言源程序文件 sub2.c；另外四个文件是 LabVIEW 软件自带的有关 CIN 节点的相关文件。假设 LabVIEW 的安装路径是：d:\national instruments\labview 8.0，则这四个文件就在 d:\national instruments\labview 8.0\cintools 文件夹中，它们分别是：cin.obj，labview.lib，lvsb.lib 和 lvsbmain.def。如图 8.23 所示。

向工程添加文件的方法：在 VC++6.0 主界面左侧的工程（或项目）工作管理区，选择工程工作管理区下方的 FileView 选项卡，在其中的工程文件名 cinsub2 files 上右击，在弹出的快捷菜单中选择 Add Files to Project...选项[如图 8.24（a）所示]，则会打开文件选取窗口，指定合适的路径，选择上述五个文件并添加到该工程中，其结果如图 8.24（b）所示。

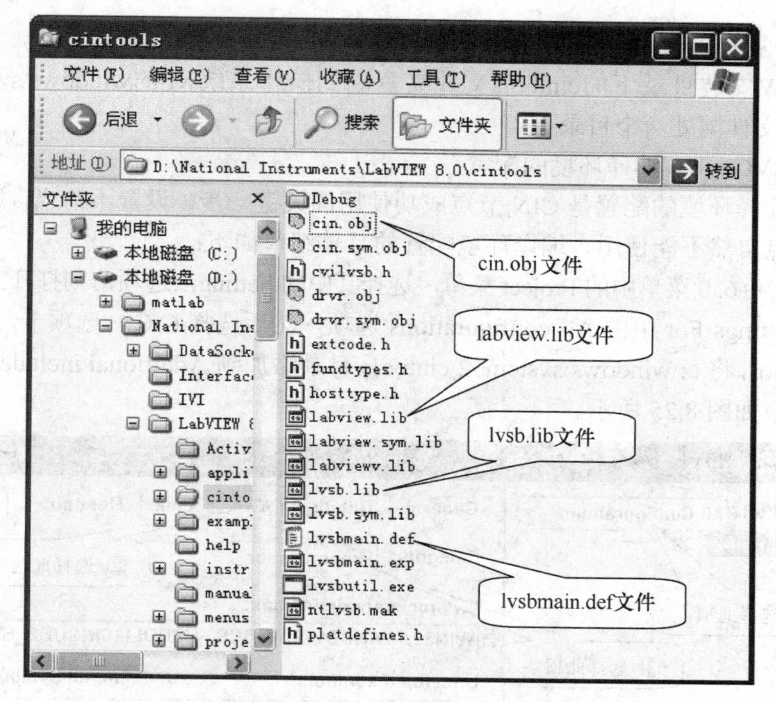

图 8.23　需要添加的 cintools 目录下的四个文件

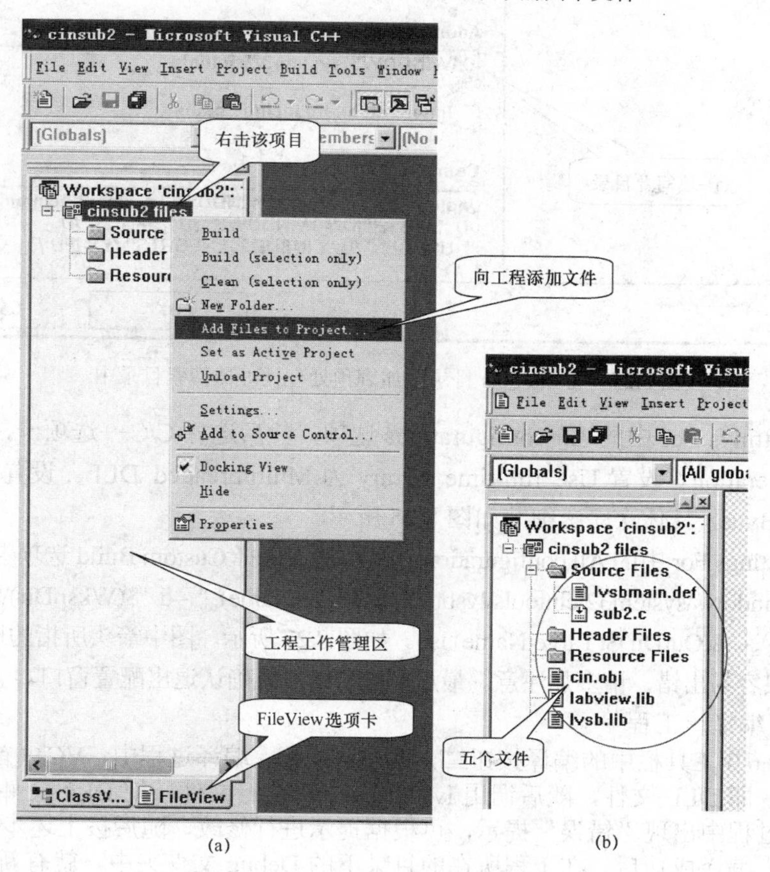

(a)　　　　　　　　　　(b)

图 8.24　向工程添加文件

步骤 3.3：复制 cintools 文件夹到 c:\windows\system32 中去

将LabVIEW安装目录下的cintools文件夹复制到操作系统XP的windows\system32文件夹中，与cmd.exe文件同处一个目录下。

步骤 3.4：VC++6.0 编译环境的配置

VC++6.0 编译环境的配置是 CIN 节点成功使用的关键一步，设置不恰当，则难以生成 lsb 文件，CIN 节点自然不能使用。编译环境配置的具体细节如下：

① 选择 VC++6..0 菜单中的 Project 菜单，选择其中的 Setting…选项，则打开工程配置窗口。

② 选择 Settings For 中的 All configurations 选项，然后选择 C/C++选项卡，选择 Category 栏为 Preprocessor，将 c:\windows\system32\cintools 目录添加到 Additional include directories 中，具体次序、细节如图 8.25 所示。

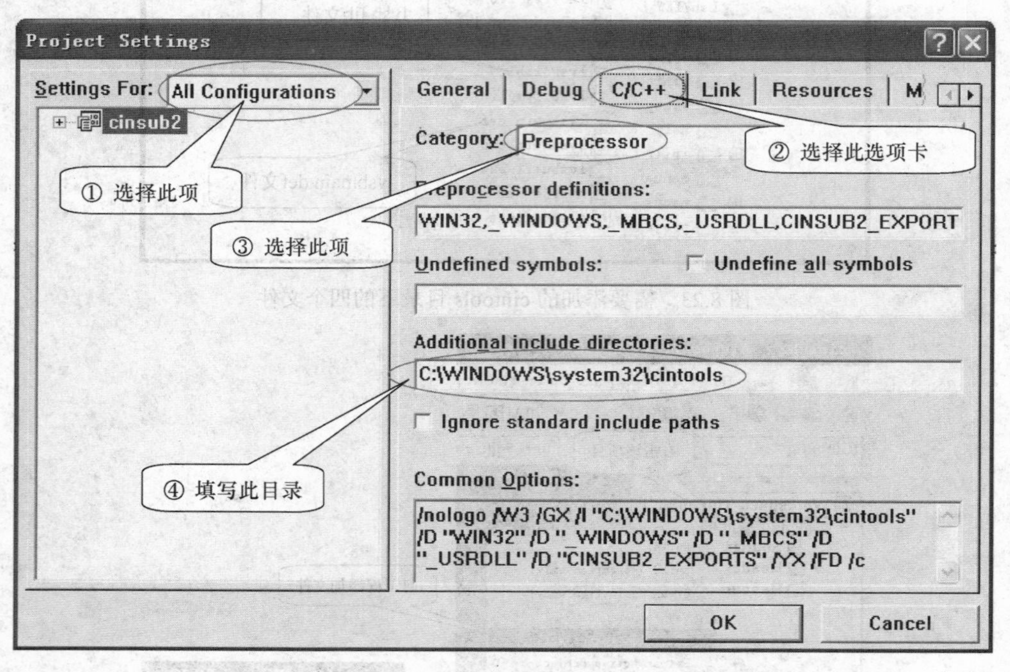

图 8.25　将 cintools 目录添加到预处理处理器搜索目录中

③ 选择 Settings For 中的 All configurations 选项，然后选择 C/C++选项卡，选择 Category 栏为 Code Generation。设置 Use run-time library 为 Multithreaded DLL。设置 Struct member alignment 为 1 Byte。具体次序、细节如图 8.26 所示。

④ 选择 Settings For 中的 All configurations 选项，然后选择 Custom Build 选项卡，在 Commands 栏中输入：c:\windows\system32\cintools\lvsbutil "$(TargerName) " –d "$(WkspDir)\$(OutDir) "；在 Outputs 栏中输入：$(OutDir)$(TargetName).lsb。如图 8.27 所示。图中箭头所指的地方各有一个空格。此命令行很容易出错，请多加注意。最后单击 OK 按钮确认退出配置窗口。

步骤 3.5：编译该工程

单击 VC++6.0 工具栏中的编译按钮，编译该工程。编译过程中，VC++首先创建一个动态连接库文件，即 DLL 文件，随后调用 lvsbutil.exe 可执行文件，把 DLL 文件转换成 LSB 文件。如果编译过程中出现“错误”提示，可根据提示进行修改，随后按上述步骤，再次编译，直至成功为止。编译成功后。在工程所在的目录下的 Debug 文件夹中，就有新生成的 LSB 文件 cinsub2.lsb，这个文件就是本案例减法 VI 需要的供加载的文件。

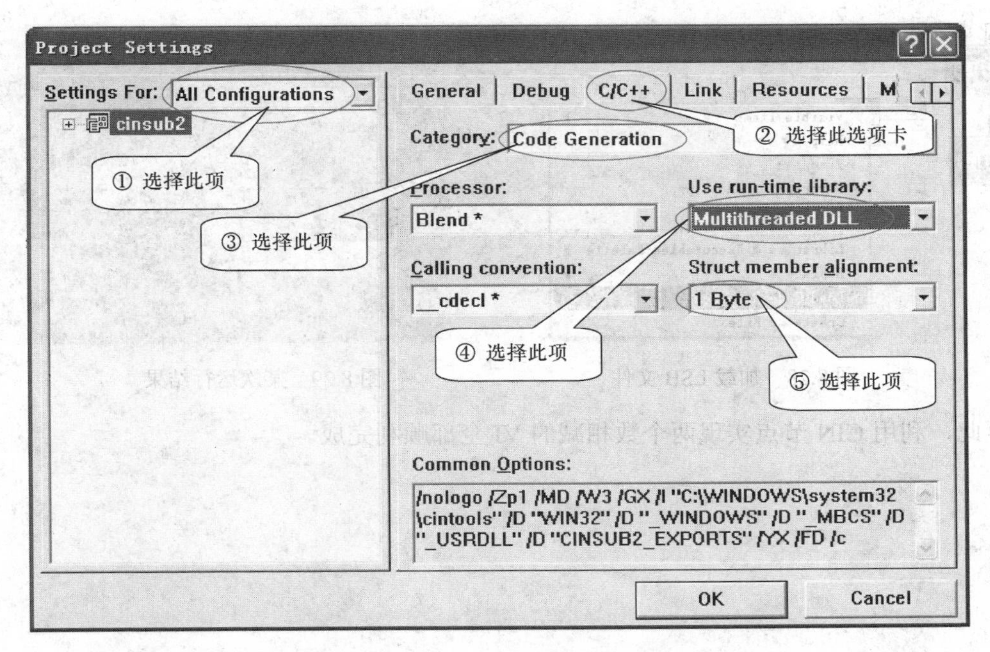

图 8.26　设置 Code Generation 项目

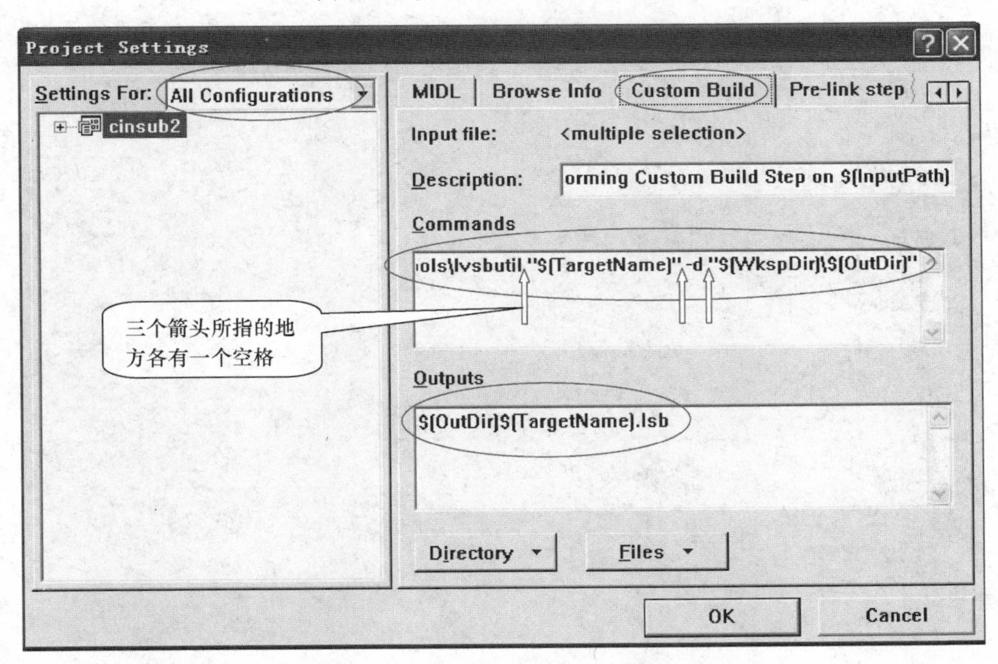

图 8.27　设置 Custom Build 为 lvsbutil.exe

步骤 4：加载 LSB 文件到 CIN 节点

在 LabVIEW 的程序框图窗口中，右击 CIN 节点，在弹出的快捷菜单中选择 Load Code Resoure... 选项，在弹出的文件选择对话框中双击刚才新生成的 LSB 文件 F:\cin\cinsub2\Debug\cinsub2.lsb，即可完成 LSB 文件的加载。具体细节如图 8.28 所示。

最后，返回前面板，给 *a* 和 *b* 赋予数值后，运行该 VI，可以看到正确的结果。如图 8.29 所示。

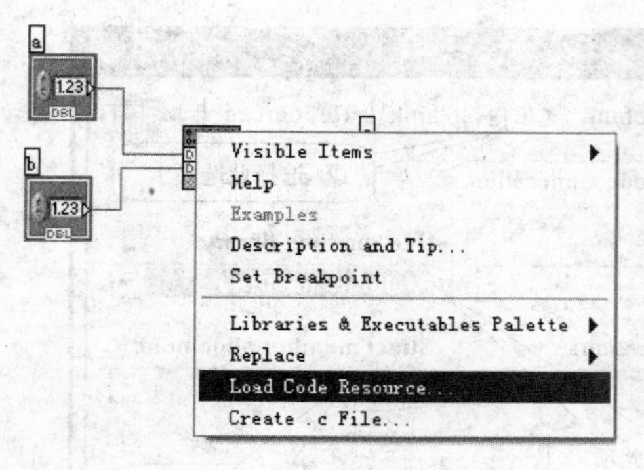

图 8.28　加载 LSB 文件

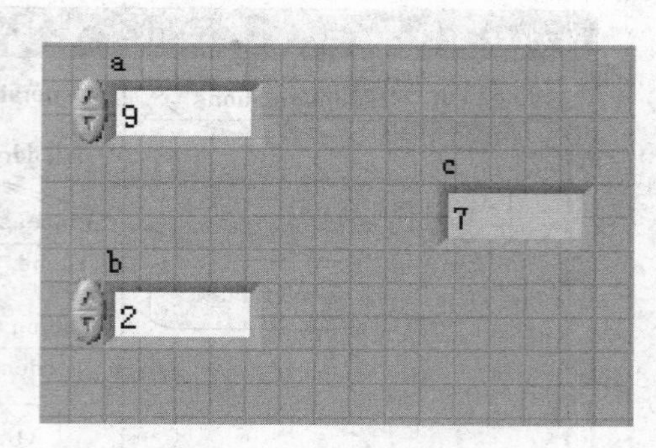

图 8.29　某次运行结果

至此，利用 CIN 节点实现两个数相减的 VI 全部顺利完成。

第 9 章 LabVIEW 的文件管理和应用程序创建

9.1 LabVIEW 的文件管理

LabVIEW 的文件管理有独立分散式管理、库文件管理和运用 LabVIEW 项目管理器管理三种方式，以下分别介绍。

9.1.1 独立分散式管理方式

文件的独立分散式管理方式就是一般意义上的文件存储管理，与 Windows 操作系统下的文件树型存储管理方式一样，即文件可以放在文件夹中，文件夹中可以有子文件夹和文件。对于有很多文件需要管理的 LabVIEW 项目而言，这些文件可以手动分层次管理，同时文件的复制、移动、更名等操作与 Windows 下文件的操作方式完全相同。此处不再赘述。

9.1.2 库文件管理方式

库文件管理方式就是把相关文件保存到一个库文件中。所谓相关文件，可以理解为 VI 和它的各级子 VI。这样管理文件的一个好处是当打开一个 VI 时，这个 VI 调用的各级子 VI 自动加载，不会出现子 VI 未找见且没有加载，导致该 VI 不能正常运行的情况。库文件的扩展名是 LLB。另外，库文件管理方式可以节省磁盘空间，方便移植。

（1）创建一个新的库文件

创建库文件的方法有两种，一种是在保存 VI 时，在弹出的保存窗口中，单击“NEW LLB”按钮，其后，在弹出的 NEW LLB 命名窗口中为新建的库文件命名；单击“LLB”按钮后，会弹出库文件管理方式下 VI 文件的保存窗口，输入需要保存的 VI 的名称，单击“OK”按钮，则库文件创建成功，同时文件也存放到该库文件中。相关操作如图 9.1 所示。

创建库文件的另一种方法是在菜单 Tools 中选择 LLB Manager...，在随后打开的 LLB Manager 窗口中，选择工具栏中的工具，打开库文件名编辑窗口，输入文件名后单击“OK”按钮即可新建一个库文件。具体如图 9.2 所示。

（2）将文件保存到已有的库文件中

如果库文件已经存在，要把文件保存到该库文件中，操作方法如同把文件保存到文件夹的方式一样。首先找到库文件的位置，双击库文件，打开如图 9.1 所示窗口，输入文件名，单击“OK”，即可把文件保存到库文件中。

（3）库文件与文件夹的相互转换

通过以上操作，可以发现，库文件与文件夹的功能很相像，在很多情形下，二者可以不用区分，因此，库文件管理器 LLB Manager...提供了库文件与文件夹之间的相互转换，其转换工具是，此处不再赘述，请读者自己尝试完成。

9.1.3 LabVIEW 项目管理器管理方式

LabVIEW 项目管理器管理文件的方式是 LabVIEW 8.0 版以后发布的。先前的文件管理只能是独立分散式管理方式或者是库文件管理方式，LabVIEW 8.0 版及以后发布的版本是三种文件管理方式并存，不仅可以管理 LabVIEW 文件和非 LabVIEW 文件，还有创建打包说明、部署和下载文件到 LabVIEW 目标模块中去的强大功能。本章讲授的应用程序创建就是在

LabVIEW 的项目管理器中完成的。

创建一个新的 LabVIEW 项目，就可以打开 LabVIEW 项目管理器，打开的项目管理器默认包含以下三部分内容。

（1）My Computer

作为项目中的一个目标存在，My Computer 代表本地计算机。右击 My Computer 就可以给该项目添加文件、文件夹、工程或项目库文件以及控件等。

（2）Dependencies

Dependencies 包含了该项目需要的但在 My Computer 中没有添加的支撑文件。

（3）Build Specification

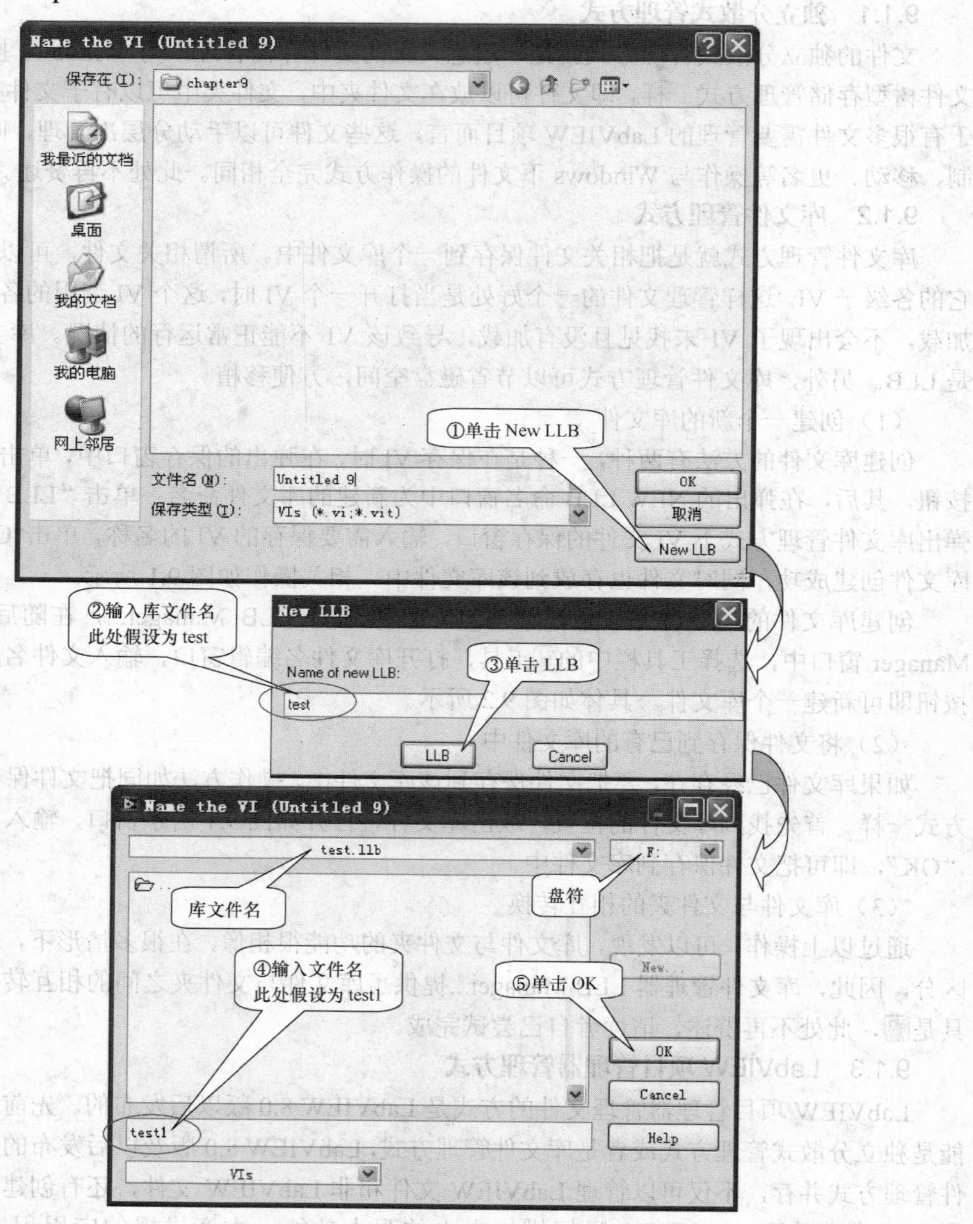

图 9.1　新建库文件及向库中保存文件

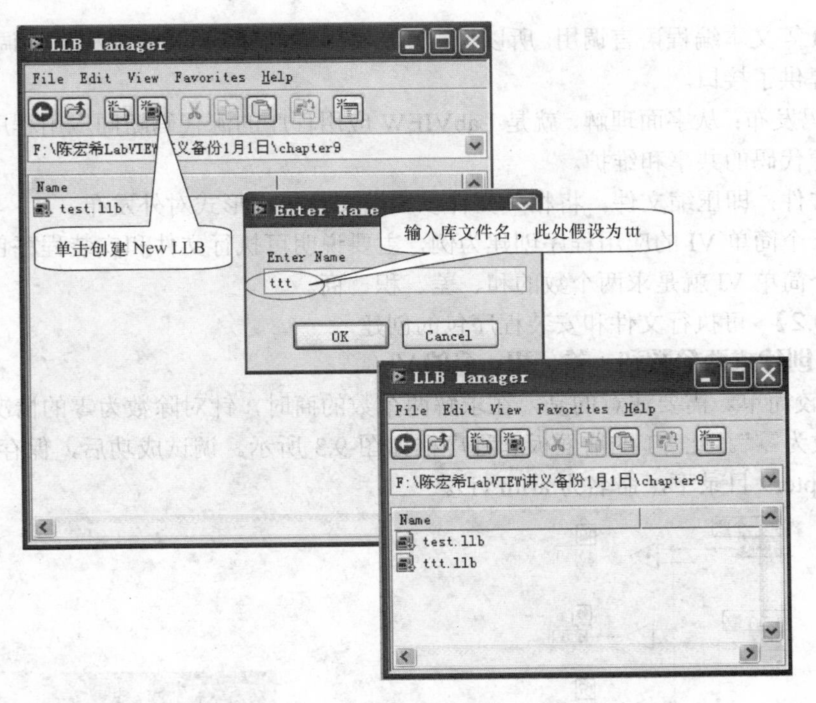

图 9.2 新建库文件

Build Specification 包含应用程序创建的配置文件，可以创建的应用程序对象有 EXE 文件、安装程序包、动态链接库（DLLs）、源代码和 ZIP 文件。

9.2 应用程序创建

前面各章讲述的各种功能的 VI，其开发环境和运行环境都是 LabVIEW。那么，用 LabVIEW 开发的程序能不能脱离 LabVIEW 软件环境运行呢？回答是肯定的，这就是应用程序的创建或应用程序的发布。

之所以要创建或发布 LabVIEW 应用程序，究其原因，一般有以下几个方面。第一是 LabVIEW 软件开发环境非常昂贵，为了运行 LabVIEW 程序，花巨资购买一套 LabVIEW 开发软件显然是不经济或者说是不必要的；第二是知识产权问题，应用程序开发者的劳动成果需要保护，所以，应用程序的代码、程序框图一般不针对最终使用者或者最终用户开放；第三是应用程序运行稳定性的要求，应用程序的最终使用者一般不允许对应用程序进行修改，除非是开发人员授权许可；第四是 LabVIEW 软件的安装和运行是非常耗时和占用计算机资源的，但实际运行现场计算机资源比较紧缺、实时性要求较高，二者之间存在矛盾。诸如此类的种种原因，使得 LabVIEW 应用程序的创建或发布成为必然。

LabVIEW 专业版开发软件提供了应用程序的创建工具，运用该工具可以创建：①可执行文件；②安装程序包；③动态链接库；④源代码；⑤ZIP 文件。以上五种文件的具体含义如下：

① 可执行文件：即常见的 EXE 文件。LabVIEW 的可执行 EXE 文件必须在安装了 LabVIEW Run-Time 引擎的条件下才能运行，而 LabVIEW Run-Time 引擎一般随安装程序包一起发布。

② 安装程序包：即 Setup 文件。通过安装程序，可以把 LabVIEW Run-Time 引擎和可执行 EXE 文件安装到某一目录下，双击该 EXE 文件就可执行。

③ 动态链接库：即 DLL 文件。对于 DLL 文件，无论是由什么语言开发的，一般都可以

被 VC++，VB 等文本编程语言调用。所以说，DLL 文件的创建，为其他编程软件调用 LabVIEW 开发的软件提供了接口。

④ 源代码发布：从字面理解，就是 LabVIEW 应用程序的源代码随同应用程序一并提供给用户，允许源代码的共享和维护。

⑤ ZIP 文件：即压缩文件。将相关文件以压缩文件包的形式对外发布。

下面以一个简单 VI 的应用程序创建为例，主要说明可执行文件和安装程序包的创建过程和方法。这个简单 VI 就是求两个数的和、差、积、商。

【案例 9.2】 可执行文件和安装程序包的创建

步骤 1：创建求两个数和、差、积、商的 VI

该 VI 比较简单。需要注意的是，在求解两个数的商时，针对除数为零的情况，输出一个对话框“除数为零”。此 VI 的前面板和程序框如图 9.3 所示。调试成功后，保存该 VI（假设保存到 F:\chapter9 目录下，命名为 arith.vi）。

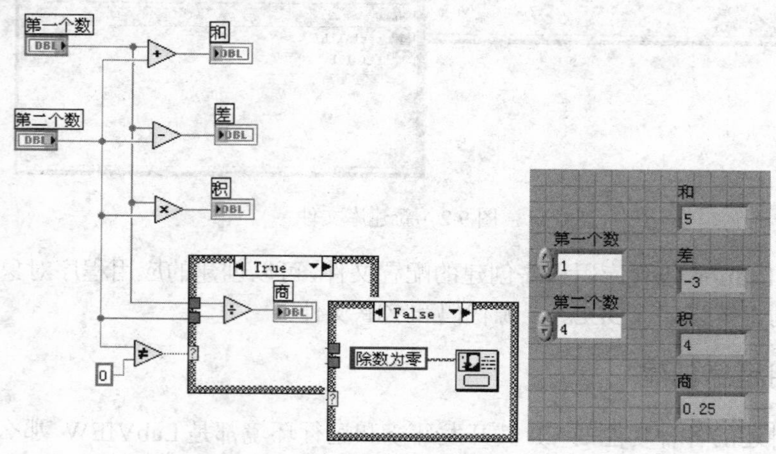

图 9.3　两个数的加减乘除运算

步骤 2：在 LabVIEW 的项目管理器中创建可执行文件

LabVIEW 的项目管理器不仅可以用来管理文件系统，还可以用来创建应用程序。

步骤 2.1：新建一个 LabVIEW 项目

在 LabVIEW 的前面板或程序框图窗口，选择菜单 Project | New Project 选项，即刻打开 LabVIEW 项目管理器。如图 9.4 所示。

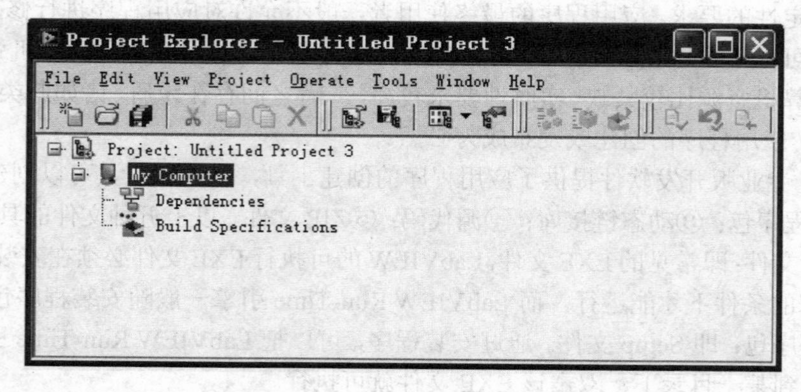

图 9.4　LabVIEW 项目管理器

步骤 2.2：向 LabVIEW 项目管理器中添加文件

LabVIEW 项目管理器中的 My Computer 代表本地计算机，Dependencies 包含了该项目需要的但在 My Computer 中没有添加的支撑文件。右击 My Computer，在弹出的快捷菜单中选择 Add File...，可以向 LabVIEW 项目管理器添加文件。此处添加的文件是 F:\chapter9 目录下，名为 arith.vi 的 VI，即准备被创建的应用程序文件。相关操作过程及结果如图 9.5 所示。由于本例文件简单，只有一个需添加的文件，而复杂工程或项目中，可能有主 VI，还有子 VI、动态链接库等多个文件，只要是这个应用程序需要的文件，都必须添加到该项目中去。

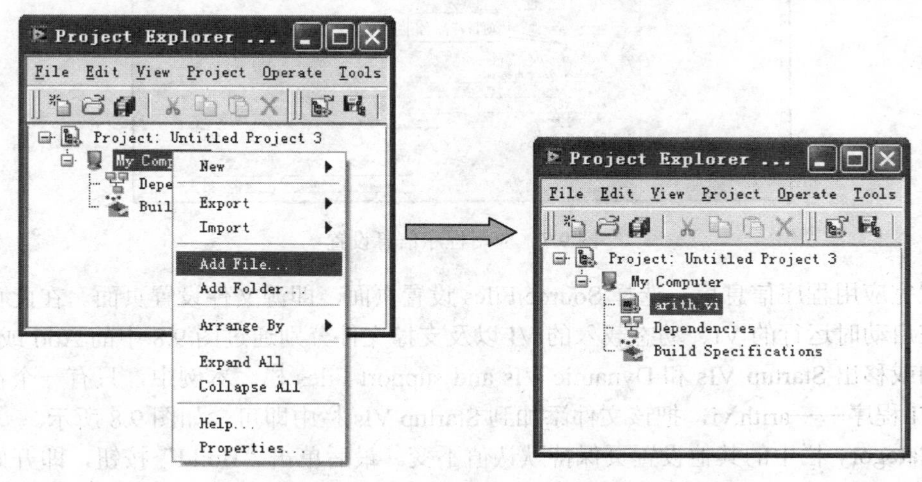

图 9.5 向 LabVIEW 项目器中添加文件

步骤 2.3：创建可执行文件

在创建可执行文件之前，首先保存该工程或项目，方法是选择 LabVIEW 项目管理器的文件菜单 File | Save 项目，在弹出的保存窗口中选取路径，并为项目命名。可以看到，LabVIEW 项目或工程文件的扩展名为.lvproj。此处该项目保存为：F:\chapter9\exefile.lvproj。

右击 LabVIEW 项目管理器中的 Build Specifications，在弹出的快捷菜单中选择 New | Application (EXE)，如图 9.6 所示，在随即打开的窗口中单击选择应用程序信息栏，如图 9.7 所示，在图中所示各项目栏内输入相关内容（进行设置）。

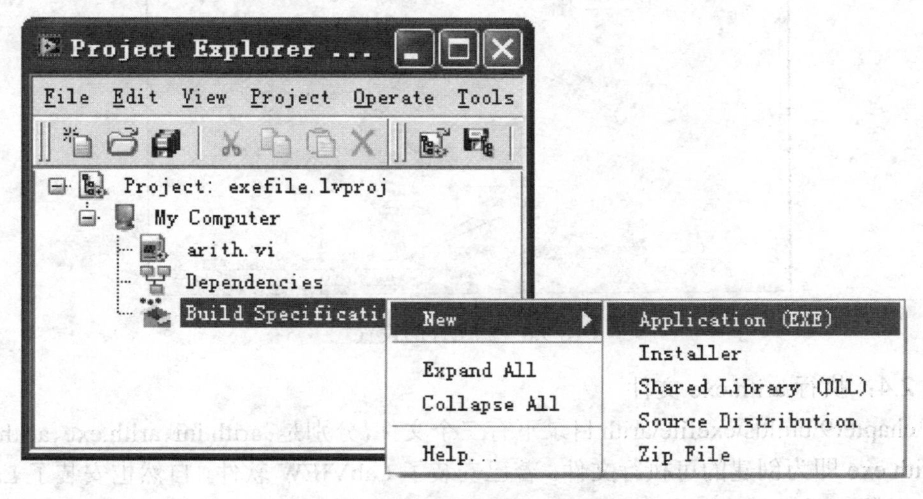

图 9.6 新建可执行文件

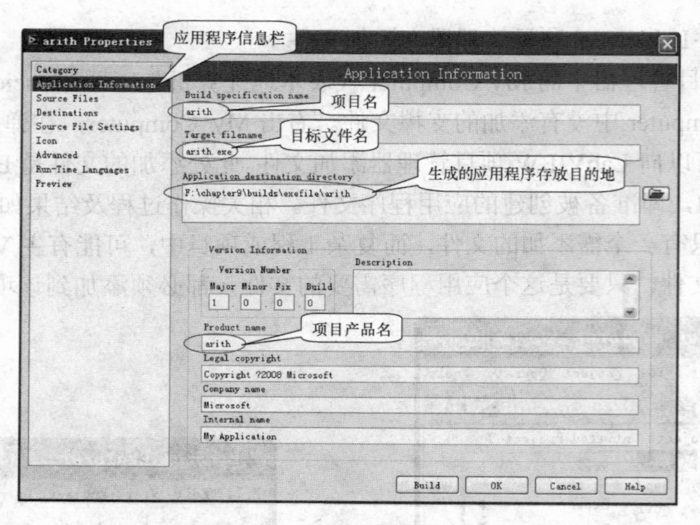

图 9.7　应用程序信息设置

设置完应用程序信息后，选择 Source Files 设置页面，即源文件设置页面。在此页面内，把程序在启动时运行的 VI、动态载入的 VI 以及支撑文件分别通过图 9.8 中的 Add 或 Remove 按钮添加或移出 Startup VIs 和 Dynamic VIs and support Files 栏。本例中，只有一个在启动时运行的 VI 程序——arith.vi，把该文件添加到 Startup VIs 栏中即可。如图 9.8 所示。

在 Category 栏中的其他设置页保持默认值不变。最后单击“Build”按钮，即开始创建可执行文件。

创建完成后，创建状态窗口的“Done”按钮变得有效，单击“Done”按钮即可结束可执行文件的创建。如图 9.9 所示，在 LabVIEW 项目管理器中的 Build Specifications 项目下面出现了可执行文件 arith 图标。

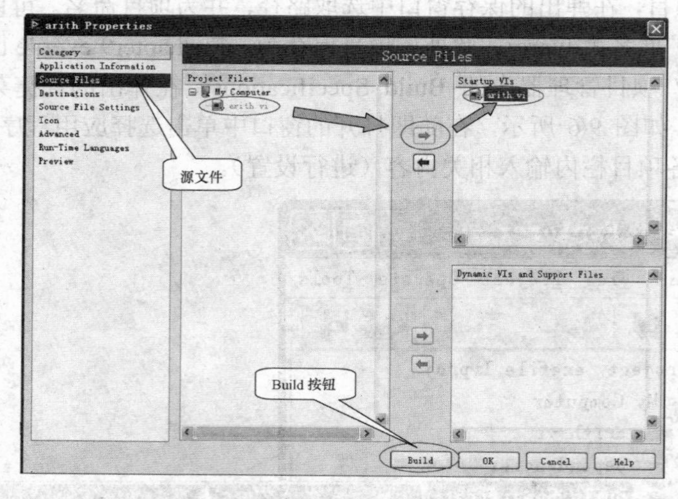

图 9.8　源文件的设置

步骤 2.4：执行 arith.exe 文件

在 F:\chapter9\builds\exefile\arith 目录下有三个文件，分别是：arith.ini、arith.exe、arith.aliases。其中的 arith.exe 即为创建的可执行文件。若已安装了 LabVIEW 软件，自然也安装了 LabVIEW Run-Time 引擎，所以直接双击该可执行文件，即可执行。某次执行结果如图 9.10 所示。

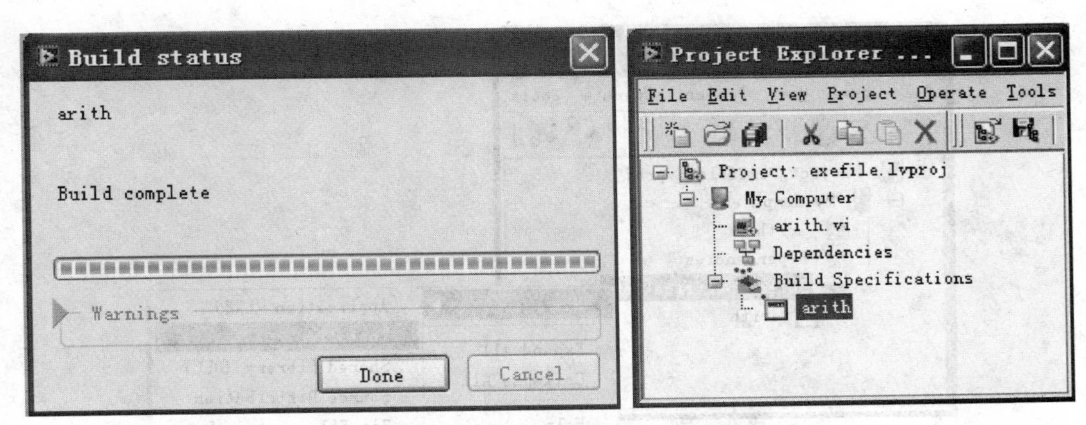

图 9.9　可执行程序创建状态及创建结果

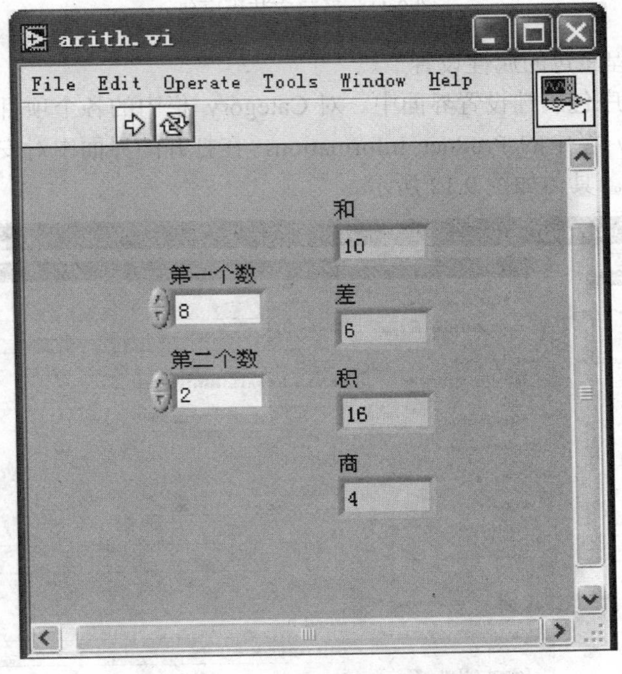

图 9.10　可执行文件的执行结果

步骤 3：在可执行文件创建完成的基础上，在 LabVIEW 的项目管理器中创建安装程序包

如果运行环境没有安装 LabVIEW 软件，具体说是没有安装 LabVIEW Run-Time 引擎，可执行的 EXE 文件就无法运行。通过创建安装程序包，可以把 LabVIEW Run-Time 引擎和可执行的 EXE 文件一并安装到无 LabVIEW 运行环境的计算机的某一目录下，届时双击该 EXE 文件就可运行。

要创建安装程序包，必须保证可执行文件已生成，并且已通过 LabVIEW 项目管理器中的 My Computer，将该可执行文件添加到当前项目或工程中，有此前提，才能进行后续的工作。本例中前面生成的可执行文件 arith.exe 业已存在，则后续操作步骤如下。

步骤 3.1：右击 LabVIEW 项目管理器中的 Build Specifications，在弹出的快捷菜单中选择 New | Installer 选项，如图 9.11 所示。

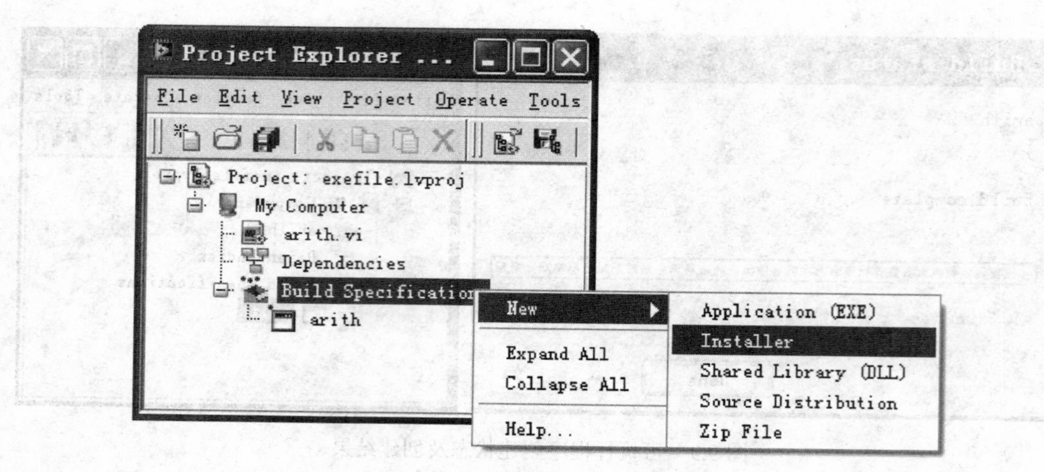

图 9.11　新建安装程序包

步骤 3.2：安装程序包的属性设置

在打开的安装程序包属性设置界面中，对 Category 栏中的各个项目，依次设置：

① 选择 Category 栏中的 Product Information，在打开的界面中对安装程序包的名称和创建目录路径进行设置。具体如图 9.12 所示。

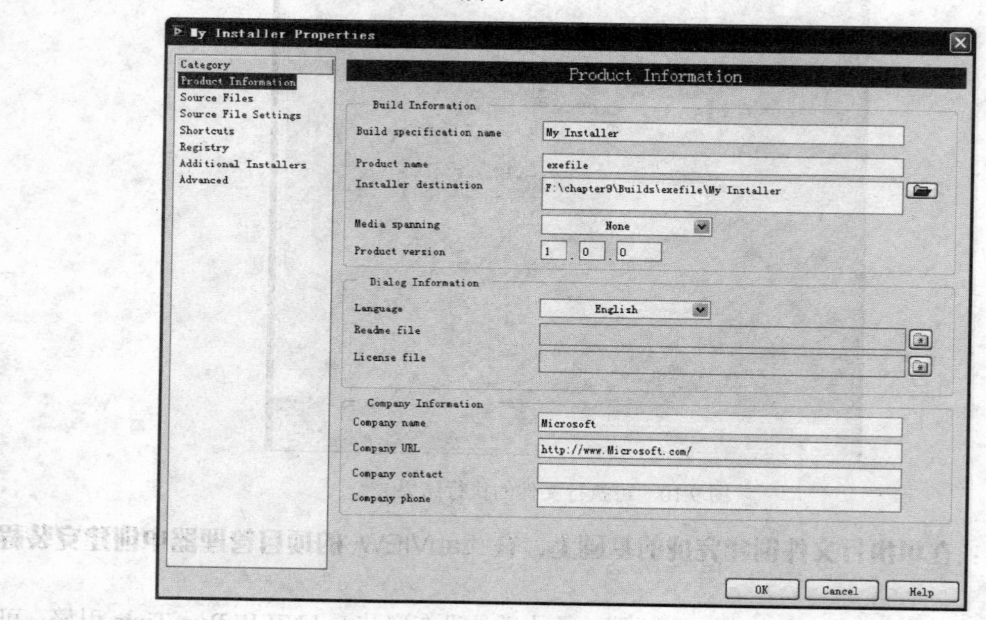

图 9.12　安装程序包信息设置

② 选择 Category 栏中的 Source Files，在打开的界面中，把可执行文件 arith.exe 通过栏间的 Add 按钮添加到 Program Files Folder 中的 exefile 目录名下。具体如图 9.13 所示。

③ 选择 Category 栏中的 Source File Settings，在此界面中设置被制作成安装包的文件的属性，本例中不作设置，保持默认值。

④ 选择 Category 栏中的 Additional Installers，在此界面中需要选择那些应用程序在执行时必要的支撑软件，显然 LabVIEW Run-Time 引擎是必选项，其他需要的软件按需要选择。如图 9.14 所示。

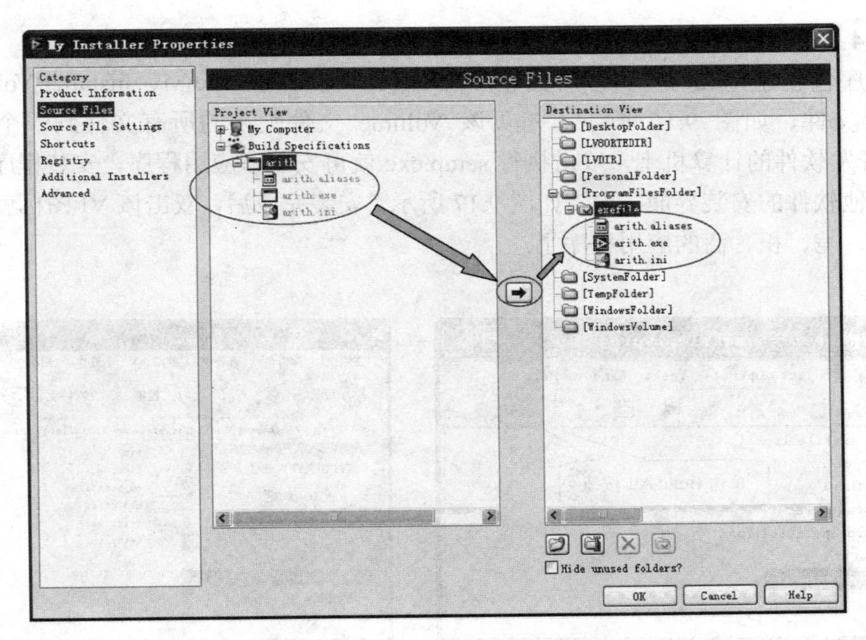

图 9.13　可执行文件的执行结果

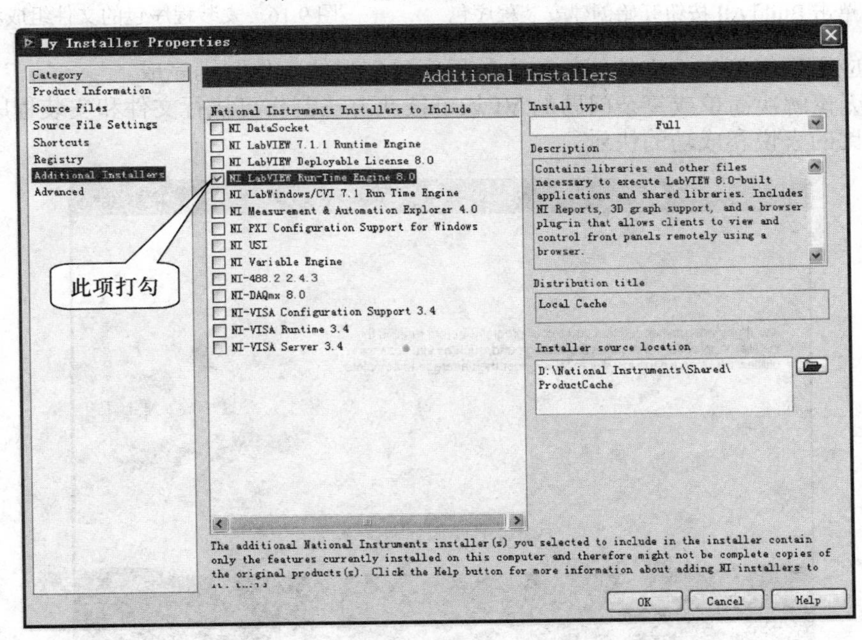

图 9.14　LabVIEW Run-Time 引擎的选择

⑤ Category 栏中的其他项目设置，在本例中，一并保留默认值，无须改动。

步骤 3.3：开始创建安装程序包

在完成安装程序包的各项属性设置后，单击“OK”按钮，确认设置，下面就可以开始创建安装程序包了。单击 LabVIEW 项目管理器工具栏中的“Build ALL”按钮，如图 9.15 所示，安装程序包开始创建。当创建完成时，其完成状态窗口的“Done”按钮变为有效，单击“Done”按钮，完成安装程序包的创建。

步骤 3.4：安装程序包的安装

安装程序包创建完成后，可以看到在 F:\chapter9\builds\exefile\My Installer\Volume 中有 setup.exe 等文件，如图 9.16 所示。拷贝该 Volume 文件夹下的所有文件到一个没有安装 LabVIEW 开发软件的计算机上，双击执行 setup.exe 就可安装该应用程序，安装程序的安装运行界面与其他软件的安装界面雷同，如图 9.17 所示。安装完成后，双击该 VI 图标就可以运行求两个数和、差、积、商的应用程序了。

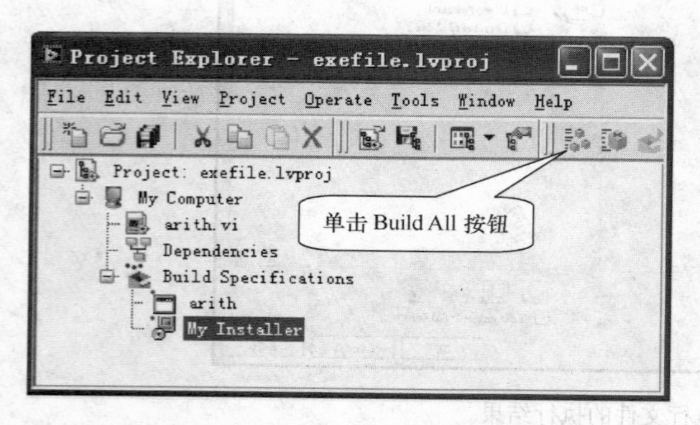

图 9.15 单击 Build All 按钮开始创建安装程序包

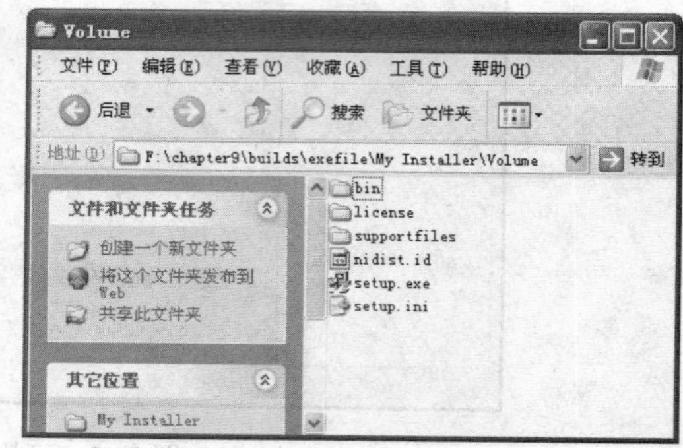

图 9.16 安装程序包的文件组成和结构

至此，应用程序可执行文件创建和安装程序包创建的工作圆满完成。

以后，无论解决简单或复杂问题的 VI 均可按此方法制作可执行文件和安装程序包，它将给您带来无比的喜悦和成功的快乐。

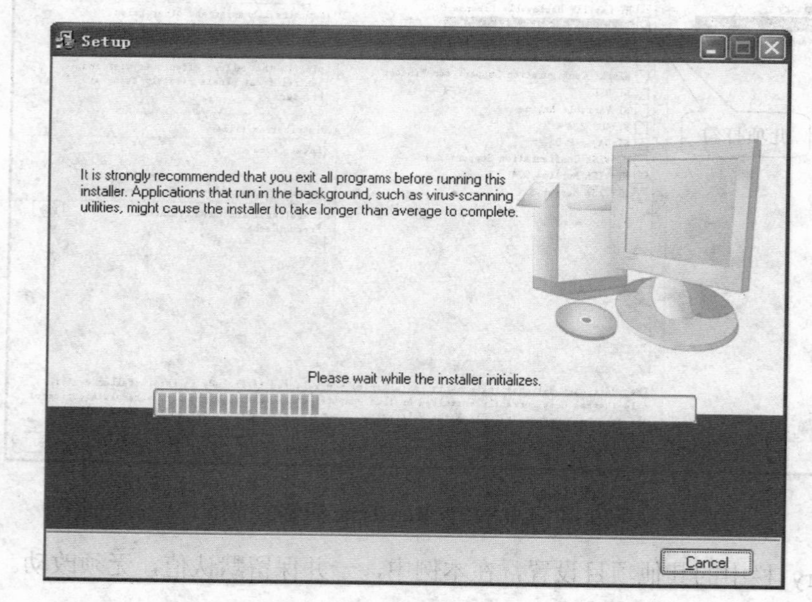

图 9.17 安装程序安装运行界面

附录 A LabVIEW 支持的数据类型

数据类型	英文全称	英文标识	端口图标及连线	连线颜色	默认值	备注
单精度浮点型	Single-precision ,floating-point numeric	SGL	SGL — SGL	橙色	0.0	—
双精度浮点型	Double-precision ,floating-point numeric	DBL	DBL — DBL	橙色	0.0	标量
			[DBL] — [DBL]	橙色	—	一维数组
			[[DBL]] — [[DBL]]	橙色	—	二维数组
扩展精度浮点型	Extended-precision ,floating-point numeric	EXT	EXT — EXT	橙色	0.0	—
复数单精度浮点型	Complex single-precision ,floating-point numeric	CSG	CSG — CSG	橙色	0.0+0.0i	—
复数双精度浮点型	Complex double-precision ,floating-point numeric	CDB	CDB — CDB	橙色	0.0+0.0i	—
复数扩展精度浮点型	Complex extended-precision ,floating-point numeric	CXT	CXT — CXT	橙色	0.0+0.0i	—
8 位有符号整数	8-bit signed integer numeric	I8	I8 — I8	蓝色	0	—
16 位有符号整数	16-bit signed integer numeric	I16	I16 — I16	蓝色	0	—
32 位有符号整数	32-bit signed integer numeric	I32	I32 — I32	蓝色	0	标量
			[I32] — [I32]	蓝色	—	一维数组
			[[I32]] — [[I32]]	蓝色	—	二维数组
64 位有符号整数	64-bit signed integer numeric	I64	I64 — I64	蓝色	0	—
8 位无符号整数	8-bit unsigned integer numeric	U8	U8 — U8	蓝色	0	—
16 位无符号整数	16-bit unsigned integer numeric	U16	U16 — U16	蓝色	0	—
32 位无符号整数	32-bit unsigned integer numeric	U32	U32 — U32	蓝色	0	—
64 位无符号整数	64-bit unsigned integer numeric	U64	U64 — U64	蓝色	0	—
<64.64>位时间标识	<64.64>-bit time stamp	—		棕色	当地日期时间	—
枚举类型	Enumerated type	—		蓝色	—	—
布尔	Boolean	TF	TF — TF	绿色	False	标量
			[TF] — [TF]	绿色	—	一维数组
			[[TF]] — [[TF]]	绿色	—	二维数组

续表

数据类型	英文全称	英文标识	端口图标及连线	连线颜色	默认值	备注
字符串	String	abc		粉红色	空字符串	—
				粉红色	—	—
				粉红色	—	—
数组	Array	—		由数组包含数据类型决定	—	端口图标颜色由数组中包含的数据类型决定
簇	Cluster	—		棕色 粉红色	—	如果簇内包含的元素都为数值类型，则端口和连线为棕色；如还包含其他数据类型，则端口和连线为粉红色。
复数矩阵	A matrix of complex elements	—		橙色	—	—
实数矩阵	A matrix of real elements	—		橙色	—	—
路径	Path	—		青色	空路径	—
动态数据	Dynamic	—		深蓝色	—	—
波形数据	Waveform	—		棕色	—	—
数字波形	Digital waveform	—		绿色	—	—
二进制数字	Digital	OLOL		绿色	—	—
标识	Reference number	—		青色	—	—
变体	Variant	—		紫色	—	—
I/O 名称	I/O name	I/O		紫色	—	—
图片	Picture	—		蓝色	—	—

附录B LabVIEW 主要快捷键一览表

项　　目	快捷键	描　　述
对象（包括控件、指示器、接线端子、节点、子 VI 和连线等）操作相关	Shift+单击	依次选中多个对象
	方向键	移动选中的对象，每次移动一个像素
	Ctrl+单击（拖曳）	复制选中对象
	Ctrl+A	选中前面板或程序框图中的所有对象
前面板和程序框图操作相关	Ctrl+E	在前面板窗口和程序框图窗口之间切换
	Ctrl+I	显示 VI 属性对话框
调试相关	Ctrl+向下箭头	单步进入
	Ctrl+向右箭头	单步跳过
	Ctrl+向上箭头	单步跳出
文件操作相关	Ctrl+N	新建一个空白 VI
	Ctrl+O	打开 VI
	Ctrl+W	关闭当前 VI
	Ctrl+S	保存当前 VI
	Ctrl+P	打印当前窗口
	Ctrl+Q	退出 LabVIEW
基本编辑操作相关	Ctrl+Z	撤销最近操作
	Ctrl+X	剪切选中对象
	Ctrl+C	复制选中对象
	Ctrl+V	粘贴对象
帮助相关	Ctrl+H	显示 Context Help 窗口
	Ctrl+？或 F1	显示 LabVIEW 联机帮助
子 VI 相关	双击子 VI	显示子 VI 前面板
	Ctrl+双击子 VI	显示子 VI 前面板和程序框图
运行相关	Ctrl+R	运行 VI
	Ctrl+.	停止运行
连线相关	Ctrl+B	清除所有断线
	ESC 或右击	取消已经开始的连线
	单击连线	选择一段连线
	双击连线	选择一个连线分支
	三击连线	选择整个连线

附录C 关 键 术 语

Abort Execution:退出执行
Align Objects:对齐对象
Array Shell:数组框架
Array Size:数组大小函数
Array Subset:数组子函数
Array:数组
ASCII:美国信息交换标准码
Autoscaling:自动调整坐标刻度区间
Binary Files:二进制文件
Block Diagram:框图
Boolean Controls and Indicators:布尔控件和指示器
Breakpoint:断点
Build Array:构建数组函数
Bundle:捆绑
Case Structure: Case 结构
Chart:趋势图
Cluster:簇
Comparison:比较
Conditional Terminal:条件端子
Connector Pane:连接器窗格
Connector:连接器
Constant:常数
Control:控件
Controls Palette:控件选项板
Conversion:转换
Count Terminal:计数端子
Data Flow Programming:数据流编程
DDT(Dynamic Data Type):动态数据类型
Differential Equations:微分方程
Differentiation:微分
Distribute Objects:分布对象
DLL(Dynamic Link Library):动态链接库
Enumerated Type:枚举类型
Event Structure:事件结构

Execution Highlight:加亮执行
Express VI:快速 VI
Feedback Node:反馈节点
Flat Sequence Structure:平铺式顺序结构
For Loop: For 循环
Formula Node:公式节点
Frames:帧
Front Palette:前面板
Functions Palette:函数选项板
G Programming Language: G 编程语言
Global Variable:全局变量
Graph:图表
Icon Editor:图标编辑器
Icon:图标
Index Array:索引数组函数
Indicator:指示器
Initialize Array:初始化数组
Input Terminals:输入端子
Installer:安装程序
Integration:积分
Interpolation:插值
Iteration Terminal:迭代端子
Knob:旋钮
Label:标签
LabVIEW:实验室虚拟仪器集成环境
Legend:图注
Linear Algebra:线性代数
Linear Equations:线性方程组
Local Variable:局部变量
Matrix:矩阵
NI(National Instruments):国家仪器公司
Nodes:节点
Normalized Frequency:归一化频率
Numeric Controls and Indicators:数字控件和指示器
Object:对象
Optimization:优化
Output Terminals:输出端子
Palette:选项板
Pause:暂停

Plot:曲线
Polymorphism:多态性
Probability & Statistics:概率与统计
Probe:探针
Properties:属性
Reorder:重新排序
Resize Objects:调整对象大小
Resizing Handles:大小调节句柄
Run Continuously:连续运行
Run:运行
Scope Chart:示波器图表
Sequence Local:顺序结构局部变量
Sequence Structure:顺序结构
Shift Register:移位寄存器
Short Cut Menu:快捷菜单
Show Context Help:实时上下文帮助
Signal Analysis:信号分析
Signal Conditioning:信号调理
Signal Generation:信号生成
Spreadsheet Files:表单文件
Stacked Sequence Structure:层叠式顺序结构
String Constant:字符串常量
String Controls and Indicators:字符串控件和指示器
String:字符串
Strip Chart:条形图表
Structure:结构
SubVI:子 VI
Sweep Chart:扫描图表
Terminals:端子
Text Files:文本文件
Text Setting:文本字体设置
Time Stamp:时间类型
Timed Loop:定时循环
Tool:工具
Tools Palette:工具选项板
Tunnels:通道
Unbundle:释放簇函数
Virtual Instrument(VI):虚拟仪器
Waveform Chart:波形图表

Waveform Graph:波形图
While Loop: While 循环
Wire:连线
Wiring Tool:连线工具
XY Graph: XY 图

参 考 文 献

1 Robert H.bishop 著，乔瑞萍，林欣等译. LabVIEW7 实用教程. 北京：电子工业出版社，2005
2 杨乐平等编著. LabVIEW 程序设计与应用（第二版）. 北京：电子工业出版社，2005
3 侯国屏等编著. LabVIEW7. 1 编程与虚拟仪器设计. 北京：清华大学出版社. 2005
4 刘君华主编. 基于 LabVIEW 的虚拟仪器设计. 北京：电子工业出版社，2003
5 Nation Instruments. LabVIEW User Manual，2003(4)
6 程学庆等编. LabVIEW 图形化编程与实例应用.北京：中国铁道出版社，2005
7 武嘉澍，陆劲昆编著. LabVIEW 图形编程. 北京：北京大学出版社，2002
8 陈锡辉，张银鸿编著. LabVIEW8. 20 程序设计从入门到精通. 北京：清华大学出版社，2007
9 胡广书编著. 数字信号处理理论、算法与实现（第二版）. 北京：清华大学出版社，2003
10 苏金明，阮沈勇编著. Matlab6. 1 实用指南. 北京：电子工业出版社，2002
11 葛哲学，陈仲生编著. Matlab 时频分析技术及其应用. 北京：人民邮电出版社，2006